35

DIESER BAND IST DER VIERTE BAND DES GESAMTWERKES

DIE KUNSTDENKMÄLER DER SCHWEIZ

HERAUSGEGEBEN
VON DER
SCHWEIZERISCHEN GESELLSCHAFT FÜR
ERHALTUNG HISTORISCHER KUNSTDENKMÄLER

MIT EIDGENÖSSISCHEN, KANTONALEN UND
PRIVATEN SUBVENTIONEN

VERLAG VON E. BIRKHÄUSER & CIE.
BASEL 1933

DIE KUNSTDENKMÄLER DES KANTONS BASEL-STADT

BAND II

DER BASLER MÜNSTERSCHATZ

VON

RUDOLF F. BURCKHARDT

MIT 263 GRÖSSTENTEILS
GANZSEITIGEN ABBILDUNGEN

UNVERÄNDERTER NACHDRUCK 1982

VERLAG VON E. BIRKHÄUSER & CIE.
BASEL 1933

CIP-Kurztitelaufnahme der Deutschen Bibliothek

DIE KUNSTDENKMÄLER DER SCHWEIZ
hrsg. von d. Schweizer. Ges. für Erhaltung Histor. Kunstdenkmäler.
Basel: Birkhäuser
Teilw. u. d. T.: Les monuments d'art et d'histoire de la Suisse. –
Teilw. u. d. T.: I monumenti d'arte e di storia della Svizzera. –
Teilw. hrsg. von d. Ges. für Schweizer. Kunstgeschichte
NE: Schweizerische Gesellschaft für Erhaltung Historischer Kunstdenkmäler;
Gesellschaft für Schweizerische Kunstgeschichte;
Les monuments d'art et d'histoire de la Suisse;
I monumenti d'arte e di storia della Svizzera
Bd. 4. → Die Kunstdenkmäler des Kantons Basel-Stadt

DIE KUNSTDENKMÄLER DES KANTONS BASEL-STADT
Nachdr. – Basel: Birkhäuser
(Die Kunstdenkmäler der Schweiz; Bd. 4)
Bd. 2. Burckhardt, Rudolf F.: Der Basler Münsterschatz

BURCKHARDT, RUDOLF F.:
Der Basler Münsterschatz
von Rudolf F. Burckhardt. –
Unveränd. Nachdr. [d. Ausg.] Basel, Birkhäuser, 1933. –
Basel: Birkhäuser, 1982.
(Die Kunstdenkmäler der Schweiz; Bd. 4,
Die Kunstdenkmäler des Kantons Basel-Stadt; Bd. 2)
ISBN 3-7643-1389-7

Birkhäuser Verlag Basel, 1933, 1982

Printed in Switzerland
ISBN 3-7643-1389-7

VORWORT

Der vorliegende zweite Band der Kunstdenkmäler des Kantons Basel-Stadt enthält, als *erster Ergänzungsband* der Serie, die Geschichte und Darstellung des Basler Münsterschatzes von Dr. R. F. Burckhardt, der seine auf umfassenden Studien und Reisen aufgebaute Arbeit unserem Unternehmen zur Verfügung stellte. Obwohl wichtige Teile des ehemaligen Münsterschatzes nicht mehr in der Schweiz sind, glaubten wir doch, ihn in Rücksicht auf seine Bedeutung für Basel und die mittelalterliche Goldschmiedekunst in seiner *Gesamtheit* in unser Werk aufnehmen zu müssen, was uns durch den Entschluss des Verlages E. Birkhäuser & Cie., die buchtechnische Herstellung dieses Bandes auf eigene Kosten zu übernehmen, ausserordentlich erleichtert worden ist. Wäre der Basler Münsterschatz auch nur mit den heute noch in Basel vorhandenen Teilen dem für die Behandlung des Münsters vorgesehenen Bande angegliedert worden, hätte er dessen Umfang allzusehr vergrössert und wäre gleichwohl unvollständig gewesen. So schien die Lösung eines *Ergänzungsbandes* zur Entlastung des eigentlichen Inventarisationswerkes und der Schweizer. Gesellschaft für Erhaltung historischer Kunstdenkmäler in gleicher Weise willkommen. Allerdings kann der Band infolgedessen nicht als Jahresgabe geliefert werden. Er ist zwischen die Jahresgaben 1932 (Basel, Bd. I) und 1934 (Zug) eingeschoben worden und wird den Gesellschaftsmitgliedern zu einem wesentlich ermässigten Preis geliefert.

Das Zustandekommen des Werkes ist demnach vor allem durch die Bereitwilligkeit des Autors, seine Arbeit einem heimatlichen Unternehmen einzufügen, ermöglicht worden; dann aber auch durch das Entgegenkommen des Verlegers, der Druck und Ausstattung ganz besondere Sorgfalt angedeihen liess. Herrn Dr. R. F. BURCKHARDT und den Herren BIRKHÄUSER sprechen wir dafür unseren besten Dank aus. Aber auch der hohen REGIERUNG DES STANDES BASEL-STADT sind wir erneut zu Dank verpflichtet, da sie es uns durch ihre Subvention ermöglicht hat, die Kosten für die Beschaffung und Bearbeitung des Textes und Bildmaterials zu übernehmen. Die Verlagsredaktion auch dieses Bandes besorgte Herr Dr. C. H. BAER in Basel.

Wie schon im Vorwort zum I. Bande der Basler Kunstdenkmäler gesagt werden musste, hat sich das ursprünglich aufgestellte Bearbeitungsprogramm als nicht durchführbar erwiesen. Wir haben daher im Einverständnis mit dem Präsidenten der Basler Kommission für die Aufnahme der Kunstdenkmäler Basels, Herrn Regierungsrat Dr. F. HAUSER, einen neuen Arbeitsplan entworfen, der noch der Genehmigung durch die Kommissionen sowie der

Finanzierung bedarf. Plan und Bearbeiter sind demnach vorhanden; wir hoffen, es gelinge, das bedeutsame Unternehmen auch derart zu finanzieren, dass es entsprechend den erschienenen Bänden in einer der Stadt Basel und ihrer Kunstdenkmäler würdigen Art weitergeführt und vollendet werden kann.

Bern, Herbst 1933.

Schweizerische Gesellschaft
für Erhaltung historischer Kunstdenkmäler.
Die Kommission für
die Herausgabe der Kunstdenkmäler der Schweiz.

Der Präsident.

GRUNDSÄTZE FÜR DIE HERAUSGABE DER KUNSTDENKMÄLER DER SCHWEIZ

durch die Schweizerische Gesellschaft für Erhaltung historischer Kunstdenkmäler

I. Allgemeine Grundsätze.

1. Die Publikation hat den Zweck, die Kunstdenkmäler der Schweiz wissenschaftlich aufzunehmen. Sie dient damit dem Schutze und der Erhaltung dieser Denkmäler.

   Der Begriff Kunstdenkmal ist dabei im weitesten Sinne zu nehmen.
2. Der Inhalt des Werkes umfasst in seinem beschreibenden Teile die Zeit vom frühen Mittelalter bis zur Mitte des 19. Jahrhunderts. In einer Einführung werden die prähistorische und die römische Epoche behandelt.
3. Alle Baudenkmäler kirchlichen und profanen Charakters sollen berücksichtigt werden. Bewegliche Kunstgegenstände in öffentlichem Besitz sind, soweit sie nach ihrem ursprünglichen Standort bekannt sind, ausnahmslos, solche in Privatbesitz nach Möglichkeit aufzunehmen und am Ort ihrer Herkunft einzureihen.
4. Aus allgemeinen, für eine Gegend charakteristischen Bautypen (Bauern- und Stadthäuser) sind unter Aufzählung des ganzen Bestandes geeignete Beispiele hervorzuheben.
5. Nicht mehr vorhandene Baudenkmäler und Kunstgegenstände aus öffentlichem und privatem Besitz sind mit Hinweis auf die Literatur anzugeben.

II. Art der Beschreibung.

1. Die Publikation soll in erster Linie der Heimatkunde dienen. Sie soll den Sinn und das Verständnis für den Denkmalbestand der einzelnen Gegenden wecken und fördern und damit zu dessen Erhaltung beitragen. Sie soll aber auch eine wissenschaftliche Quellensammlung für alle Gebiete der Kunst- und Kulturgeschichte darstellen.
2. Die Bearbeitung erfolgt nach Kantonen und innerhalb derselben nach Landesgegenden oder Bezirken.
3. Der Beschreibung jedes Kantons ist ein kurzes, orientierendes Vorwort voranzustellen, das die geschichtliche, kirchliche und kulturelle Entwicklung behandelt; eine kunstgeschichtliche Übersicht soll am Schlusse eines jeden Bandes gegeben werden.
4. Bei jedem einzelnen Orte ist eine geographisch-historische Einführung zu geben, die auch die ältesten geschichtlichen Daten (und die ersten Namensformen) enthalten, auf die wichtigste Literatur hinweisen und die alten Abbildungen anführen soll.

   Dem Charakter des Unternehmens entsprechend wird auf eine zusammenfassende Darstellung der Baugeschichte besonderer Wert gelegt.
5. Die Ausführlichkeit der Beschreibung richtet sich nach der kunstgeschichtlichen Bedeutung des Gegenstandes.

   Bauliche Veränderungen und Restaurationen sollen erwähnt und wenn möglich zeitlich festgelegt werden.
6. Mittelalterliche Inschriften sind wörtlich zu transkribieren. Bei späteren ist zum mindesten der Inhalt anzugeben. Dies gilt namentlich für Grabdenkmäler, bei deren Angabe die genauen Daten (mit Monats- und Tageszahlen) nicht fehlen dürfen. Bauinschriften, Autor- und Glockeninschriften sind stets im Wortlaut anzuführen.

7. *a)* Die schweizerischen Bestände der schweizerischen *historischen Museen* sollen, soweit ihr Herkunftsort bekannt ist, stets dort eingeordnet und behandelt werden, wo sie herstammen. Alle Objekte unbekannter schweizerischer Provenienz werden als Museumbestände inventarisiert. Objekte ausländischer Herkunft sollen nur dann aufgenommen werden, wenn sie in irgendwelchen Beziehungen zur schweizerischen Kunstentwicklung oder zu schweizerischen Orten, Persönlichkeiten und Gebräuchen stehen (z. B. Augsburger Silberarbeiten, oberrheinische Holzplastiken u. a. m.). Alle übrigen ausländischen Objekte können zusammenfassend erwähnt werden, falls sie internationalen Wert besitzen. Von den schweizerischen oder zu der Schweiz in irgendeinem Verhältnis stehenden Gegenständen sind die bedeutenderen nach Möglichkeit abzubilden, die ausländischen Objekte nur in Ausnahmefällen.

   b) Von den Beständen der schweizerischen *Kunstsammlungen* (Gemälde, Handzeichnungen, Plastiken) sind jeweils die in einem Museum vorhandenen Werke schweizerischer Künstler zusammenfassend in zeitlicher Reihenfolge zu nennen (mit Angabe der Meister, Dimensionen und Technik) unter Vermeidung bekannter Abbildungen und unter Hinweis auf etwa vorhandene amtliche Kataloge. Objekte, die nachweisbar ursprünglich für ein noch vorhandenes Bauwerk bestimmt waren (Altargemälde, Wandgemälde usw.), sollten auch bei der Behandlung des Provenienzortes erwähnt werden. Werke ausländischer Künstler können zusammengefasst erwähnt werden, wenn es sich um Objekte internationaler Bedeutung handelt. Abbildungen sind hier nur in seltenen Fällen notwendig.

   c) Von den Urkunden, Handschriften und Buchbeständen der schweizerischen *Archive und Bibliotheken* kommen nur die Objekte für die Inventarisierung in Betracht, die irgendwelchen künstlerischen Wert besitzen. Es ist dann nach den unter *b)* aufgestellten Grundsätzen zu verfahren.

   d) Der Inhalt schweizerischer *privater Kunst- und kunstgewerblicher Sammlungen*, der in der Regel mobiler ist als jener der staatlichen Institute, sollte, wenn Erlaubnis und Möglichkeit dazu vorhanden sind, vollständig inventarisiert und alles irgendwie für die Schweizerkunst Wertvolle dabei abgebildet werden. Ist die Provenienz einzelner schweizerischer Objekte genau bekannt, sollen sie auch bei der Behandlung des Provenienzortes erwähnt werden. Sammlungen von nur bedingt künstlerischem Wert oder von Werken aussereuropäischer Provenienz sind zusammenfassend zu charakterisieren. Gleiches gilt von bedeutenden Sammlungen moderner Kunst.

8. Abbildungen sollen in möglichst grosser Zahl und bester Ausführung gegeben werden. Wichtige alte Ansichten, Pläne und Modelle sind zu reproduzieren.
9. Jedem Band ist eine Karte des behandelten Gebietes in genügendem Masstabe beizugeben.
10. Jedem Band ist ein ausführliches Namen- und Sachregister beizugeben.
11. Die Publikation erscheint in für sich abgeschlossenen Bänden von gleichem Format, die einzeln verkäuflich sind.

III. Organisatorisches.

1. Die Publikation wird von der schweizerischen Gesellschaft für Erhaltung historischer Kunstdenkmäler mit behördlicher Unterstützung herausgegeben.
2. Die Herausgabe besorgt ein Arbeitsausschuss, welcher dem Gesellschaftsvorstand alljährlich Bericht und Rechnung abzulegen hat.
3. Die Bände sollen nach Massgabe der vorhandenen Mittel erscheinen.

DER BASLER MÜNSTERSCHATZ

VON

RUDOLF F. BURCKHARDT

VERLAG VON E. BIRKHÄUSER & CIE.
BASEL 1933

Abbildung 1.

Siegel des Domkapitels zu Basel
von einer Urkunde von 1257.
Original-Grösse.
Staatsarchiv Basel.

MEINER FRAU
ZUGEEIGNET

INHALTSVERZEICHNIS

VERZEICHNIS
DER ÖFTERS IN DEN ANMERKUNGEN ZITIERTEN WERKE UND IHRER ABKÜRZUNGEN

A. B.: ALBERT BURCKHARDT, Historisches Museum Basel, Katalog Nr. I. Arbeiten in Gold und Silber, Basel 1895.

B. Chr.: Basler Chroniken, 7 Bde., Basel, 1872 bis 1915.

B. St. A.: Basler Staats-Archiv.

B. U. B.: Basler Urkundenbuch, 11 Bde., Basel 1890—1910.

Braun I: JOSEPH BRAUN S. J., Der christliche Altar, München 1924.

Braun II: JOSEPH BRAUN S. J., Das christliche Altargerät in seinem Sein und in seiner Entwicklung, München 1932.

C. B. 1862 oder 1867, Der Kirchenschatz des Münsters in Basel, I. Teil 1862, von Dr. C. BURCKHARDT und Architekt C. RIGGENBACH; II. Teil 1867 von Dr. C. BURCKHARDT. — In Mitteilungen der Gesellschaft für vaterländische Altertümer in Basel, IX und X.

C.W. I: CHRISTIAN WURSTISEN, Basler Chronik von 1580.

C.W. II: CHRISTIAN WURSTISEN, Beschreibung des Basler Münsters und seiner Umgebung, verfasst gegen 1587; Ausgabe von R. Wackernagel 1887 in Beiträge zur vaterländischen Geschichte, Bd. XII, 401—522.

C.W. III: CHRISTIAN WURSTISEN, Epitome; deutsche Ausgabe von I. C. Beck, 1757.

Cer.: Ceremoniale Basiliensis episcopatus; Manuskript der Basler Universitätsbibliothek: H. I. 28. Von Domkaplan HIERONYMUS BRILINGER angelegtes, 1517 vorläufig abgeschlossenes, seit 1526 wieder fortgesetztes Münster-Zeremonienbuch, mit Aufstellung der rituellen und offiziellen Handlungen, die bei den höchsten Kirchenfesten, beim Besuch kirchlicher und weltlicher Fürsten und bei andern denkwürdigen Anlässen, wie etwa beim Bundesschwur 1501 und seinen Erneuerungen, zu beobachten waren. Vgl. Tr. V, S. 515; B. Chr. V, S. 341, und VII, S. 194; R.W. 3, S. 160. — Über die darin angegebenen Zeremonien während der Charwoche, darunter die Weihe des hl. Öls, vgl. die Schilderung von ALBERT BURCKHARDT, Basler Jahrbuch 1887, S. 41.

Darcel: A. DARCEL, La collection Basilewsky, Paris 1874.

E. A. S.: E. A. STÜCKELBERG, Denkmäler zur Basler Geschichte, 2 Bde., Basel 1907.

I. F.: I. FUTTERER, Gotische Bildwerke der deutschen Schweiz 1220 bis 1440, Zürich 1930.

M. F. I: Münsterfabrik Büchlein, 1399 bis 1449 (innerhalb dieser Gruppe fehlen einige Jahrgänge) und 1467 bis 1487. Mskr. im B. St. A., Domstift N. N.

M. F. II: Von Domkaplan JOHANNES DAVID 1496 angelegtes Fabrikbuch des Münsters zu Basel. Mskr. in Karlsruhe, General-Landes-Archiv: Berainsammlung, Ausland, Basel, Nr. 24. — Vgl. E. LA ROCHE, Beiträge zur vaterländischen Geschichte, N. F. II, S. 79.

R. F. B.: Von R. F. BURCKHARDT verfasste Jahresberichte des Historischen Museums zu Basel mit Beilagen, Basel 1907 bis 1925.

Roth: CARL ROTH, Akten der Überführung des Reliquienschatzes des Domstiftes Basel nach dem Kloster Mariastein 1834, in Basler Zeitschrift 1911, Bd. X, S. 186.

R.W.: RUDOLF WACKERNAGEL, Geschichte der Stadt Basel, 3 Bde., Basel 1907 bis 1924.

S. K. Lex.: Schweizerisches Künstler-Lexikon, 4 Bde., Frauenfeld 1905 bis 1917.

Soltykoff: Versteigerungskatalog der Sammlung des Prinzen Peter Soltykoff, Paris 1861.

Tr.: I. TROUILLAT, Monuments de l'Histoire de l'ancien évêché de Bâle, 5 vols., Porrentruy 1852 bis 1867.

Vautrey: Mgr. L. VAUTREY, Histoire des Evêques de Bâle, 2 vols., Einsiedlen 1886.

GESCHICHTE, BEDEUTUNG UND SCHICKSALE DES BASLER MÜNSTERSCHATZES

Breuiarij Basilieñ. pars Hyemalis.

Abb. 2. Die drei Schutzpatrone des Münsters zu Basel.
Die Madonna, der hl. Kaiser Heinrich II. und der hl. Pantal.
Titelblatt des „Breviarium secundum ritum ecclesiae Basiliensis“ von 1515 (110 × 185 mm), nach einer 1514 datierten Zeichnung von Urs Graf im Kupferstichkabinett Basel.

GESCHICHTE, BEDEUTUNG UND SCHICKSALE DES BASLER MÜNSTERSCHATZES.

Die Geschichte des Basler Münsterschatzes ist die der Reliquiare und Messe-Geräte, die einst fast alle zum Hochaltar des Münsters gehört haben.

Aus karolingischer Zeit besitzt Basel keine liturgischen Geräte mehr. Als die Ungarn 917 in Basel wüteten, den Dom einäscherten und Bischof Rudolf erschlugen, fiel alles in ihre Hände. Ganz unansehnlich wird der damalige Schatz kaum gewesen sein. Gewiss war ein Bischof wie Hatto, der frühere Abt auf der Reichenau, von seiner Reise nach Konstantinopel als Gesandter Karls des Grossen, im Jahre 811 nicht mit leeren Händen heimgekehrt. Aber von allen Stiftungen bis ins 10. Jahrhundert ist nur die „Innocentes-Reliquie“, Heiltum vom Fuss eines der zu Bethlehem ermordeten unschuldigen Kindlein, erhalten geblieben, eine Gabe des irischen Mönchs St. Columbanus, der 585 das Kloster Luxeuil im Elsass gründete. Sie sollte im 14. Jahrhundert den Anlass zur Herstellung der strahlend schönen *Monstranz* Nr. 15 geben und 1450 zu der jenes zierlichen *Reliquiars in Fussform*, Nr. 28.

So beginnt die eigentliche Geschichte des Schatzes erst mit der, einer glaubwürdigen Überlieferung zufolge, am 11. Oktober 1019 von Bischof ADALBERO im Beisein Kaiser HEINRICHS II. vollzogenen Weihe des neu erbauten Münsters. Kaiser Heinrich hatte Basel, das seit 888 zu Hochburgund gehörte, 1006 Deutschland wieder einverleibt und den Dombau, damit er seines Reiches würdig werde, kräftig gefördert. Auch dem Hochaltar verlieh er Würde und Glanz durch Reliquien[1]), die in seiner Höhlung geborgen wurden und durch Altarzierden, von denen *die goldene Tafel* Nr. 1 und *das goldene Reliquienkreuz* Nr. 2 noch erhalten sind.

Wie musste das warm leuchtende Gold dieser Kaisergaben einst aus dem Dämmer der langen Basilika den Eintretenden magnetisch nach der heiligsten Stelle im Dom, dem Hochaltar, hinziehen. Wie musste ihn dann aus der Nähe das Reliquienkreuz mit seiner eindrucksvollen Silhouette, der goldene Altarvorsatz mit seinen edel gebildeten Gestalten seltsam ergreifen, besonders wenn die Lichter des von Kaiser Heinrich gestifteten, vor dem Altar aufgehängten, silbervergoldeten Kronleuchters brannten und sich im Gold von Kreuz und Tafel spiegelten.

Die Heinrichsgaben blieben neben allen späteren Zuwendungen die kostbarsten; und das goldene Antependium überstrahlte alles, was an Altarzierden dem Domschatz noch zukommen sollte. Auf lange hin werden die Kaisergeschenke für den Messedienst am Hochaltar genügt haben.

Während des 12. Jahrhunderts, das vielen anderen Kirchenschätzen ihre künstlerisch wertvollste Bereicherung brachte[2]), war der Zuwachs des Schatzes nur klein. Unter dem wenigen aber ist ein wohl für das Heinrichskreuz geschaffener *Erzfuss* Nr. 3 bedeutsam. Er fesselt durch sein tiefsinniges, auf das zu stützende Kreuz bezügliches Programm und durch die Kunst, mit der dies durch Einzelfiguren und Gruppen plastisch dargestellt ist, und zwar in einem ebenso zweckdienlichen wie dekorativ reizvollen Aufbau.

Wichtig für die spätere Vermehrung des Schatzes sollten die Jahre 1146 und 1149 werden. 1146 wurde HEINRICH II. heilig gesprochen, und 1149 brachte Bischof ORTLIEB VON FROBURG aus Beyruth in Syrien in zwei Ampullen „Heiltum vom mirakulösen Blut des Herrn"[3]) mit (Abb. 3). Beides gab Anlass zur Beschaffung von kostbaren Altarzierden im 14. und 15. Jahrhundert, so von Nr. 15, 39 und 40.

Kunde von weitern Gaben haben wir aus zufälligen Nachrichten. So war MARTIN LITZ, der Abt von Päris im Elsass, 1205 mit einem Schatz von Reliquien aus Konstantinopel heimgekehrt und soll auch Basel einiges davon überlassen haben. Jedenfalls stiftete er für den Hochaltar *eine edel gezierte*

---

[1]) Aufgezählt: B.Chr. VII, S. 113, Z. 14—22 (wie auch in M.F. II, S. 298a).

[2]) Besonders jene kleinen, kostbaren Tragaltäre, von denen z. B. der Welfenschatz zwölf besass, scheinen im Basler Münsterschatz völlig gefehlt zu haben.

[3]) Vgl. R.W. I, S. 9, und unter Nr. 2, S. 47, Anm. 1.

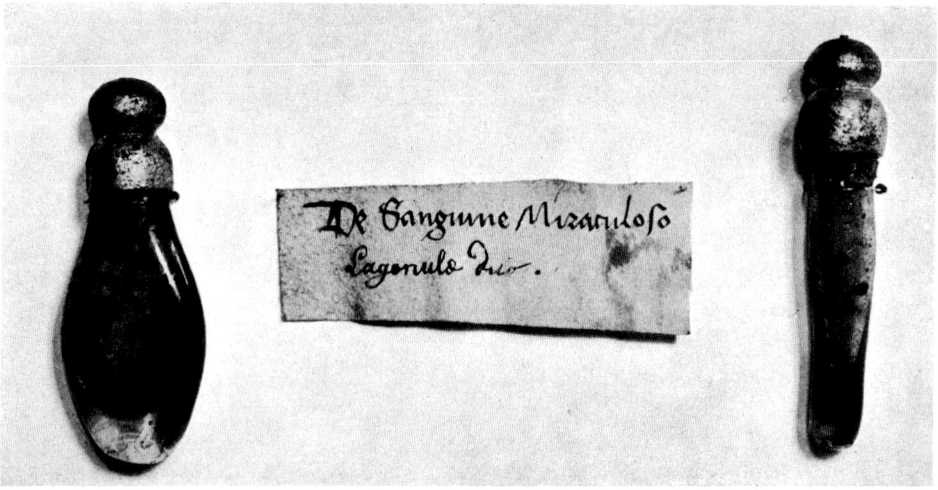

Abb. 3. Zwei Glasphiolen mit mirakulösem Blut und späterer Autentik.
1149 nach Basel gebracht. — Im Schatz der Basilika zu Mariastein.

Decke[1]). Dann muss damals schon ein *goldener Kelch* zum Schatz gehört haben. Denn als FRIEDRICH II. auf seinem Zug aus Italien zur Krönung in Mainz sich 1212 in Basel aufhielt und Bischof LÜTHOLD VON RÖTELN dem jungen, bezaubernden Gast seinen Aufenthalt angenehm zu gestalten suchte, sah er sich aus Mangel an Mitteln genötigt, nicht nur seinen Pontifikalring zu verpfänden, sondern sogar einen goldenen Kelch zu verkaufen[2]).

Erst im zweiten Drittel des 13. Jahrhunderts sehen wir den Schatz durch eine einheitliche Gruppe vermehrt: das *Eustachiushaupt*, den *Walpertarm*, den *Eptingerkelch* und ein Paar *silberne Weihrauchfässer* (Nr. 5 bis 8). Dieser Zuwachs ist zwar bescheiden, verglichen mit der glänzenden Schöpfung des spätromanischen Münsters, die vier Arbeiten sind aber dennoch aufschlussreich über den Formwillen dieser Epoche. Die monumentale Gesinnung und der leidenschaftliche Trieb, sich plastisch auszudrücken — Hauptkräfte dieses Stils — offenbaren sich in ihnen klar und eindrucksvoll. Auch an bescheidenen Aufgaben, wie etwa der figurenreiche Kreuzfuss Nr. 3 eine war, hatte sich die plastisch gestaltende Formphantasie entwickelt und unter anderm dazu geführt, die bisher meist in Kreuzen, Kästchen oder Beuteln geborgenen Reliquien jetzt in einer neuen, den Blick weit fesselnderen Form der Verehrung darzubieten, nämlich in der Gestalt der Körperteile, von denen sie herrühren.

[1]) Vautrey I, p. 189. — Graf Riant, „magister Guntherus: de expugnatione urbis Constantinopolitane", Genf 1875, p. 69: „et altare ipsius, quod in ipsa ecclesia celeberrimum habet, palla nobili decoravit".

[2]) B.U.B. I, Nr. 83, S. 56, Z. 36: „viginti marcas ad reconpensacionem aurei calicis quem in necessitate episcopatus nostri expendimus, item sex marcas ad redimenda pignora videlicet anulum pontificalem et pannum sericum a villico judeo".

Dass Haupt- und Armreliquiar am Oberrhein gefertigt sind, ist wahrscheinlich, aber nur vom Walpertarm einwandfrei nachweisbar. Doch wie dem auch sei, jedenfalls sind es edle Werke romanischer Kunst. Vom *Eustachiushaupt* Nr. 5 geht bei aller noch etwas starren Unbewegtheit seiner Züge ein so ans Herz greifender Ernst, vom *Walpertarm* Nr. 6 eine so packende Ausdrucksgewalt aus, wie dies, nach meinem Gefühl, bei den gotischen Kopf- und Armreliquiaren des Schatzes nicht mehr der Fall ist. In den *Weihrauchfässern* Nr. 7 und im *Eptingerkelch* Nr. 8 haben wir bestimmt einheimische Arbeiten vor uns. Und ihre zweckmässige, gediegene Schönheit lässt vermuten, dass die Basler Goldschmiedekunst schon damals auf sehr bemerkenswerter Höhe stand.

Bis etwa ins erste Drittel des 14. Jahrhunderts erweitert sich der Schatz noch um drei Büstenreliquiare.

1270 schenkte Köln aus der Makkabäerkapelle seines Doms Basel die Schädelreliquie des St. Pantalus, des sagenhaften ersten Bischofs von Basel. Daraufhin wurde der hl. Pantal zum zweiten Schutzpatron des der Madonna geweihten Münsters erwählt und zur würdigen Bergung der Gabe ein imposantes *Büstenreliquiar* Nr. 9 geschaffen.

Aus dieser Zeit stammt auch das silberne *Kopfreliquiar einer Märtyrerin* Nr. 11, wohl der hl. Thekla, eine Stiftung ans Münster. Und da das Domkapitel stets auf ein möglichst harmonisches Zusammenwirken seiner Hochaltarzierden bedacht war, liess es einige Jahrzehnte später für eine der schon 1254 aus Köln empfangenen Reliquien der „elftausend Jungfrauen von St. Ursulas Gespielschaft" *das Ursulareliquiar* Nr. 12 anfertigen. Dieses erst im 14. Jahrhundert von weit kunstgeübterer Hand getriebene Mädchenhaupt ist belebter, weicher in seinen Formen und beseelter im Ausdruck.

Damals war auch schon *die goldene Rose* Nr. 13 in den Schatz gelangt und für Prozessionen und zur Ausstellung auf dem Hochaltar durch einen, wohl von Domprobst Ulrich von Arberg gestifteten, silbervergoldeten Schaft mit Filigranknauf erhöht worden.

Der Hochaltar mag jetzt bei hohen Kirchenfesten, im Schmuck seiner Reliquiare und Zierden, etwa folgendes Bild geboten haben: Über dem goldenen, dem Altar vorgesetzten Heinrichsfrontale erhebt sich in der Mitte auf dem figurierten, vergoldeten Erzfuss das Heinrichskreuz. Daran schliessen sich harmonisch verteilt, die vier Kopfreliquiare und als Gegenstück einerseits der Walpertarm, anderseits die dank des Gestells gleich hohe goldene Rose. Das Ganze eine plastisch eindrucksvolle Gruppe. Und ihre Geschlossenheit scheint mir dafür zu sprechen, dass keine wichtigen Reliquiare des Schatzes aus dieser Epoche verlorengegangen sind.

Nun aber, etwa seit der Mitte des 14. Jahrhunderts, kommt für den Ausbau des Hochaltarschatzes — denn wie am Münster, so wird auch an ihm bis um 1500 unentwegt weiter „gebaut“ — eine Zeit höchster Schöpferlust. Ihren Früchten verdankt der Schatz neben den Kaiser Heinrichs-Gaben seine europäische Bedeutung für die Geschichte der Goldschmiedekunst.

In völlig anders gestalteten Altarzierden finden die neuen, die Zeit bewegenden Empfindungen ihren Ausdruck. Mitbestimmend für ihren Aufbau ist die gotische Höhentendenz, gepaart mit einem mystischen Einfühlungsbedürfnis in das Leiden der Heiligen, das verlangt, ihre Reliquien und seit der Einsetzung des Fronleichnamsfestes nun auch das Allerheiligste, die Hostie, sichtbar verehren zu können.

Diese Wünsche führten zur Schöpfung der Monstranz, in der Hostie wie Reliquie auf einem ähnlich wie bei Kelch und Zyborium gebildeten Ständer in einem Kristall- oder Glasbehälter sichtbar zur Schau gestellt wurden. Dabei bildeten sich, von der verschiedenen Gestalt und Lage dieses Behälters ausgehend, mannigfache Schaugefässformen aus.

Von den Hostienmonstranzen, die man in Basel seit dem in den 1320er Jahren hier eingeführten Fronleichnamsfest[1]) benötigte, besitzen wir keine aus dem 14. Jahrhundert stammende mehr. Dagegen sind zwei prächtige hochgotische Reliquienmonstranzen Nr. 15 und Nr. 16 erhalten.

In der *Turmmonstranz* Nr. 15 kamen Reliquien von Heinrich und Kunigunde zur Schaustellung. Basel hatte, der Anregung des frommen Subkustos JOHANN VON LANDSER zufolge, am 28. Juni 1347 Kaiser Heinrich zum dritten Schutzpatron der Domkirche erkoren und dann von Bamberg, wo das Kaiserpaar begraben lag, Reliquien erbeten. Mit Erfolg. Am 4. November 1347 gelangten sie nach Basel und wurden mit dem bei so feierlichen Anlässen beobachteten Zeremoniell vor den Toren der Stadt von Geistlichkeit und Bürgerschaft in Empfang genommen und unter Glockengeläute ins Münster gebracht. Als Festtag des neuen Schutzpatrons wurde der 13. Juli bestimmt und der Heinrichstag fortan als ein speziell baslerischer Feiertag begangen, deshalb auch der Treuschwur beim Eintritt Basels in die Eidgenossenschaft im Jahre 1501 auf diesen Tag gelegt[2]). In der *Giebelmonstranz* Nr. 16 ist nach meiner Ansicht die von dem hl. Kolumban dem Münster einst verehrte „Innocentes-Reliquie“ nun sichtbar zur Schau gestellt worden.

Ausser der Monstranz hatte das an neuen Altarzierden erfindungsreiche 14. Jahrhundert das *Kapellenkreuz* mit Christus zwischen Maria und Johannes erdacht, das in seiner spätgotischen, realistischeren Ausführung kurzweg als „Kalvarienberg“ bezeichnet wird[3]). Auch für das Basler Münster wurde

[1]) Das Fronleichnamsfest wurde durch Papst Urban IV. 1264 eingeführt (vgl. Braun II, S. 353); in Basel nicht vor den 1320er Jahren; verbunden mit einer Prozession vor 1351, da dies damals als bekannt galt (vgl. R.W. 2, II, S. 771). — Über Hostienmonstranzen des Schatzes vgl. Nr. 16, S. 133 und Nr. 63, S. 331; Inv. 1525.131.

[2]) Vautrey I, p. 348. — C.B. 1867, S. 6. — K. Stehlin, Basler Münsterbuch, Basel 1895, S. 3, Anm. 5. — R.W. 2, I, S. 187; R.W. 2, II, S. 771 und 859.

[3]) Vgl. etwa in G. E. Pazaurek, Alte Goldschmiedearbeiten der schwäbischen Kirchenschätze, Leipzig 1912, Taf. X.

solch ein Altarschmuck geschaffen, Nr. 17. Dabei wurde dem neuen Bedürfnis, Heiltum sichtbar zu zeigen, in anmutiger Weise dadurch entsprochen, dass zu beiden Seiten der das Grab Christi andeutenden Kapelle Engel in kristallgedeckten Behältern die Reliquien den Gläubigen zur Verehrung darbieten.

Diese drei hochgotischen Werke, zu denen sich noch das *Fahnenkreuzpaar* Nr. 18 und 65 gesellte, bilden eine einheitliche Gruppe. Bei den Monstranzen ist ausschlaggebend die Architektur, beim Kapellenkreuz die Plastik. Neu aber und allen gemeinsam ist ihr Farbenschmuck aus durchsichtigem Tiefschnittschmelz. Aus den Medaillons, den Fenstern, leuchten die Emailfarben auf und breiten über das ganze Gebilde einen Hauch von wundersam zarter, erlesener Kostbarkeit, auch etwas Heiteres wie von blauer Luft und bunten Blumen. Aber in ihrem höchsten Farbenzauber erstrahlten diese Kreuze und Monstranzen eigentlich erst, wenn sie am Altar vom Priester hochgehoben oder bei Prozessionen in leicht vibrierender Bewegung das Licht auf ihrem Schmelze spielen liessen. Als eine ganz neue Veredelung und Verlebendigung des Schaugefässes muss dieser Anblick damals in einer Weise bezaubert und hingerissen haben, die unser verwöhntes Auge von heute wohl kaum mehr richtig einzuschätzen vermag.

Da im Gegensatz zu den meisten Domschätzen anderer Städte an allen romanischen und frühgotischen Basler Goldschmiedearbeiten jeder Schmuck mit Grubenschmelz — jener mosaikartigen, farbenprächtigen, undurchsichtigen Schmelzkunst des 12. und 13. Jahrhunderts — fehlt, so will mir scheinen, als hätte im 14. Jahrhundert eine gesteigerte Farbenfreudigkeit die oberrheinische Kunst erfasst, so dass auch die Goldschmiede ihre Arbeiten nunmehr durch Farben zu veredeln und zu beleben suchten. Sie griffen nach dem in Italien schon im 13. Jahrhundert ausgeführten Silberschmelz, bei dem die Zeichnung auf dem Silbergrund gegen die Mitte hin in leicht vertieftem Relief ausgehoben und mit translucidem Email gefüllt wurde. Die Farben — vorherrschend Blau, Grün, Rot, Violett, Hellbraun bis Goldgelb — nehmen somit nach der Tiefe an Intensität zu und funkeln dank ihrer Durchleuchtbarkeit edelsteinartig.

Viele Versuche in dieser Technik müssen einem Meisterwerk, wie es etwa die Giebelmonstranz Nr. 16 ist, vorangegangen und der grösste Teil dieser leider wenig haltbaren Schmelzarbeiten spurlos verschwunden sein, wie dies ja auch mit den in Basel geschaffenen Werken der Glasmalerei und Heidnischwirkerei[1]) der Fall gewesen ist.

Diese Altarzierden, die bis zu einer Höhe von 75 cm aufgebaut sind, bilden nächst den Kaiser Heinrichs-Gaben den künstlerisch kostbarsten Zuwachs des Schatzes. Sie geben Zeugnis von einem grossen Aufschwung, den die Basler Goldschmiedekunst, gewiss Hand in Hand mit dem übrigen Kunst-

[1]) R. F. Burckhardt, Gewirkte Bildteppiche des 15. und 16. Jahrhunderts im Historischen Museum zu Basel, Leipzig 1923, S. 46.

gewerbe, damals genommen hat[1]). Und merkwürdigerweise hatte sich die Basler Werkkunst gerade in Zeiten schrecklichster Heimsuchungen zu dieser Blüte entwickelt. Denn gegen die Mitte des 14. Jahrhunderts, nach Kriegen und langem Interdikt, wütete der schwarze Tod in Basel, und am 18. Oktober 1356 legte ein Erdbeben einen grossen Teil der Stadt in Trümmer. All dies während der Regierung des edeln Bischofs JOHANN SENN VON MÜNSINGEN (1335—1365). Aber diese Prüfungen hatten dazu beigetragen, die Tatkraft der Bürgerschaft anzuspornen, ihre Religiosität zu vertiefen, ihre Opferwilligkeit zu erhöhen. So konnte Bischof Senn schon am 25. Juni 1363 anstelle des durch das Erdbeben zerschmetterten Hochaltars einen neuen weihen, in erweiterter Gestalt[2]) aufgeführt, in dem wohl von JOHANN VON GMÜND neu erbauten, edlen Chor, in dessen höchsten Fenstern des Bischofs Wappen leuchteten[3]). Eine Miniatur (Abb. 4, S. 11) zeigt diesen eifrigen Mehrer des Schatzes, wie er eine Reliquie des Apostels Paulus aus Rom in einer Monstranz mit Sternfuss der Madonna, der ja Münster und Hochaltar geweiht sind, überreicht[4]).

Wessen Blick damals etwa auf die Schmelzscheiben der Turmmonstranz Nr. 15 mit Bildern aus der Legende von Heinrich und Kunigunde fiel, und nun emporglitt zu den Schlussteinmedaillons des Chorgewölbes, wo er das thronende Kaiserpaar wieder traf, oder wer beim Anblick ihrer Silberstatuetten an ihre monumentalen Steinbildwerke der Westfassade dachte, der musste die einheitliche Gesinnung in diesem Bauen im Grossen und Kleinen erkennen. In der Münsterbauhütte, da lag die Quelle zu diesem Schaffen in Harmonie. Eine gleiche Liebe beseelte alle. Ihre Arbeit war frommer Dienst am Münster, war Gottesdienst. So hat auch kein Meister sein Werk zu bezeichnen für nötig erachtet, wie dies damals die selbstbewussteren italienischen Goldschmiede so oft taten. Gewiss kam von den mannigfachen künstlerischen Kräften, die damals am Münsterbau tätig waren, auch diesen Miniaturbauten aus Edelmetall viel zu gut. Fühlte sich der Goldschmied am Münster einer Aufgabe nicht gewachsen, so wird er neidlos für seinen Entwurf einen Künstler der Bauhütte zu Rate gezogen haben. Dies war gewiss bei der Giebelmonstranz Nr. 16 der Fall und auch das Kapellenkreuz Nr. 17 dürfte einer solchen Regung seine besondere Schönheit verdanken. Im Adel seiner Gestalten, im kunstvoll berechneten Rhythmus ihrer Verjüngung nach oben offenbart sich in Milde und Schönheit die ganze Sehnsucht dieser Epoche. Den Hoch-

[1]) Über Basler Silberschmelz unter Nr. 15 bis Nr. 18 und Nr. 25. Wir kennen wohl die Namen einiger Meister, die im 15. Jahrhundert als „Goldschmiede unserer lieben Frau" in erster Linie für das Domkapitel tätig waren, nicht aber die von solchen im 14. Jahrhundert. Vielleicht könnte dies bei Goldschmied Konrad Napf der Fall gewesen sein, da er 1376 sein Haus „zum oberen Bild beim Kornmarkt" „ad usum fabricae ejusdem ecclesiae" vermacht hat. Vgl. S.K.Lex. unter „Konrad und Walter Napf", ferner das von Architekt Fechter aufgestellte chronologische Verzeichnis aller Goldschmiede in Basel, in der Bibliothek des Historischen Museums zu Basel.

[2]) Altarweihe, Sonntag, 25. Juni 1363. Vgl. R.W. I, S. 272. Über den Altar vgl. S. 15 und S. 22, Anm. 1.

[3]) C.W. II, S. 418.

[4]) Pergamenturkunde, datiert 1360, mit 15 cm hoher Initiale J, im B.St.A.: Domstift Nr. 119. — E.A.S. I, Taf. 17. — C. Escher: Miniaturen in Basler Bibliotheken, Basel 1917, S. 249, Nr. 359.

altar zierte dieses Werk bei höchsten Kirchenfesten[1]) und einen denkend Schauenden wird das Mysterium vom Erlösertod des Herrn in dieser so wundersam stillen und zarten Darstellung ebenso tief berührt haben, als die redegewaltigste Predigt darüber.

In seiner Geschichte von Basel hat Rudolf Wackernagel die Zeit unter dem Erdbebenbischof als eine für die Entwicklung der Stadt höchst wichtige bezeichnet, zugleich aber bedauert, „dass sie schwächer bezeugt sei als irgendeine andere Periode“[2]). Nach meiner Ansicht liefern nun gerade diese strahlend schönen Goldschmiedearbeiten einen nicht unwichtigen Beitrag zur Kenntnis dieser Zeit, aus dem sich für ihre Bedeutung manches folgern lässt. Ein hohes Kunstwerk mag bisweilen aus magerem, kunstfremdem Boden durch die einmalige Tat eines Genies erstehen. Ein Kunsthandwerk, dessen Meister in einer so schwierig zu bewältigenden Technik exzellieren, wie es die des Tiefschnittschmelzes ist, das kann nur zu einer solchen Vollendung erblühen, wenn es durch viele Aufträge jahrelang gefördert wurde. Werke wie diese hochgotischen Altarzierden können nur Früchte einer gesunden, kraftvollen, hochkultivierten Stadt sein. Und sie bezeugen deshalb, dass Basel ein solches Gemeinwesen damals in hohem Grade gewesen sein muss. Denn mögen auch eingewanderte Goldschmiede dabei mitgearbeitet haben, Basel hat sie angezogen, Basel hat ihnen die Aufträge erteilt, und Basel ist dadurch bahnbrechend für diese Edelzierkunst am Oberrhein geworden.

Während den folgenden hundert Jahren, bis um 1470, wächst der Schatz nur wieder langsam. Stets aber erkennt man klar, dass der Blick aufs Ganze die Gestalt einer neuen Hochaltarzierde bestimmt. So gesellt sich zum Walpertarm Nr. 6 gegen Ende des 14. Jahrhunderts als Gegenstück das *Valentinbrachiale* Nr. 23. So tritt zu dem gegen 1400 entstandenen silbernen *Standbild des Täufers* Nr. 24 einige Jahrzehnte später ein *hl. Christoph* Nr. 27, die Gabe eines Basler Domkaplans. Diese Silberstatuette ist nach meinem Gefühl das ausdrucksvollste spätgotische Werk des Schatzes. Gross gesehen, tief empfunden und — wie in der gleichzeitigen Malerei — durch eine Fülle verblüffend naturgetreuer Einzelheiten warm vermenschlicht.

Das wichtigste Ereignis dieser Epoche war das von 1431 bis 1448 in Basel tagende Konzil. Aber obschon Herzog Amadeus von Savoyen als FELIX V. im Münster zum Papst gekrönt wurde, obschon KAISER SIGISMUND in Basel Hof hielt, und mächtige Kirchenfürsten aus aller Herren Länder mit glänzendem Gefolge jahrelang hier wohnten, so wurden — trotz all der Kunst und Pracht, mit der sie Basel erfüllten — weder Altarzierden noch Heiltum in den Domschatz gestiftet. Welche tiefe Bedeutung aber Reliquien damals zukam, das stellt uns die Tatsache drastisch vor Augen, dass am 25. Juni 1439

[1]) Vgl. das zweite Aufstellungsschema S. 357.
[2]) R.W. 1, S. 249.

Abb. 4. Bischof Johann Senn von Münsingen überreicht der Madonna eine Zahnreliquie des Apostels Paulus. — Vgl. S. 9, Anm. 4.

in einer besonders wichtigen Sitzung im Münsterchor der Konzilspräsident LUDWIG ALEMAN, Kardinal von Arles, Reliquiare des Schatzes auf die leeren Sitze ausgebliebener Bischöfe stellen liess, „damit solchergestalt die Heiligen selbst an der Versammlung und an dem wichtigen Akte teilnähmen“[1]). Nur

[1]) R.W. 1., S. 519. — Vgl. R.W 2, II, S. 772 und 859, dazu das 1932 zu St. Peter freigelegte Wandgemälde mit dem Bildnis des 1527 selig gesprochenen Ludwig Aleman, abg. im Jahresbericht der freiwilligen Basler Denkmalpflege 1931, S. 8.

die stillen Klöster, in denen die geistlichen Herrn von ihren vielen Sitzungen im Münster Erholung fanden, wurden — vor allem die Karthause — reich bedacht.

Ein einziges Werk, *die Agnus Dei-Monstranz* Nr. 31, verdankt, wenn auch nur indirekt, doch dem Konzil seine Entstehung. Auf Wunsch Papst FELIX V. war 1440 eine Universität in Basel ins Leben gerufen worden. Nach seinem Wegzug und nach Beendigung des Konzils aber schlief diese „Versuchsgründung" wieder ein[1]). Einige kluge, weitblickende Basler bedauerten dies und wünschten, von ideellen wie materiellen Gründen bewogen, eine lebensfähige Universität neu zu begründen. Und als AENEA SILVIO PICCOLOMINI, der Schreiber des Konzils, 1458 als Pius II. Papst wurde, hielten sie den Zeitpunkt zur Verwirklichung ihres Vorhabens für gekommen. Sie sandten Delegierte zum Papst und diese brachten, zugleich mit der erbetenen, vom 12. November 1459 datierten päpstlichen Bestätigungsbulle, auch ein von Pius II. geweihtes silbernes Lamm Gottes und Reliquien mit. Für diese wurde die Agnus Dei-Monstranz Nr. 31 gefertigt. Und so darf sie, in Erinnerung an die am 4. April 1460 im Münster vor dem Hochaltar mit der Inthronisation des Rektors neu gegründete Universität füglich als *Universitäts-Monstranz* bezeichnet werden. Sie ist ein Werk von stolzer Schönheit, frei nach der schon im zweiten Viertel des 15. Jahrhunderts von einem Mitglied der Familie OFFENBURG gestifteten *Dorotheen-Monstranz* Nr. 26 aufgebaut. Und als deren Gegenstück kam sie deshalb auch stets auf dem Hochaltar zur Aufstellung[2]).

Immer wieder regte sich im Domkapitel der Wunsch, besonders hochverehrtes Heiltum Schaugefässen veralteter Formung zu entnehmen und in modern gestalteten Altarzierden besser zur Geltung zu bringen. So wurde z. B. 1450 für die „Innocentes-Reliquie" ein *Reliquiar in Fussform* Nr. 28 geschaffen, das einzige datierte und signierte Werk des Schatzes. So erwarben die Domherren 1470 von Ritter RUDOLF VON HALLWYL — um darin „einen Splitter vom Kreuz des Herrn" und das „mirakulöse Blut" zu bergen — ein *Kapellenkreuz* Nr. 39, bei dem Kruzifix, Maria und Johannes aus purem Gold getrieben sind.

Seit etwa 1470 aber ist der Wille erkennbar, dem Hochaltar einen noch weit glänzenderen, auch auf die Ferne hin architektonisch eindrucksvoller wirkenden Schmuck zu geben. Er führt zur Anfertigung von sechs silbernen Monstranzen, deren Höhe vom Ausmass der höchsten hochgotischen Monstranz, von 75 cm, ausgeht und bis zu 1,25 m aufsteigt.

Die Folge dieser Silbertürme ist eine einheitliche Schöpfung, dem gesunden Selbstbewusstsein entsprungen, aus dem eigenen Gestaltungswillen und Formgefühl heraus immer Schöneres, Eindrucksvolleres schaffen zu können.

---

[1]) B.Chr. V, S. 465. — J. Wackernagel sen.: Stadt und Universität Basel, 1930, S. 5. — J. Schweizer: „Basler Nachrichten", 12. März 1931. Vgl. unter Nr. 31.

[2]) Vgl. das erste Aufstellungsschema S. 355.

Denn, mit Ausnahme der *Hallwyl-Monstranz* Nr. 41 — gefertigt für das Heiltum, das Sitten 1490 Basel verehrte [1]) — dienen sie nur einer neuen Schaustellung von Hostie und Reliquien, für die ja schon würdige ältere Ostensorien vorhanden waren. Die Kosten tragen teils das Domkapitel, teils dem Münster eng verbundene Persönlichkeiten, so Mitglieder der Familien MÜNCH und HALLWYL und der Vorsteher der Münsterbauhütte, Kaplan KONRAD HÜGLIN.

Stilistische Gründe erlauben, diese sechs Monstranzen in zwei Gruppen zu teilen und die frühere, die *Hostien-, Münch- und Hallwyl-Monstranz* Nr. 63, 40, 41, mit der Basler Goldschmiedwerkstatt des 1461 aus Augsburg eingewanderten HANS RUTENZWIG in Verbindung zu bringen, die zweite, spätere Dreiergruppe aber — von der die *Hüglin-Monstranz* Nr. 42 um 1502, die *Heinrichs- und die Kunigunden-Monstranz* Nr. 43 und 44 spätestens 1511 entstanden sind — mit der aus Thann zugezogenen Goldschmiedfamilie ANGELROT [2]).

Die Folge, als Zierde eines Altares geschaffen, stellt als Ganzes etwas Einzigartiges dar. Der gleichen Baulust, die 1500 zur Vollendung des Münsters geführt hat, verdankt sie ihre Entstehung, und die nervige, rassige Schönheit der beiden Münstertürme mit ihren elegant konkav aufsteigenden Spitzen ist auch ihr eigen (vgl. Abb. 217, S. 296). Nur liess das Material ein weit zarteres Verjüngen und Ausblühen des Aufbaus zu als Stein. Und so muten uns diese Silbertürme ein wenig an wie in Edelmetall verwirklichte Träume spätgotischer Baumeister. Vier aus der Folge, Nr. 40, 42, 43 und 44, zeigen die Retabelform der hochgotischen Monstranzen. Doch schmiegen sich die Strebepfeiler dem turmförmigen Schaugehäuse enger an. Zwei davon, Nr. 41 und 63, sind in reiner Turmform aufgeführt, indem sich die vier gleichgeformten Pfeiler symmetrisch um das zylinderförmige Schaugefäss gruppieren. Neu ist — verglichen mit den hochgotischen Arbeiten — der Reichtum an Durchblicken, das Befreitsein von jeglicher Massigkeit bis zur letzten Zulässigkeit, die die Stabilität des Aufbaus gestattet. Neu ist die bestmögliche Auflösung von allen durch den Aufbau bedingten lastenden Partien in ein malerisches licht- und schattenreiches Formengewoge, das leicht wirkt und den Blick weich und schwungvoll von Geschoss zu Geschoss emporzieht. Dagegen fehlt der farbige Zauber der hochgotischen Schmelzbilder. Diese zarte, vornehme Zierkunst starb hier im 15. Jahrhundert allmählich aus und führte nur noch etwa an Schaftknäufen oder Wappen ein bescheidenes Dasein [3]). Dafür aber fügt sich jetzt alles Plastische und Tektonische, untrennbar verbunden, natürlich und flüssig in den emporziehenden Kraftstrom ein, der in dieser Monstranzenfolge in vielfacher Variation, in Klarheit und heiterer Schönheit jeweilen das Gleiche, das ist: der Seele Sehnsucht zu Gott, in Form und Rhythmus zum Ausdruck bringt.

[1]) Vgl. unter Nr. 41.
[2]) Vgl. unter Nr. 42 bis Nr. 44.
[3]) Vgl. R.F.B. 1922, S. 40, und unter Nr. 25.

Dabei aber müssen wir uns stets bewusst sein, dass in all diesen scheinbar aus dem Reich der Phantasie herkommenden Schöpfungen eine unerbittliche mathematische Rechnung lebt[1]). Wer sich darein vertiefen will, der sollte den einzigartigen Schatz der „Basler Goldschmiedrisse" zu Rate ziehen[2]). Hier findet er Grundriss und Aufriss jedes einzelnen Teils einer solchen Monstranz und wird erkennen, dass das Ausmass etwa eines Sockels, eines Baldachins und so fort, nach dem streng geometrischen Gesetz der Massgerechtigkeit bestimmt ist. Untersucht er aber den Aufbau einer Monstranz genau, so wird er bewundernd wahrnehmen, wie überaus zweckmässig auch die technische Ausführung ist. Pfeiler und Säulen bestehen aus Kern und Hülle. Der Kern ist mit seiner Basis stets fest verbunden, die knapp angepasste Hülle jedoch lose darüber gestülpt (vgl. Nr. 40). Und so ist es bis zur Turmspitze gehalten. Dadurch begegnen diese gewissermassen erdbebensicher erbauten Monstranzen, die ja bei Prozessionen auch herumgetragen wurden, — und zwar die gewichtigeren von jüngeren Kaplanen[3]) — federnd jedem Stoss. Doch im Rahmen dieser streng geometrischen und technischen Kunst bleibt dem Künstler gleichwohl Freiheit, die Fülle, sein Temperament und die Besonderheit seines Schönheitssinns hemmungslos zu bekunden. Wie verschieden ist doch die frühere Monstranzengruppe von der etwas späteren. Die ganze Folge aber gibt den untrüglichen Beweis für eine in Basel noch immer blühende Goldschmiedekunst, die gewiss zu der erstaunlichen Anziehungskraft, die Basel damals auf auswärtige Künstler ausübte, viel beigetragen hat.

Unter Christoph von Utenheim (1502—1527), dem letzten in Basel residierenden Bischof, vermehrte sich der Schatz nur wenig mehr. Ihm mögen die Hochaltarzierden als genügend erschienen sein. So kam seine Liebe zur Kunst anderen Gebieten zugut. Von einem „köstlichen", mit seinem Wappen gezierten Heidnischwerkbehang für seinen Sitz im Münsterchor wird uns berichtet[4]). Vor allem aber verdanken wir ihm das noch als Ruine ergreifend wirkende Grabmal, das er seinem Neffen im Kreuzgang aufführen liess[5]). Und wäre der Hochaltar nicht schon mit einem Alabaster-Retabel — darauf Christus am Kreuz zwischen den Aposteln — geziert gewesen, wie wir aus

[1]) Jacob Burckhardt: Über die Goldschmiedrisse der Kunstsammlung zu Basel, im Basler Taschenbuch 1864, S. 104.

[2]) W. Ueberwasser, Spätgotische Baugeometrie, in Beilage zum Jahresbericht der Basler Kunstsammlungen, 1928—1930. Mit einer wertvollen, reich illustrierten Untersuchung darüber, (S. 79—122).

[3]) Vgl. Cer. 30b (In festo Corporis Christi): „Item juniores cappellani portare debent graviores reliquias, videlicet capita sanctorum et maiores monstrancias." Die grösseren wurden wohl auf Schultertragbahren von zwei voreinander schreitenden Geistlichen getragen. Davon dürften die drei höchsten Monstranzen Nrn. 40, 41 und 63 ausgeschlossen gewesen sein. Sie sind wohl hauptsächlich mit der Absicht, einen harmonischen Übergang zwischen den kleineren, beidseitig aufgestellten Monstranzen und der über ihnen thronenden Goldtafel zu bilden, in dieser Höhe angefertigt worden.

[4]) Vgl. Inv. 1525. 233.

[5]) R.F.B. 1910, Basler Plastik, S. 36, Taf. 3.

dem Bericht des ANDREA GATTARO, des venezianischen Gesandten beim Konzil, wissen [1]), dann hätten wohl Bischof und Domkapitel HANS HOLBEIN D. J. mit dem Auftrag eines Flügelaltars für diesen ersten Altar im Bistum betraut. So aber kam Holbeins Kunst im Münster nur den Orgelflügeln zugut, auf denen er Basels Lieblingsmotiv: die drei Münsterschutzpatrone — die Madonna, St. Heinricus und St. Pantalus — wiedergab, zwar nicht in glühenden Farben, wie sie die von Bischof FRIEDRICH ZU RHYN (1436—1451) ins Münster gestifteten Glasgemälde zeigten [2]), sondern dem Orgelschnitzwerk angepasst nur in Braunmalerei, aber im Wurf von erhabener Schönheit.

Schon des öfteren habe ich angedeutet, dass Bischof und Domkapitel nicht nur auf die Anhäufung möglichst vieler Reliquien und möglichst kostbarer Schaugefässe bedacht waren, sondern dass der künstlerische Gedanke sie leitete, bei der Schaustellung ihrer Reliquiare zugleich auch ein erhebendes, harmonisch wirkendes Gesamtbild zu schaffen. Gerade dieser Gedanke, der dem Äufnen des Schatzes auch einen künstlerisch hohen Flug verlieh, war bei der Jagd nach den verschollenen Stücken ein belebender Ansporn. Denn es galt nicht nur, ein verlorenes Stück des Schatzes wieder aufzufinden, sondern zugleich auch eine Lücke im Gesamtbild der Heiltumsschau auf dem Hochaltar auszufüllen.

Die Möglichkeit aber, sich davon in der Vorstellung ein Bild zu schaffen, das erlauben uns allein zwei, um 1500 flüchtig niedergeschriebene, im Basler Staatsarchiv aufbewahrte *Aufstellungspläne* [3]).

In der Auswahl der Reliquiare und Altarzierden kommen darin zwei sehr verschiedene Stufen der Feierlichkeit zum Ausdruck.

Im ersten, einfacheren Plan fehlt die goldene Tafel, fehlen das Fest- und das Sonntagskreuz und an ihrer Stelle figurieren die Dorotheen- und die Agnus Dei-Monstranz Nr. 26 und 31.

Im zweiten kommt die goldene Altartafel zur Ausstellung und wie sich nach diesem Plan der Aufbau gestaltet hat, dürfte am besten der im Anhang gegebene Rekonstruktionsversuch (Abb. 263) veranschaulichen.

[1]) Über das Alabasterretabel, das wohl zugleich mit dem neuen Altar 1363 ausgeführt worden ist, vgl. „Concilium basiliense", V. p. 390: „L'altaro grande si a una bellissima ancona de alabastro et ege suso scolpiti XII apostoli e Christo in croxe". — Im Inv. 1477.52 ist ein „imago beate Marie virginis", auch aus Alabaster, angeführt. — Über solche meist oblonge, oben oft wagrecht abgeschlossene Alabasterretabeln vgl. Braun I (2. Band), S. 467; über die im Altar geborgenen Reliquien vgl. B.Chr. VII, S. 113 und 119, Z. 20; über 1529 aus dem Hochaltar gerettetes Heiltum vgl. Basler Zeitschrift V, S. 440. — Die Federzeichnung mit der Eröffnungsfeier der Universität am Hochaltar 1460 muss als Phantasiebild angesehen werden (Abb. Basler Festschrift 1901, Bl. 19); doch könnte das im Inventar 1478 angeführte „gemalet hüselin über das sacrament in primo altari per octavas corporis Christi" ähnlich wie der Altaraufbau auf dieser Zeichnung ausgesehen haben.

[2]) C.W. II, S. 435. In der Peter von Aspeltkapelle „das fenster darinn K. Henrich unser fraw unnd S. Pantalus stehen" wurde gewiss wie auch der Grabstein des 1451 gestorbenen Stifters 1529 „zerschlagen". Vgl. auch Abb. 2, S. 3 nach dem unter Christoph von Utenheim ausgeführten Holzschnitt im Basler Brevier von 1515, nach einer signierten, 1514 datierten Federzeichnung des Urs Graf im Basler Kupferstichkabinett.

[3]) Vgl. die Aufstellungsschemata S. 355 und 357.

Über einem der in den Inventaren aufgezählten Antependien kam auf dem Altartisch — unter Freilassung der für die liturgische Handlung notwendigen Fläche — in der unteren Reihe in die Mitte die Hostien-Monstranz Nr. 63 zu stehen. An sie reihten sich nach links hin: das Heinrichskreuz Nr. 2, die Münch- und die Apostel-Monstranz Nr. 40 und Nr. 16, dann das Kapellenkreuz Nr. 17 und als Abschluss die spätgotische Heinrichs-Monstranz Nr. 43; dann nach rechts hin ihre Gegenstücke: das Sonntagskreuz Nr. 36, die Hallwyl- und Kaiserpaar-Monstranz Nr. 41 und 15, das Kristallkreuz Nr. 33 und die, wie die spätgotische Heinrichs-Monstranz geformte, Kunigunden-Monstranz Nr. 44; zwischen diese hochaufragenden Reliquiare wurden endlich kleinere, zierlicher geformte Altarzierden, wie die goldene Rose, das goldene Davidbild, der Innocentesfuss, Nr. 13, 19 und 28, gestellt. Die ganze Reihe kam wohl auf einen niedern Podest zu stehen, damit auf weithin auch der Fuss aller Reliquiare sichtbar blieb.

Dahinter und darüber — das Alabasterretabel verdeckend — auf einem oblongen Holzgestell, „dem langen schemel wenn das heiltumb alls hervor ist“[1]), gewiss in der Höhe der Hostienmonstranz Nr. 63, kam direkt über ihr die goldene Tafel zur Aufstellung. Und es hatten, wie ein Zeitgenosse berichtet, „vier mann daran zu heben“[2]). Dann wurden nach beiden Seiten der Tafel gleichmässig die beiden Bildwerkgruppen verteilt: die zwei Statuetten zwischen den vier Kopfreliquiaren und die beiden Brachiale als Abschluss.

Wie der Rekonstruktionsversuch (Abb. 263) zeigt, leiten die beidseitig in der unteren Reihe aufragenden Reliquiare den Blick zur oberen Gruppe empor und bilden, durch ihr verwandtes Grössenverhältnis verbunden, gleichsam je einen zweigeschossigen Flügel zum Mittel- und Hauptfeld. Da aber lässt sich nun erst die feine architektonische Absicht, die zur Schöpfung der drei höchsten spätgotischen Turmmonstranzen geführt hat, klar erkennen.

Sie und die beiden Kreuze der Mitte bilden durch ihr grösseres Format eine Steigerung zu den Monstranzen und Kreuzen der beiden Flügel. Auch sind mit weiser Absicht die spätgotische Hallwyl- und Münch-Monstranz in der Mitte, die Heinrichs- und die Kunigunden-Monstranz an beiden Enden allein von der ganzen Reihe rein silbern gelassen worden, gewiss um als Begrenzungsakzente sowohl des Mittelfeldes wie der Seitenflügel eindrücklicher zu wirken. Die drei gewaltigen Monstranzen der Mitte aber leiten den Blick auf zur Heinrichstafel und die emporstossende Kraft ihrer Vertikalen nimmt dem oblongen Goldrelief eine zu schwere, zu drückende Wirkung, die ohne diese drei hohen Turmmonstranzen unvermeidlich gewesen wäre.

[1]) Vgl. Inv. 1525.154. — Auch von einem kleinen Schemel ist die Rede, vgl. Inv. 1525.107, 108; dass er bemalt war, deutet Inv. 1511.62 an: „gemalt schemelin uf dem Fronaltar in festivitatibus“. Vielleicht ist damit das Podest für die Reliquiare der unteren Reihe gemeint.

[2]) Vgl. unter Nr. 1, S. 43, Anm. 2. — Auch zu St. Denis wurde z. B. das Goldfrontale des Hochaltars später als Retabel verwendet. Vgl. Sir W. Martin Conway, F.S.A.: „The abbey of Saint-Denis and its ancient Treasures“ in Archaeologia, vol. LXVI, 1915, p. 109 f. Güt. Mittl. von Herrn Dr. H. G. Wackernagel.

Abb. 5. Innenansicht des Münsters zu Basel.
**Blick gegen Osten durch das Langhaus mit Lettner und Orgel in alter Anordnung.
Zeichnung (623 × 525 mm) von Emanuel Büchel (1705—1775) datiert 1773. — Staatsarchiv Basel.**

So hat es der feinfühlige spätgotische Kunstverstand vermocht, aus der Goldtafel und aus Stücken von so völlig verschiedenem Formcharakter und Ausmass dennoch ein harmonisch wirkendes Gesamtbild aufzubauen.

Und bis in alle Einzelheiten war man dabei ordnend und schmückend vorgegangen. So hatte man in spätgotischer Zeit z. B. für die goldene Rose, das David-, das Fuss- und das Hallwyl-Reliquiar, auch für *zwei schöne Deckelbecher,* Nr. 60 und 61 — Geschenke, in denen man Reliquien barg — holzgeschnitzte, vergoldete Sockel anfertigen lassen, damit diese kleineren, zarteren Goldschmiedearbeiten besser zur Geltung kämen. So erfahren wir aus den Inventaren, dass verschiedenfarbige Tücher vorhanden waren, um je nach dem Charakter der Feierlichkeit über den Holzpodest gebreitet zu werden: weisse, blaue, rote mit Goldblumen und schwarze mit Goldsternen bemalte[1]).

Jedenfalls war mit dieser Schaustellung ein fein ausgewogenes Bild von geradezu märchenhaft wirkender Weihe und Pracht geschaffen worden. Und wie tief es jeder Basler in seinem Herzen trug und sich glücklich fühlte, wenn er aus Eigenem etwas dazu beitragen konnte, das zeigt in anmutsvoller Weise die Gabe der URSULA ROT von Efringen, die nach dem Tod ihres Gemahls, des Bürgermeisters PETER ROT, dessen *Kette des Brandenburgischen Schwanenordens,* Nr. 62, ausdrücklich zum Schmuck des Fronaltars der Reliquienbüste ihrer Namensheiligen Nr. 12 um den Hals legen liess.

Doch nur selten wurde diese weithin berühmte Heiltumsschau den Gläubigen dargeboten. Glücklicherweise ist uns überliefert, an welchen Festen dies geschah[2]). Es war an Weihnachten, Ostern, Pfingsten, am Fronleichnamsfest, am Kaiser Heinrichstag, an Maria Himmelfahrt und Allerheiligen, dann aber auch bei besonders denkwürdigen Anlässen, wie z. B. am Tag des Bundesschwurs 1501 und seiner Erneuerungen[3]).

Für gewöhnlich zeigte der dreistufige[4]) Fronaltar als Schmuck nur die Alabasterancona mit Christus am Kreuz zwischen den Zwölfen. In den vier Ecken, wohl der untersten Altarstufe[5]) aber ragten vier sogenannte

---

[1]) Über diese weissen, blauen, roten, schwarzen Tücher mit Gold vgl. Inv. 1525. 107, 108, 154, 155, 173; ferner M.F. I, 1469/70, S. 50 und 63: „item pictori beate virginis von 3 schwarczen tücheren ad summum altare pro reliquiis locandis mit übergülten sternen und bucklen darin gesprengt exposui 3 lb.“ —Über die dazugehörigen Antependien und Ornate, die in Weiss: Inv. 1525. 85—87, 89—92; die in Blau: Inv. 1525. 73—81, 113, 179; die in Rot: Inv. 1525. 93—97, 99, 101—107, 124, 162, 243, 244; die in Schwarz: Inv. 1525. 108, 112, 126, 127, 245—249, und Cer. 47a (Totenmesse für Kaiser Max 1519). — Über die an den verschiedenen Festen verwendeten Farben vgl. Cer. 48a: „De diversitate colorum“. Über die liturgische Bedeutung der Farben vgl. Dr. Andreas Schmid, Caeremoniale, III. Aufl. Kempten 1906, S. 23.

[2]) Vgl. unter Nr. 1, S. 43, Anm. 1, auch abgedruckt im Katalog des Cluny Museums 1883, Nr. 4988. Erkundigungen zufolge ist die Pergamenturkunde — „un antique parchemin annexé à la table d'or“ —, die 1883 noch vorhanden war, heute verschollen.

[3]) Vgl. Cer. 48a: „Altare namque ornatum erat tabula aurea et ceteris Sanctorum reliquiis, ornatum rubeum holosericum ducis Austrie pro amictu habebatur.“ Dieser rotseidene Behang, mit dem der Altar damals an Stirn und Seiten geschmückt gewesen ist, war, Inv. 1525. 109 und 169 zufolge, „unden und obenn mit Osterrich schiltten köstlich gestickt“. Zugleich kam gewiss das zugehörige „Osterrich ornat“ zur Verwendung, laut Inv. 1525. 93—96, aus rotem Samt mit Perlstickereien.

[4]) Dass es drei Stufen waren: Cer. 19a: „in infimo gradu“, Cer. 42b: „ante infimum gradum“, Cer. 7a: „ad medium gradum“, Cer. 8a: „in gradu altaris secundo“, Cer. 2a: „in supremo gradu“, Cer. 46a: „in superiori gradu“.

[5]) Cer. 19a: „ascendit episcopus et juxta statuam altaris dextram (das ist die vordere, rechte der vier Engelsäulen) in infimo gradu in pulvinari illic posito procumbit.“ Vgl. ferner Cer. 3b und 40b.

Abb. 6. Innenansicht des Münsters zu Basel.

Blick aus dem Chor durch Vierung und Mittelschiff nach Westen mit der Rückseite des Lettners in alter Anordnung.

Im Vordergrund, etwa dort wo die Schale eines Taufsteins angedeutet ist, stand einst der Hochaltar.

Zeichnung (585 × 715 mm) von Emanuel Büchel (1705—1775). — Staatsarchiv Basel.

Abb. 7. Ansicht eines Altars mit Engelsäulen und Seitenvelen.
Miniatur aus den Miracles de Notre Dame. — Bibliothèque Nationale Paris.

Velensäulen empor, von kerzentragenden Engeln bekrönt[1]), die bemalt waren[2]) und deren Flügel für die Engelverhüllung in der Karwoche[3]) abgenommen werden konnten. Gewiss eine Reihe nicht uninteressanter Überlieferungen, die aber ihrer Vieldeutigkeit wegen für unsere Vorstellung nur ein ganz vages Bild ermöglichen, da auch nicht eine Spur von all dem auf uns gekommen oder wenigstens in einer Zeichnung festgehalten worden ist. Sicheres über die Heiltumsschau verdanken wir allein den Aufstellungsplänen.

[1]) R.W. 2, II, S. 757, und Anm. S. 152. Über solche sogenannte Velensäulen mit Hochaltarvorhängen vgl. Braun I, Bd. 2, S. 133 ff. Eine solche Anlage mit vier Engelsäulen ist wiedergegeben in Miracles de Notre Dame, Paris, Bibliothèque Nationale, Abb. in J. Braun S. J., Die liturgischen Paramente, Freiburg i. B., 1924, S. 199, Abb. 176. — Für die gütige Überlassung des Originals, nach dem unsere Abbildung 7 hergestellt worden ist, sei Sr. Hochw. Herrn Professor J. Braun S. J. verbindlichst gedankt.

[2]) M.F. I, 1467/68, S. 44: „von den englen in summo altari zu malen I flor."

[3]) M.F. II, 210a: „und machet den englen ire flügel wider an". M.F. II, 209a: „und vermachet man die engel", dann wieder S. 210a: „und entblösset die engel"; „und nimpt man die staubhüllen ab". — Abb. eines Altars mit verhüllten Säulenengeln in Braun I, 2. Bd., Taf. 146. — Über die in der Fastenzeit benützten vier Hungertücher vgl. M.F. II, 209a, und Braun I, 2. Bd., S. 148 ff.

Aber nicht mehr lange sollte sie Herz und Auge erfreuen. Bischof von Utenheim, er, der Freund des weisen Erasmus, musste auch inmitten des feierlichen Glanzes eines Hochamts, bei dem ganz Basel ihm zu Füssen lag, fühlen, wie ihm Macht und Einfluss immer mehr aus den Händen glitten, musste aus vielen Anzeichen ahnen, was kommen werde. Dies aber zu erleben, blieb ihm erspart. 1527 starb er und erst 1529 wurde in Basel die Reformation eingeführt, der Hochaltar zertrümmert[1]) und der Münsterschatz seiner wirklichen Bestimmung entzogen. Von dem am 9. Februar 1529 wütenden Bildersturm blieb er glücklich verschont. Die Chorherren hatten ihn, ehe sie Basel verliessen, samt den übrigen Kirchenzierden in den Sakristeigewölben sorgfältig verschlossen und die Schlüssel mitgenommen.

Aus den langwierigen, bis 1693 dauernden, schliesslich ergebnislosen Verhandlungen mit Fürstbischof und Domkapitel über die Auslieferung des Schatzes sei nur erwähnt, dass die Basler Regierung 1587 willens war, ihn gegen einen bestimmten Betrag abzugeben, nur sollte alles „heimlich und in der Stille zur Vermeidung allerhand Reden" vor sich gehen. Der Basler Rat aber muss seine Zustimmung verweigert haben[2]), und später ist nie wieder von einer Herausgabe die Rede gewesen. So ruhte der Schatz dreihundert Jahre lang wohl geborgen in seinem gegen 1450 gefertigten *Schrank* Nr. 29. Zwar war er oft in grosser Gefahr, in die Münze zu wandern. So 1532, als der Rat die silbernen Altargeräte, die er aus den Kirchen zu Stadt und Land eingezogen hatte, zugunsten der Armen einschmelzen liess und dabei über 6000 Pfund erzielte[3]). Dann, als er die im Inventar von 1525 aufgezählten Messgewänder, darunter den *Kaiser Heinrichs-Mantel* und viele gewirkte Altarvorsätze als „Kirchenplunder" versteigern liess[4]). Wieder 1590, als den Pflegern des Domstifts gestattet wurde, eine Anzahl von Messgeräten aus der Münstersakristei, die zwar meist nicht zum Messedienst am Hochaltar, sondern zu dem an den vielen anderen Altären im Münster gehört hatten, in die Münze zu schicken, um so eine „an Zins zu legende Summe für Almosen" zu gewinnen. Ausser einem silbernen Frauenbild, 4 Monstranzen, 44 Kelchen, 48 Patenen, befand sich auch das goldene, von Kaiser Heinrich gestiftete Plenarium — ein Messebuch in kostbarer Hülle — darunter[5]).

---

[1]) Dieser zur neuen Bergung der von Kaiser Heinrich gestifteten Reliquien gewiss wieder in Blockform — nach den Rekonstruktionsversuchen (Abb. 263, nach S. 358) zu schliessen, in einer Breite von etwa 4,5 m — erbaute Altar von 1363 wurde mit seinem Alabaster-Retabel beim Bildersturm am 9. II. 1529 „miserabiliter" zerschlagen (B.Chr. VII, S. 145 und 156). Wie aus den Aufstellungsschemata der Reliquiare hervorgeht (S. 355 und 357), muss er weit breiter und gewiss auch tiefer gewesen sein als der von 1019. Deshalb wurde wohl das bis zum Erdbeben 1356 hinter dem Hochaltar aufgestellte Königin Annagrab damals an seinen heutigen Standort versetzt. Nach Braun I, Bd. 1, S. 252 und 256, ist z. B. die Hochaltarmensa im Dom zu Magdeburg 4,40 m breit, 1,97 m tief, die im Dom zu Köln 4,54 m breit, 2,13 m tief.

[2]) C.B. 1862, S. 4. — B.St.A. J. J. 3.

[3]) B. Harms, Der Stadthaushalt Basels im ausgehenden Mittelalter 1360—1535, Tübingen 1909 bis 1913, I. 1, 1531/32, S. 508, Z. 50.

[4]) C.B. 1862, S. 5. — B.Chr. I, S. 107. — C.W. III, S. 121. — Unter „Heinrichs-Gaben" S. 52, Nr. C.

[5]) C.B. 1862, S. 5. — Unter „Heinrichs-Gaben" S. 52, Nr. B.

Abb. 8. Satire auf die Teilung des Basler Münsterschatzes.
Lithographie um 1834 von Ludwig Kelterborn (1811—1878), 235 × 190 mm.
Historisches Museum Basel

Doch in der grössten Gefahr, versilbert zu werden, schwebte der Schatz erst 1799, als General MASSÉNA von Basel eine gewaltige Zwangsanleihe erhob. Damals schossen opferwillige Bürger grosse Beträge, deren Rückzahlung ihnen sehr fraglich scheinen musste, vor, so dass die von Frankreich erpresste Summe bald beisammen war[1]. Aber niemand verriet den verborgenen Schatz im Münster. Ganz anders hatten etwas früher die Venezianer gehan-

[1] R. Luginbühl, Die Zwangsanleihen Massénas bei den Städten Zürich, St. Gallen und Basel 1799—1819, Zürich 1897, S. 79 ff. Sep.-Abdruck aus Jahrbuch für schweizer. Geschichte, Bd. 22.

delt. In die gleiche Lage versetzt wie die Basler, schickten sie den grössten Teil des herrlichen Schatzes von San Marco in die Münze, darunter allein fünf goldene Rosen[1]).

Erst mit den für Basel so schicksalsschweren ,,1830er Wirren" trifft auch den Münsterschatz sein Verhängnis. Schon 1827 hatte ihn der Rat, der unruhigen Zeiten wegen, aufs Rathaus schaffen und neu inventarisieren lassen. Dann folgt nach der Niederlage Basels am 3. August 1833 die Trennung des Kantons Basel in Stadt und Landschaft, und mit der Erklärung des Schiedsgerichts der eidgenössischen Tagsatzung vom 25. November 1833, dass auch der Schatz zu dem in die Teilung fallenden Staatsvermögen gehöre, die Notwendigkeit, ihn somit nach dem Maßstab von einem Drittel und zwei Dritteln zwischen Stadt und Landschaft zu teilen[2]).

So wurde der Münsterschatz auf Grund des Inventars von 1827 durch drei als Sachverständige bestimmte Goldschmiede in drei Lose geteilt. Davon fielen Los 1 und 2 Baselland, Los 3 Baselstadt zu. Zwar war die Altartafel von dieser Verlosung ausgeschlossen worden. Stadt und Landschaft sollten sie unter sich versteigern. Da aber die Basler Regierung bei der damaligen Notlage der Stadt die Auslage dafür vor der Bürgerschaft nicht glaubte verantworten zu dürfen, so übernahm Baselland die Tafel und liess sie zusammen mit Los 1 und 2 am 23. Mai 1836 in Liestal versteigern. Nur drei Monstranzen (Nr. 15, 16 und 42) behielt es zurück.

Noch vor der Auflösung des Schatzes hatte der Basler Staatsarchivar alle Reliquien mit ihren Beglaubigungszetteln, ihren Autentiken, pietätvoll den Kirchengeräten entnommen. Die Basler Regierung überwies sie dem Abt von Mariastein[3]). Der katholischen Gemeinde in Basel aber übergab sie aus dem ihr zugefallenen Los das Sonntagskreuz Nr. 36 auf dem figurierten Erzfuss Nr. 3 und ein Vortragskreuz Nr. 35[4]).

Was Basel mit Los 3 geblieben war, bildet jetzt mit Ausnahme von drei Stücken, Nr. 6, 11 und 13, eine Zierde des Historischen Museums. Von dem Baselland zugefallenen, künstlerisch weit kostbareren Teil hatte jedes Stück sein eigenes, wie wir sehen werden, oft sehr eigenartiges Schicksal. Das meiste davon befindet sich heute in den Museen von Berlin, Leningrad, London, New York und Paris.

---

[1]) A. Pasini, Il tesoro di San Marco in Venezia, Venezia 1886.

[2]) Über das am 16. IV. 1834 abgewiesene Begehren der Stadt, Nr. 1, 2, 39, 42 als Eigentum der Münstergemeinde, Nr. 10 als Besitz des Hauses Habsburg von der Teilung auszuschliessen, vgl. C.B. 1862, S. 6; B.St.A., Bauakten JJ 3: Briefe vom 15., 19. und 21. März 1833. Vgl. ferner Bericht und Urteile über die Vermögenstheilung des Kantons Basel, Basel 1835, S. 30, E. Der Kirchenschatz.

[3]) Vgl. unter *Abkürzungen:* Roth. — Leider unterliess Staatsarchivar I. Krug aufzuzeichnen, aus welchem Reliquiar die einzelne Reliquie mit ihrer Autentik stammt. Im B.St.A. sind sechs photographische Platten mit der Aufnahme aller Mariastein übergebenenen Autentiken aufbewahrt, unter Nr. B. 173 bis 178. Einige darauf wiedergegebene Autentiken fehlen bei Roth. Vgl. über diese Aufnahmen in Mariastein E. A. Stückelberg, ,,Basler Nachrichten", 24. März 1904.

[4]) B.St.A. Bauakten JJ 3: ,,Brief vom 12. Juni 1834." ,,Die beiden Gegenstände" wurden ,,durch Goldschmied H. Handmann ein wenig restauriert".

Dass damals dem ehrwürdigen Schatz kein Retter aus Basler Privatinitiative erstand, wird heute vielleicht manchen befremden. Dies wäre ungerechtfertigt. Wir müssen uns vergegenwärtigen, dass das harte, rücksichtslose Vorgehen der Tagsatzung gegenüber Basel die ganze Bürgerschaft aufs tiefste erbittert hatte, dass die finanzielle Lage der Stadt eine verzweifelte war und dass damals, besonders in protestantischen Landen, der Schönheit und Eigenart kirchlicher Goldschmiedearbeiten des Mittelalters auch nicht das geringste Verständnis entgegengebracht wurde. Der Gerechtigkeitssinn jedoch verlangt, daran zu erinnern, dass die führenden Kreise Basels damals in einer unvergleichlich wichtigeren Angelegenheit als es der Besitz des Münsterschatzes gewesen wäre, einen Weitblick und einen Opferwillen an den Tag gelegt haben, auf die wir Nachkommen heute stolz sein dürfen; denn ihnen allein ist der Weiterbestand unserer Universität zu verdanken[1]).

Die volle Schuld, dass der Schatz damals nicht als Ganzes der Schweiz erhalten blieb, trifft die Vertreter der eidgenössischen Tagsatzung von 1833. Sie mussten wissen, dass Baselstadt nicht in der Lage war, den auf ihr Urteil hin der Landschaft zugefallenen Teil des Schatzes zu übernehmen und dass Baselland mit all den Kirchenzierden nichts anderes anfangen konnte, als sie zu versteigern.

Denken wir jedoch an die vielen, einst berühmten Kirchenschätze anderer Städte, an deren verschwundene Pracht heute nur noch Inventare erinnern, so haben wir Basler trotzdem allen Grund, uns mit dem Schicksal unseres Schatzes dankbar abzufinden. Ist doch das meiste und wertvollste davon wenigstens noch erhalten geblieben, mag es auch heute zu einem grossen Teil in alle Welt zerstreut sein.

Davon ein dankbar stimmendes Bild zu vermitteln, ist Hauptzweck dieses Buches. Zwar erschien schon 1862 und 1867 in zwei Heften eine Publikation des Schatzes mit schönen, grossen Lithographien und einem von Ratsherr Dr. CARL BURCKHARDT vorbildlich knapp und klar verfassten Text[2]). Seither aber ist es mir gelungen, von den 23 Stücken, die seit der Versteigerung zu Liestal 1836 verschollen, aber nach Zeichnungen oder Beschreibungen feststellbar waren, dreizehn wieder aufzufinden[3]). Diese sind glücklicherweise die weitaus wichtigsten. Denn zehn davon kamen bei der Heiltumsschau zur Verwendung, von den noch verschollenen dagegen nur zwei. Zudem konnten seit der Versteigerung in Liestal acht Stücke wieder

[1]) Vgl. darüber die Ansicht des berühmten Basler Juristen Andreas Heusler in seiner Geschichte der Stadt Basel, III. Aufl., Basel 1918, S. 163.

Bezeichnend ein Ausspruch des damals 19jährigen Jacob Burckhardt in einem Briefe an Heinrich Schreiber vom 8. VII. 1837: „Über das Urteil, das über unseren Kirchenschatz ergangen ist, kann ich mich nur am Anblick unsres Münsters trösten, das uns kein Obmann absprechen kann." Vgl. Jahresbericht der Jacob Burckhardt-Stiftung für 1932, S. 22.

[2]) Vgl. unter *Abkürzungen:* C.B.

[3]) Nr. 6, 7b, 11, 12, 18, 21, 23, 24, 27, 32, 59, 60, 61. Ihre Auffindung gelang mir teils anhand der kolorierten Federzeichnungen, die ihr Ersteigerer in Liestal, Goldschmied Burckhardt-Huber, angefertigt hat, und die seit 1893 das Historische Museum besitzt, teils mit Hilfe von Beschreibungen der Stücke.

zurückgewonnen werden[1]). Diese zweite Veröffentlichung des Schatzes ist somit nicht nur eine Wiederholung der ersten, mag ich ihr auch viel zu verdanken haben[2]). Sie ist in erster Linie für meine Mitbürger zusammengestellt, um ihnen Basels grosse Zeit als Bischofsstadt an Hand einer vom 11. bis zum 16. Jahrhundert fortlaufenden Reihe edler Goldschmiedearbeiten in Erinnerung zu rufen.

Wer aber aus der Betrachtung der Abbildungen — die ja nur zur Vermittlung einer annähernd richtigen Vorstellung von den Originalwerken dienen können — Freude und Anregung schöpfen will, der sollte dabei stets folgende Gesichtspunkte im Auge behalten:

Jedes einzelne Werk ist mit Andacht und Hingebung geschaffen, meist um Heiltum, dessen Besitz damals die tiefsten Gefühle der Verehrung und Hoffnung auslöste, so schön und würdig als möglich auszustellen.

Jedes einzelne Werk ist Teil einer zusammen mit dem Münsterbau gewachsenen Gesamtschöpfung, in der sich Formwille und Gefühlswelt jeder Epoche klar und eindrucksvoll offenbart. Da ausserdem die meisten Reliquiare einheimische Arbeiten sind, so gibt der Schatz zugleich auch ein Bild von der Basler Goldschmiedekunst im Mittelalter.

Als Ganzes aber bildet der Münster-Hochaltarschatz etwas Einzigartiges, wundergleich Strahlendes. Und der Gedanke, dass unsere Vorfahren diesen Schatz bis zur Einführung der Reformation bei allen denkwürdigen Ereignissen, die ja stets durch eine Messe am Hochaltar gefeiert wurden, vor Augen hatten, verleiht ihm einen Erinnerungswert von tiefster Suggestionskraft.

---

1) Nr. 7b, 15, 16, 18, 27, 30, 37, 38.

2) Es war zwar beabsichtigt, den Schatz im grossen Format der ersten Publikation von 1862 und 1867 herauszugeben. Da wurde ich von der Schweizerischen Gesellschaft für Erhaltung historischer Kunstdenkmäler gebeten, ihn im Rahmen ihrer Serie „Die Kunstdenkmäler der Schweiz“ als zweiten Band der „Kunstdenkmäler des Kantons Basel-Stadt“ erscheinen zu lassen. Weil aber zwei Ausgaben unzulässig wären, eine bescheidenere als die ursprünglich geplante — die Bilder kleiner und in Autotypie, statt in Lichtdruck — zeitgemässer ist, und da sie zudem in einem Kunstverlag meiner Vaterstadt unter der bewährten Redaktion von Herrn Dr. C. H. Baer herauskommt, entsprach ich gerne dem Wunsch.

DIE WERKE DES SCHATZES,
DEREN HEUTIGE AUFBEWAHRUNGSORTE BEKANNT SIND

DIE ERHALTENEN GABEN VON KAISER HEINRICH II.

Einer in einem Basler Brevier des 15. Jahrhunderts überlieferten, allgemein als glaubwürdig erachteten Nachricht zufolge[1]) stiftete Kaiser HEINRICH II. bei der Einweihung des Münsters am 11. Oktober 1019 ausser Reliquien[2]) eine Altartafel, ein Kreuz, ein Rauchfass, alle aus Gold, ferner ein Plenarium, ein Messgewand, einen Kronleuchter und nach einem Bericht des 16. Jahrhunderts einen Thronsessel. Von all diesen Gaben sind nur noch Tafel und Kreuz erhalten.

Nr. 1. Die goldene Altartafel.

Seit 1854 in Paris, im Cluny Museum.
Abb. 9 bis 17.

Anfang 11. Jahrhundert, H. 1,20 m, Br. 1,775 m. — Das Figurenfeld aus einem Stück Goldblech getrieben. Die Stifterkronen lose angefügt. Die Umrahmung aus gestanzten Goldstreifen. Als Kern ein etwa 10 cm dickes Zedernbrett. — Basler Brevier, Nr. a (S. 359); Inv. 1477.1, 1511.1, 1525.1, 1827.56.

Die Tafel ist als Schmuck der Stirnseite des Altars, als Altarvorsatz, gebildet und dementsprechend profiliert. Fünf Gestalten stehen auf Erdschollen in einer Arkatur, die von einem kräftigen, oben und unten weit vorspringenden Rahmenwerk umschlossen wird. In der Mitte steht Christus, als REX REGUM ET DN̄S DOMINANTIŪ, als König der Könige und Herr der Heerscharen betitelt, mit kreuzbelegtem Nimbus, der mit Steinen, darunter drei Gemmen zwischen Perlen, verziert ist; die Rechte zum lateinischen Segen erhoben; in der Linken die Weltkugel mit seinem Monogramm zwischen Alpha und Omega; ihm zu Füssen in der Proskynese, wie im byzantinischen Hofzeremoniell[3]), die Stifter: Heinrich und Kunigunde. Heinrich bärtig, wie bei einigen der in seinem Auftrag gemalten Bilderhandschriften; beide mit Zackenkronen, „doch one keis. oder königklichen habit" — wie der Basler Chronist C. Wurstisen sich notiert hat, als er am 2. September 1587 die Tafel im Schatze besichtigte[4]) —; nur Kunigunde mit einfachem Fürspan (Abb. 10, S. 33).

[1]) Vgl. S. 359, a bis e.
[2]) Vgl. S. 4, Anm. 1.
[3]) O. Wulff: Handbuch d. Kunstwissenschaft I, Berlin-Neubabelsberg 1918, Bd. II, S. 55. — W. F. Vollbach, Pantheon 1930, S. 286.
[4]) C.W. II, S. 415 und 418.

Christus wird von drei Erzengeln, geflügelten Jünglingen, assistiert: auf dem Ehrenplatz zur Rechten von ✠ SC̄S MICHAEL mit Speer und Fahne, als Vorkämpfer der Engelchöre; zur Linken von SC̄S GABRIEL und SC̄S RAFAEL. Letzterem gegenüber steht SC̄S BENEDICTVS ABB̄ der Erzmönch, der nach der Legende in seinem 529 gegründeten Kloster auf Monte Cassino Heinrich erschien und ihn von seinem Steinleiden heilte[1]). Er allein beschuht, in Mönchstracht mit Tonsur, mit Abtstab und Buch; der Nimbus, wie bei den Erzengeln, mit einfach gefassten grünen Steinen zwischen Perlen besetzt.

Oben und unten auf dem Rahmen steht, in vergoldete Metallstreifen eingegraben, in rot niellierten kapitalen Buchstaben die in leoninischen Hexametern abgefasste Weiheinschrift:

✠ QVIS SICVT HEL FORTIS MEDICVS SOTER BENEDICTVS
✠ PROSPICE TERRIGENAS CLEMENS MEDIATOR VSIAS[2])

Über den vier innern, durch Knäufe geteilten, kräftig vorspringenden Säulen mit Würfelkapitellen schweben in den Zwickeln, von dem sie umspielenden Rankenwerk sich wenig abhebend, vier Scheiben mit den allegorischen Büsten von Tugenden, nach ihren gekürzten Inschriften

$\overline{\text{PR}}$ $\overline{\text{DE}}$, $\overline{\text{IS}}$ $\overline{\text{TC}}$, $\overline{\text{TM}}$ $\overline{\text{PR}}$, $\overline{\text{FR}}$ $\overline{\text{TT}}$:

die Prudentia, Justitia, Temperantia und Fortitudo.

Die übrigen, klar voneinander abgesetzten Flächen des architektonischen Rahmens sind, jede für sich, von graziösen, fein gerundeten Ranken gleichmässig übersponnen, die teils Blätter, teils Vögel und Vierfüssler kreisförmig umschliessen (Abb. 11)[3]).

An die Überlieferung, dass Heinrich die Tafel in das Basler Münster stiftete, sind wir zu glauben berechtigt, auch daran, dass er sie nicht erbte, sondern wohl aus Dank für seine Heilung durch St. Benediktus anfertigen liess. Weil die Stifter Kronen tragen, so liegt die Entstehung zwischen Heinrichs Wahl zum deutschen König 1002 und der Basler Münsterweihe 1019,

[1]) Vgl. bei Nr. 15 Scheibe 3 und die Anm. 1 dazu S. 128.

[2]) Zur Weiheinschrift: Übersetzung von W. Wackernagel (1857), „Wer ist wie Gott ein starker Arzt, ein gesegneter Heiland — nimm dich gütiger Mittler unserer irdischen Angelegenheiten nach deiner weisen Vorsehung an." — F. X. Kraus, Die altchristlichen Inschriften der Rheinlande, 1894, II, 2. Mit Literaturangabe und Kritik der abweichenden Erklärungen. Kraus schreibt: „Nach G. Durandus ist Gabriel gleichbedeutend mit „Fortitudo Dei", Michael mit „Quis ut Deus", Raphael mit „Medicina Dei". — „Es kann also keinem Zweifel unterliegen, dass Vers 1 eine Umschreibung des Psalms 112, 5 (Quis sicut Dominus Deus noster etc.) darstellt, womit, der Liebhaberei der Zeit entsprechend, die Künstelei einhergeht, dass die dem „Rex gloriae" gespendeten Prädicate zugleich die Namen der hier abgebildeten Erzengel und des Patriarchen des Klosterlebens, Benedict, wiedergeben. Auch Vers 2 bezieht sich zweifellos auf den Erlöser, den „mediator usias". — „Die Behandlung der Fremdwörter gestattete sich der Verskünstler nach Bedürfnis seines Metrums einzurichten, so „hel" als halbe Übersetzung von Michael." — ME, NE und TE sind verschleift. Die Form des G ist bei Kraus genau wiedergegeben.

[3]) Zum Stanzen dieser Ornamente scheinen mir fünf verschiedene Model gedient zu haben.

Abb. 9. Die goldene Altartafel. — 120 × 177,5 cm. Nr. 1.

Abb. 10. Die Stifter Kaiser Heinrich II. und Kaiserin Kunigunde zu Füssen Christi.

Abb. 11. Vom Rahmen-Goldblech. Von Nr. 1, der goldenen Altartafel.

Abb. 12. St. Benediktus und St. Michael. Nr. 1.

Abb. 13. Christus. Nr. 1.

Abb. 14. St. Gabriel und St. Rafael. Nr. 1.

somit in der für die Kunst fruchtbaren, mit Lebensfreude und Tatendrang erfüllten Zeit bald nach dem allgemeinen Schrecken vor dem Weltuntergang im Jahre 1000.

Da sich in der schlanken, anmutigen Bildung der Gestalten, im Rankenwerk und in der Form des mittleren Arkadenbogens eine starke Beeinflussung durch byzantinische Kunst zeigt, so ist es naheliegend, den Herstellungsort der Tafel in der Klosterwerkstätte einer von Heinrich bevorzugten Residenz zu suchen, die an Werken dieser vornehmen Kunst reich war. Früher dachte man an die Reichenau, dann an Regensburg. Seit der Publikation des Welfenschatzes 1930 haben die in diesem Werk festgestellten Berührungspunkte des um 1050 in Niedersachsen geschaffenen goldenen Gertrudis-Tragaltars (Abb. 15 und 16) mit der Heinrichstafel die Frage wieder ins Rollen gebracht[1]). Leider aber wird stets ungelöst bleiben: was an der Tafel eigene Schöpfung des Künstlers, was von Vorbildern abhängig ist, oder welcher Rang an Klarheit und Schönheit ihr unter den einst zahlreichen goldenen Altarvorsätzen der gleichen Epoche zukam.

Vergegenwärtigen wir uns, wie die Tafel wohl bis zum Erdbeben 1356 als Frontale des Hochaltars im Basler Münster gewirkt haben mag.

Den Eintretenden lockte von weither das schimmernde Edelmetall. In der Nähe aber klärte sich die goldene Wolke in ein Andachtsbild von milder, hoheitsvoller Feierlichkeit, dem das weiche, wundersame Gleissen des Goldes einen überirdischen Glanz verlieh. Und vertieft man sich in die Komposition, so erschliesst sich Schönheit auf Schönheit.

---

[1]) Von der Literatur über die Tafel zitiere ich nur die, worin nach meiner Ansicht etwas Neues über sie ausgesagt ist. 1786: P. Ochs in seiner Geschichte der Stadt Basel, Basel 1786 ff, Bd. I, S. 205, bemerkt, ohne die Tafel gesehen zu haben, sie sei „auf 7000 fl. geschätzt. Welches aber gewiss viel zu hoch angeschlagen ist." — 1836: Anonym, Die goldene Altartafel Kaiser Heinrichs II., Basel. Der Verfasser ist gewiss Antistes J. Burckhardt, der Vater von Jacob Burckhardt, die Persönlichkeit, die den Verlust der Tafel damals wohl am tiefsten beklagt haben mag. (Vgl. im B.St.A., Privatarchiv 87.) — 1857: W. Wackernagel, Die goldene Altartafel von Basel. Das erschöpfendste über den geistigen Gehalt der Tafel. — 1876: R. Rahn, Geschichte der bildenden Künste in der Schweiz, Zürich, S. 256. — 1880: E. Molinier, Histoire générale des arts etc., vol. IV, p. 128, mit vorzüglicher Abb. auf pl. V. — 1883: E. Du Sommerard, Catalogue du musée de l'hôtel de Cluny, Nr. 4988, mit reicher Literaturangabe. — 1884: Vautrey I, p. 88. — 1922: M. Burg, Ottonische Plastik, S. 68. Mit sehr eingehender Stilanalyse. — 1924: Braun I, Bd. II, S. 96. Mit Aufzählung der zahlreichen von Heinrich und Kunigunde und anderen Guttätern damals gestifteten Antependien aus Edelmetall. — 1933: R. Hamann, Geschichte der Kunst, S. 237. — Über den mutmasslichen Herstellungsort: 1884: F. X. Kraus, Die Wandgemälde der Georgskirche zu Oberzell: vielleicht Reichenau. — 1907: O. von Falke, Illustrierte Geschichte des Kunstgewerbes, Berlin, Bd. I, S. 234/235: vielleicht Regensburg. — 1908: M. Creutz, Zeitschrift f. christl. Kunst, S. 168: in Reichenau. Hier ist auch bemerkt, dass Haseloff zuerst erkannte, dass der Christus auf dem Codexeinband von Poussay in Paris auf den der goldenen Altartafel zurückgehe. — 1919: E. A. Stückelberg, Zur 9. Jahrhundertfeier der Basler Münsterweihe, Anm. 29: „Man hat schon an Oberitalien gedacht, vielleicht nicht ohne Grund." — 1919: F. Rintelen, Zum 900. Gedenktag der Kirchweihe des Basler Münsters, „Die Garbe", S. 10: in Reichenau, mit feinsinniger Würdigung. — 1919: G. Dehio, Geschichte der deutschen Kunst, I, 197: vielleicht Regensburg. — 1929: M. Hautmann, Die Kunst des frühen Mittelalters, S. 710: „ein Werk des byzantinischen Hellenismus ottonischer Plastik", vielleicht Regensburg. — 1930: O. v. Falke, R. Schmidt, G. Swarzensky, Der Welfenschatz Frankfurt a/M 1930, S. 42 ff., Taf. 11 bis 13. Das „Motiv des im Wind bewegten, symmetrisch ruhenden Endes des Manteltuchs" findet sich auf dem Gertrudis-Tragaltar auch bei den Engeln (Abb. 15 und 16) und hebt somit Christus nicht mehr hervor, sondern ist nurmehr Ornament.

Abb. 15. Die mittleren fünf Gestalten der vorderen Längsseite, H = 103 mm.

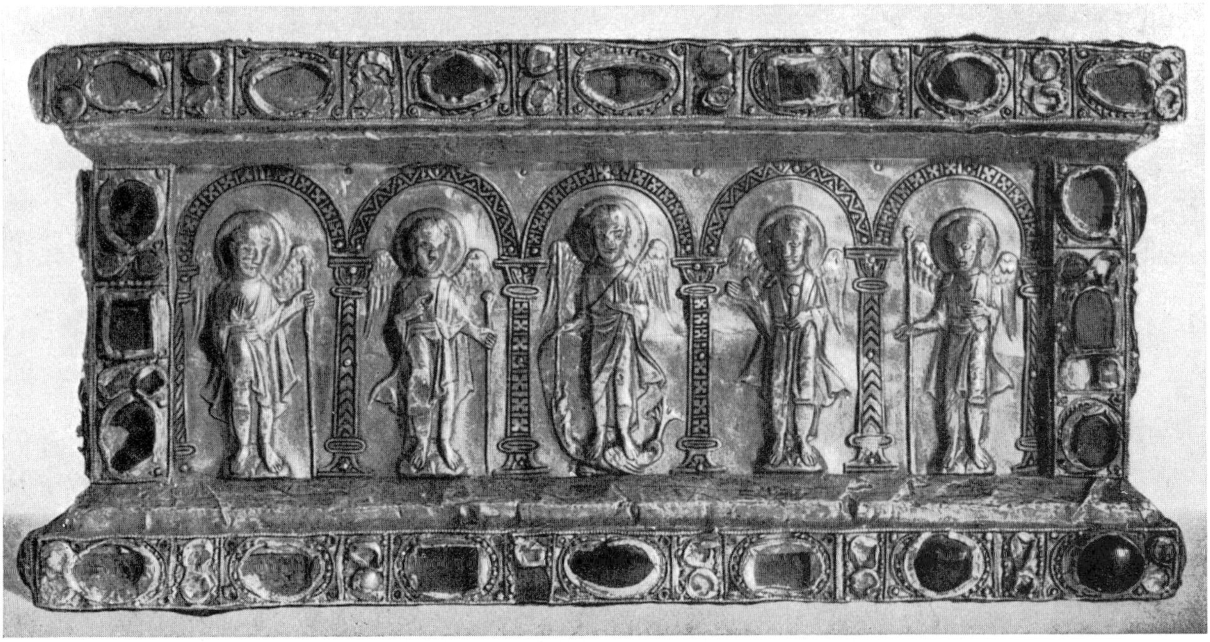

Abb. 16. Die linke Schmalseite, 103 × 207 mm.

Abb. 15 und 16. Vom goldenen Gertrudis-Tragaltar des Welfenschatzes.
Vgl. S. 38, Anm. 1: 1930.

Das Motiv der unter Arkaden stehenden Einzelfiguren fusst ja auf alter Tradition. Erstaunlich aber ist es, wie der Künstler die in leichtem Kontrapost stehenden Gestalten, in über Drittel Lebensgrösse aus dem Gold zu treiben, ihre Gesichtszüge mit einem gleichen milden Ernst zu beseelen verstanden hat, fast ohne das maskenhaft Starre, das sonst auch den besten in Metall getriebenen Arbeiten anzuhaften pflegt. Bewundernswert ist es, wie er die Erzengel und Benedikt durch verschiedene Haltung der Köpfe und Hände, durch eine immer wieder leicht veränderte Anordnung der Gewänder fein untereinander differenziert und ihnen Christus diskret und doch so eindrucksvoll überordnet.

Christus nimmt die verbreiterte, leicht hufeisenförmig überhöhte Mittelarkade ein. Ihm wenden sich seine Begleiter etwas zu. Dadurch steht er allein in völliger Vorderansicht da, auf Erdschollen, aus denen Blumen spriessen, während aus denen der anderen nur Gräser wachsen, zu Füssen die Stifter der Tafel, die durch ihre Zwerggestalt symbolisch in ergreifender Weise ihre restlose Ergebenheit und Demut vor der Heiligkeit seiner Erscheinung zum Ausdruck bringen. Seine Mantelenden sind beidseitig wie vom Wind bauschig gehoben, so dass sein Stehen etwas Schwebendes bekommt. Und bis in alle Einzelheiten ist diese Überordnung durchgeführt. So sind allein bei Christus beide Arme erhoben und vom Körper gelöst. So fällt nur bei ihm das Haar in aufgerollten Locken auf den Nacken nieder. So gleiten die laufenden Ranken des Rahmenwerks von den Seiten der Mitte zu und lenken dadurch unwillkürlich wieder das Auge auf ihn; aber trotz all dieser Überordnung wirkt Christus nicht mehr wie ein byzantinischer, unnahbarer Gott, sondern neu empfunden, tief vermenschlicht, hilfsbereit.

Es ist verschiedentlich festgestellt worden, was an der Tafel auf antike, was auf byzantinische Vorbilder zurückzugehen scheint. Sicher aber ist, dass ihrem Schöpfer ein feines Gefühl für Mass und Rhythmus eigen war, gepaart mit dem Blick für die Harmonie des Ganzen und die Betonung des Wesentlichen. Sonst hätte er ein Werk von so hoheitsvoller Schönheit und solcher Macht der Stimmung nicht schaffen können.

Aber es lebt noch etwas Neues, ältern Vorbildern Fremdes darin. Die Gestalten stehen nicht in der durch die Arkatur geschaffenen Raumschicht. Sie fussen — darin der gleichzeitigen Buchmalerei verwandt — auf Erdschollen, die durch kleine, sich überschneidende Bögen angedeutet sind, auf einer unwirklichen Fläche. Wie aber der Künstler diese Figuren sich nach oben immer stärker hervorwölben lässt, in den Köpfen beinahe vollrund, darin kündet sich eine neue Kraft, ein neuer Kunstwille an, der allmählich zum Empfinden und Formen der Körper im wirklichen Raum und so zur herrlichen romanischen Monumentalplastik führen wird.

Es war Kaiser Heinrich wie wenig Fürsten gegeben, durch die Wahl seiner Gaben sich bei den Beschenkten in steter Erinnerung zu halten. So

Abb. 17. Christus. Nr. 1.

hat auch Basel seinen Wohltäter nie vergessen, und diesem tiefen Gefühl bis ins 16. Jahrhundert durch immer neue Ehrungen Ausdruck gegeben.

Seine goldene Tafel aber wurde stets als die grösste Kostbarkeit des Schatzes geschont und nur an Basels sieben höchsten Kirchenfesten[1]) und bei besonders feierlichen Anlässen von vier Männern aus der alten Sakristei geholt und dem Altare vor-, später aufgesetzt[2]). So wurde es bis zur Einführung der Reformation gehalten. Von da an blieb die Tafel in der Sakristei verschlossen bis 1827. Da sie aber für Basel einen besonderen Erinnerungswert besitzt, so sei ihr weiteres Schicksal, bis sie im Cluny Museum zu Paris eine würdige Aufstellung fand, in aller Kürze angedeutet.

1827 wird die Tafel mit dem übrigen Schatz aufs Rathaus gebracht. 1834 wird sie von der Verteilung des Schatzes in drei Lose ausgeschlossen, damit die Vertreter von Baselstadt und -Land das kostbare Stück unter sich versteigern könnten. Sie wird auf Fr. 7800.— geschätzt. Die Gründe, weshalb die Basler Regierung sie Baselland für Fr. 8875.— überlässt, habe ich schon in der Geschichte des Schatzes (S. 24) angegeben. Am 23. Mai 1836 wird sie in Liestal im Beisein ausländischer Antiquare für Fr. 9050.— einem Basler Goldschmied zugeschlagen[3]). Drei Tage zuvor hatten einige Mitglieder der Akademischen Gesellschaft in Basel beschlossen, an der Auktion für die Tafel bis auf Fr. 9200.— zu gehen[4]). An der Versteigerung selbst aber überboten sie den Basler Goldschmied nicht, überzeugt, dass er, der ja den Münsterschatz im Auftrag der Basler Regierung geschätzt hatte, gewiss in ihrem geheimen Auftrag handle. Und als sie ihm zugeschlagen war, dankte einer der Herren dem Ersteigerer, dass er sie für seine Vaterstadt so preiswert gerettet habe[5]). Doch dies war ein Irrtum. Der Goldschmied hatte sie zu Spekulationszwecken erworben. Dass jetzt keine weiteren Rettungsversuche unternommen wurden, ist bei der damaligen Finanznot Basels und der allgemeinen Verständnislosigkeit gegenüber Kunstschöpfungen dieser Art begreif-

[1]) Tr. I, 142, Anm. 2: Laut der dem Altar beigegebenen spätmittelalterlichen Pergamentinschrift: „in Festo natali, Pascae, Pentecostes, Corporis Christi, Henrici imperatoris, Assumptionis Mariae, in dedicatione omnium Sanctorum". — Die Pergamentinschrift scheint, Erkundigungen zufolge, nicht mehr erhalten zu sein. Vgl. S. 18, Anm. 2.

[2]) Über Aufbewahrung und Erhaltung vgl. Inv. 1477. 1, 1511. 1 und 1827. 56. Der Magister fabricae und der Subcustos hatten den Schlüssel zum besonderen Schrank der Tafel in der Sakristei. Über die Lade, in der die Tafel zum Altar getragen wurde, fand ich in M.F. I, 1467/68, S. 43, die Notiz: „item von der laden zu der guldinen tafel: I lb II s., VIII d." — Über die Lage der Sakristei vgl. E. A. Stückelberg, Das Münster zu Basel, S. 31. — Hans Stolz in „Ursprung der Statt Gebweyler" von 1534, Ausgabe von J. Sée, 1871, S. 64, erwähnt die Tafel und bemerkt: „haben vier mann daran auf den fronaltar zu heben gehabt." Dieser Sorgfalt wegen ist die Tafel vorzüglich erhalten. Nur unten „an den ortten", ist sie, laut Inv. 1511. 1 und 1525. 1, etwas beschädigt. Dort sind auch einige Goldblechstreifen mit Ranken verkehrt wieder aufgesetzt worden".

Laut gütiger Mitteilung von Herrn Geheimrat Professor Dr. Adolph Goldschmidt besitzt das Nationalmuseum zu München von der Masse, mit der das Goldrelief auf der Rückseite ausgefüllt ist, die eines der Köpfe. Vgl. auch Molinier op. cit. S. 38, Anm. 1.

[3]) Th. v. Liebenau, Anzeiger f. Schweiz. Altertumskunde, 1889, S. 274, Nr. 1, S. 277, Nr. 1.

[4]) Sitzungsprotokolle der Akademischen Gesellschaft in Basel vom 20. und 23. Mai 1836.

[5]) Mitteilung von Prof. Dr. F. Burckhardt an den Verfasser am 3. Sept. 1912. Ein Teilnehmer an der Versteigerung in Liestal hatte Prof. B. den Vorgang erzählt.

lich. 1838 erwirbt sie Oberst VICTOR THEUBET in Pruntrut in der Hoffnung, bald ein glänzendes Geschäft damit zu machen. Ende 1838 bringt er die Tafel nach Mailand, um sie Erzherzog Rainer anzubieten. Die dortigen Kunstgelehrten vergleichen sie mit ihrem eigenen goldenen Altarschmuck, dem paliotto d'oro zu St. Ambrogio, erklären sie als eine wohl sicher lombardische Arbeit, die etwa Lire 150000.— wert sein dürfte. Aber angekauft wird sie nicht[1]). Schon 1838 hatte Theubet eine illustrierte französische und italienische Werbeschrift herausgegeben, 1842 folgte eine in englischer Sprache[2]). 1843 stellt er das Frontale in London aus. Der Kunstfreund A. Way äussert schriftlich den Wunsch, sie möchte für das Britische Museum erworben werden[3]), aber auch ohne Erfolg. In Berlin wäre der kunstsinnige König Friedrich Wilhelm IV. einem Ankauf nicht abgeneigt gewesen[4]); aber die Kunstgelehrten rieten davon ab. Hielt sie Franz Kugler doch zuerst für ein um 1200 überarbeitetes Werk, später sogar für eine alte Kopie[5]). Seit 1844 denkt der in seiner Hoffnung schwer enttäuschte Theubet an eine Lotterie mit 2000 Losen zu 5 Guineen das Los, wofür der Beitrag bei den Banken La Roche in Basel und Rothschild in Frankfurt einzuzahlen wäre. Wieder ohne Resultat. 1850 wendet er sich auch an Spanien. Endlich, am 29. Juni 1852, nach langen, seit 1850 dauernden Verhandlungen, erhält Oberst Theubet aus Paris, wo massgebende Kunstfreunde schon lange für die Schönheit und Einzigartigkeit der Tafel eingetreten waren, die Erlaubnis, sie, zwar auf sein eigenes Risiko hin, im Hôtel de Cluny zu deponieren. Aber erst am 10. Juni 1854 ist der Ankauf für Fr. 50000.— erfolgt[6]).

[1]) Protokoll der Akademie der schönen Künste in Mailand vom 29. Dez. 1838. — B.St.A. Privatarchiv 87, Brief vom 2. Dez. 1838.

[2]) Von Oberst Theubet anonym herausgegebene illustrierte Verkaufsanzeigen: 1838, Il frontale d'oro, Basilea; 1838: Description de la table d'autel, Porrentruy; 1842: Description of the golden altarpiece etc., Paris, mit Abb. der goldenen Rose, der sog. „St. Verenabüste" (Nr. II) und eines silbernen, spätgotischen Rauchfasses; 1844: Table d'autel etc., La Haye.

[3]) A. Way, Archaeologia, XXX, 1843, S. 144. „Description of the tabula of gold etc., London.

[4]) Gütige Mitteilung von Herrn Geheimrat O. v. Falke.

[5]) F. Kugler, 1837, Museum, Nr. 15. „Die Tafel ist von etwa 1200, oder damals umgearbeitet worden." 1848, Handbuch der Kunstgeschichte, S. 510: „Sie ist überarbeitet, falls es überhaupt das alte Stück ist." 1857, Deutsches Kunstblatt, S. 377: „Sie ist eine spätere Kopie der von Heinrich gestifteten Tafel."

[6]) K. B. Stark, Städteleben in Frankreich, Jena 1855, S. 430: „Die Tafel ist seit Sommer 1852 als Besitz von Oberst Theubet im Cluny-Museum ausgestellt." Im Gegensatz zu F. Kugler hält Stark sie „für ein herrliches Werk aus der Zeit Heinrichs II.", „einem byzantinischen Vorbild entlehnt, aber von einem nordischen Künstler gemacht". Nicht unerwähnt bleibe in diesem Zusammenhang, dass Moritz von Schwind auf seinem 1847 dat. Gemälde: „Die Künste im Dienste der Religion", St. Kunigunde mit der Goldtafel, St. Heinrich mit dem Münstermodell gibt. Abb. Klassiker der Kunst, Bd. IX, Stuttgart 1906, S. 245 (1,88 × 1,33 m, München, Frau von Cornelius). — Der bis jetzt einzige, spätestens 1838 in Basel ausgeführte, vergoldete, in wenig Einzelheiten ungenaue (vgl. Basl. Zeitschrift IV, S. 288) Gipsabguss wurde von Frau Vest Theubet 1881 dem Historischen Museum zu Basel leihweise, 1905 von ihren Erben als Geschenk überlassen. (Vgl. B.St.A.: Privatarchiv 87.) — Da es im Cluny Museum nicht gestattet ist, die Tafel von ihrem Standort zu entfernen, so ist eine beffredfgende photographische Aufnahme unmöglich. Die mir von einem Pariser Photographen gemachten Aufnahmen fielen unbefriedigend aus. Gelungenere verdanke ich der Güte von Professor Richard Hamann in Marburg. — Der künstlerischen Bedeutung der Tafel könnte man nur in einer Monographie mit Zuziehung aller noch erhaltenen verwandten Goldschmiedarbeiten der Zeit gerecht werden.

Nr. 2. Das Kaiser Heinrichs-Kreuz.

Berlin, Schlossmuseum.
Abb. 18 bis 21.

Vorderseite aus Gold mit Holzkern. Anfang 11. Jahrhundert. — Rückseite und Zargen silbervergoldet 14. und 15. Jahrhundert. — H. 51 cm, Br. 46 cm. — Basler Brevier, Nr. c (S. 359); Inv. 1511.7, 1525.6, 1828.11. — Über den zugehörigen *Vortragestab* des 13. Jahrhunderts vgl. Nr. 48.

Die Aufgabe, eine antike Kamee und vier Reliquienbehälter auf der Vorderseite des Kreuzes anzubringen, hat der Goldschmied glücklich gelöst. Er vergrössert die Kreuzung der Arme, so dass die Ecken des Vierecks in den Winkeln vorspringen, und setzt den hochovalen Cameo mit dem derb geschnittenen Antlitz darauf. Zur Bergung der Reliquien erweitert er die Arme in gleichem Abstand von der Mitte aus kreisförmig, schafft Höhlungen für das Heiltum — darunter „Blut vom Heiland" und ein „Splitter seines Kreuzes"[1]) — und deckt sie mit Kristallcabochons. Er lässt die Kreuzbalkenenden sich spatenförmig verbreitern und umsäumt alles, auch die Bergkristalle — dadurch den Mangel ihrer ungleichen Grösse mildernd — mit einer von Perlen zwischen gelben, blauen, grünen, violetten Steinen und zwei Gemmen besetzten Goldfiligranbordüre[2]). Und dieser breite, kostbare Saum betont den reich bewegten Umriss der in Farben und Goldlichtern schimmernden Kreuzfassade.

Dank seiner lebendigen Silhouette, seinem Farbenzauber, seinen sich kräftig vorwölbenden Steinen muss das Reliquienkreuz[3]) wie ein Bildwerk von tiefer Symbolik gewirkt haben, das ahnen liess, was für verehrungswürdige Reliquien es barg. Diese Wirkung hat sich durchs ganze Mittelalter nie abgeschwächt, denn noch im 15. Jahrhundert dient seine Form dem *Sonntagskreuz* Nr. 36 als Vorbild.

Die Rückseite, die wohl ursprünglich mit dem Lamm Gottes und den Evangelistensymbolen in Gravierung geziert war[4]), muss durch den häufigen Gebrauch allmählich zugrunde gegangen sein. Denn von dem, was wir jetzt vor uns haben, stammen Kruzifix und Kreuzendenschmuck wohl noch aus dem 14. Jahrhundert, das übrige erst aus der ersten Hälfte des 15. Jahrhun-

---

[1]) Vgl. Basler Brevier, c. (S. 359). — B.Chr. VII, S. 113 (auch im Altar). — Cer. 31a, 32a. — Die Reliquien von Heinrich und Kunigunde, die das Kreuz laut den Autentiken jetzt einschliesst, wurden frühestens nach 1347 hineingelegt, vgl. bei Nr. 15.

[2]) Nach M. Creutz (Zeitschr. f. christl. Kunst 1908, S. 168) ist das Kreuz „wegen der gleich breiten Steinfassung wie beim Nimbus Christi" der goldenen Tafel in der gleichen Werkstatt wie diese ausgeführt worden.

[3]) Über den Unterschied von Reliquien- und Altarkreuz vgl. Braun II, S. 469 ff.

[4]) Auf der Rückseite wohl ursprünglich kein Kruzifix, vielleicht Gravierungen wie etwa bei Kreuzen im Domschatz zu Essen. Beim Kreuz Nr. 36, der freien Nachbildung von Nr. 2, sind dann wegen dem Kruzifix, Reliquienbehälter und Evangelistensymbol tiefer angebracht worden. Herr Dr. Erich Meyer am Schlossmuseum zu Berlin ist mit einer Studie über das Kreuz beschäftigt.

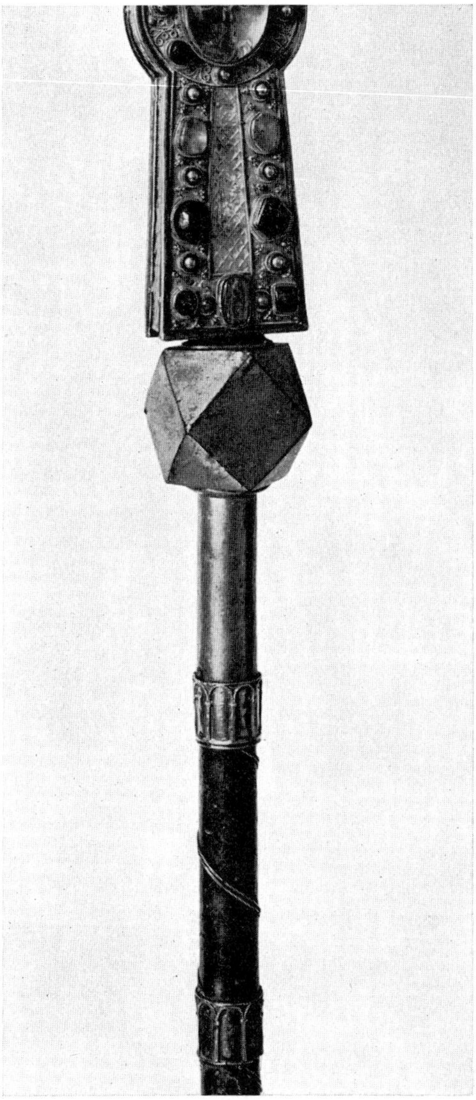

Abb. 18. Der silberne Vortragestab Nr. 48 zu Nr. 2.
Vgl. S. 302 und Abb. 223.

derts. Vielleicht bezieht sich eine Notiz im Münsterfabrik-Büchlein von 1437 auf eine der späteren Ergänzungen[1]).

Seit 1511 wird das Kreuz in den Inventaren als „crux bona et preciosa" oder „crux festivale" gekennzeichnet, neben dem neuen „crux dominicale", dem sonntäglichen Kreuz Nr. 36. Als Gegenstücke kamen beide bei hohen Festen auf dem Hochaltar zur Schaustellung. Schon früh fand das Kreuz auch bei Prozessionen Verwendung. Der zugehörige silberne *Vortragestab* Nr. 48[2]) scheint, wie Verzierung und Knaufform verraten, schon aus dem 13. Jahrhundert zu stammen. Dann stellte man das Kreuz an bestimmten Tagen am sogenannten Heischeplatz, der „Bitt", mitten vor dem 1381 erbauten Lettner aus (Abb. 21, S. 51), wo sich eine Büchse für Gaben an den Münsterbau befand, damit die Spenden um so reicher fliessen sollten[3]). Dabei wurden auch die beiden *Ampullen* mit dem mirakulösen Blut (Abb. 3, S. 5), die Bischof Ortlieb von Froburg 1149 aus Beyruth mitgebracht hatte, ans Kreuz gehängt[4]).

Endlich haben Jahrhunderte lang am Sonntag vor Johannisfest die neugewählten Häupter des Rats dem Bischof ihren Treueid auf das Heinrichs-Kreuz abgelegt[5]).

[1]) M.F. I, 1437/38, S. 42: „aurifabro switzer 4 lb., 10 s. pro reformatione crucium et vasorum altaris."

[2]) Inv. 1511. 42; 1827. 35. Jetzt im Schlossmuseum, Berlin. — Auch beim Empfang eines Fürsten wurde das Kreuz zum Kuss dargeboten. Vgl. Cer. 43b. — Im Cer. oft erwähnt.

[3]) A. Fechter, Basel im 14. Jahrhundert, 1856, S. 12. — M.F. II, 279b, 294b, 305a.

[4]) Vgl. M.F. II, 279b oder 294b, „Ablass ad locum petitionis". „... et cui (dem Kreuz) reliquie sanguinis miraculosi sunt appense."

[5]) B.Chr. V, S. 84, Anm. 7 mit Literatur. — R.W. 2, I, Anm. S. 19 zu S. 226. — Cer. 46a.

Abb. 19. Vorderseite des Heinrichs-Kreuzes. Nr. 2.
51 × 46 cm.

Abb. 20. Im 14. und 15. Jahrhundert ersetzte Rückseite des Heinrichs-Kreuzes. Nr. 2.
51 × 46 cm.

Leider fiel diese für Basel so beziehungsreiche Goldschmiedearbeit mit Los 2 Baselland zu und wurde 1836 in Liestal von dem Berliner Antiquar Arnold für Fr. 942.— ersteigert. Damals war man sich in Basel nicht mehr allgemein bewusst, dass es sich um das Kaiser Heinrichs-Kreuz handle [1]). Auch in Berlin hielt es Franz Kugler für eine erst um 1200 gefertigte Arbeit [2]). Bevor es in öffentlichen Besitz überging, besassen es Prinz Karl, dann Prinz Friedrich Leopold von Preussen. Jetzt ist es im Schlossmuseum zu Berlin wieder als Kaiser Heinrichs-Kreuz ausgestellt.

[1]) Inv. 1827. 11, Verkaufsanzeige 1836, 31. — C.B. 1867, S. 11.
[2]) F. Kugler, Kleine Schriften, Stuttgart 1853, 1854, Bd. I, S. 433.

Abb. 21. Innenansicht des Münsters zu Basel.
Blick von Südosten in das vorderste Mittelschiffjoch mit dem Lettner und der sogenannten „Bitt“ davor.
Ölgemälde auf Leinwand, um 1840; 116 × 130 cm. — Historisches Museum Basel.

DIE ZUGRUNDE GEGANGENEN GABEN VON HEINRICH II.

Nr. A. Das goldene Weihrauchfass.

Von dem goldenen Weihrauchfass, dem thuribulum aureum, haben wir nur aus dem Basler Brevier, Nr. e (S. 359) Kunde. Früh schon wird es durch den Gebrauch beschädigt und dann eingeschmolzen worden sein. Das im Münster Zeremonienbuch öfters angeführte kostbarere Weihrauchfass ist gewiss das verschollene spätgotische Nr. 71.

Nr. B. Das Plenarium.

Die im Basler Brevier, Nr. e (S. 359) als „plenarium sumptuosum" bezeichnete kostbare Messbuchhülle blieb bis 1590 erhalten. Als das „guldin plenarium mit guten steinen durch s. Keyser Heinrich geben" wurde es in den Inventaren von dem einfacheren, dem sonntäglichen Gebrauch dienenden Messbuch, dem „plenarium dominicale" unterschieden[1]). Auf „ein rot sammet küssin mit vier silbern vergulten knöpfen mit fasen an den orttenn" pflegte man es an hohen Festen, wie etwa am Kaiser Heinrichstag, auf dem Hochaltar zu betten[2]).

Im Inventar von 1585 figuriert es als „silbernes Messbuch mit Gold geziert und mit Edelsteinen besetzt" und ist auf 500 Pfund geschätzt. Aber erst in einem Verzeichnis der eingeschmolzenen Stücke vom 2. Juli 1590 ist eine Beschreibung gegeben[3]), aus der wir uns an Hand noch vorhandener Plenarien der Zeit genauer vorstellen können, wie es aussah. Sie lautet: „item ein Lädlin, einem Buch gleich uf dem Deckel mit geschlagenem Gold überzogen, darauf Keyser Heinrichs Piltnus. Das port herumb mit Cristal von Farben underlegt. Und dann mit fünf guten Steinlin besetzt."

1590 wurden die Messbücher des Münsters in roher Weise von ihren Einbänden getrennt und leider nicht der Universitätsbibliothek einverleibt, sondern für 52 lb. 15 s. verschleudert. Aus dem Edelmetall der Einbände aber wurde „Geld gemacht und für Almosen auf jerlichen Zins angelegt"[4]).

Nr. C. Der Kaisermantel.

Der Kaiser Heinrichs-Mantel ist im Basler Brevier, Nr. d (S. 359) als „ein auserlesenes Messgewand, das durch seine bildnerischen Verzierungen,

---

[1]) Inv. 1511. 73, 1525. 173.

[2]) Inv. 1511. 74. — Cer. 32a: „In festo S. Heinrici: ad latus dextrum habens subdiaconus plenarium aurium."

[3]) B.St.A., Bauakten J.J.3: Verzeichnis vom 2. Juni 1590.

[4]) Vgl. auch Inv. 1585; Druck von 1834, Nr. 49, unter Eingeschmolzenem: Nr. 8 und 11.

Abb. 22. Der Bischof von Basel im Kaiser Heinrichs-Mantel.
Miniatur aus dem Lehensbuch des Bistums Basel von 1446. — Original-Grösse.
Vgl. S. 54, Anm. 2.

die mit Gold eingewebten Adler, an sich selbst die Verschmelzung von Kunst und Pracht zeigte" beschrieben und im Inventar von 1525.98 noch genauer als „guldin casuckel rot mit guldinen adlern durchwebenn".

Bei besonderen Feierlichkeiten — so z. B. am Kaiser Heinrichstag und am Festtag des Empfangs der Reliquien des hl. Kaiserpaares — pflegte der Bischof die Casel zu tragen[1]). Im Lehensbuch des Bistums Basel von 1446 ist der Bischof von Basel[2]) auf der Titelminiatur nach meiner Ansicht im Schmuck des Heinrichs-Palliums wiedergegeben (Abb. 22), denn das grosse, von Kreisen umgebene Adlermuster weist auf ein byzantinisches Gewebe, und solche waren nachweislich am Hof der Ottonen beliebt.

Der Kaisermantel muss weithin berühmt gewesen sein. Denn 1534 schreibt Hans Stolz in seiner Geschichte von Gebweiler ganz empört, dass die Basler ihn verkauft hätten[3]). Und er war dazu berechtigt, denn nach Einführung der Reformation hatte der Basler Rat das kostbare Messgewand mit allem „Kirchenblunder" versteigern lassen, und ein Arzt, Sebastian Singeler, soll es für den Markgrafen Ernst von Baden-Durlach erworben haben[4]).

Nr. D. Der silbervergoldete Kronleuchter.

Die Wirkung dieser „corona argentea auro delinita" wird im Basler Brevier, Nr. b (S. 359) mit folgenden Worten angedeutet: Gegenüber der goldenen Altartafel aufgehängt, wetteifert die silbervergoldete[5]) Krone im Schmuck ihrer Wachskerzen an Glanz mit dem erhabenen Altarvorsatz.

Eine Urkunde aus dem Jahre 1226 erwähnt diese „corona pendens"[6]). Bis ins 15. Jahrhundert blieb die Leuchterkrone erhalten. Denn im Münsterfabrik-Büchlein fand sich unter dem Jahr 1414 ein Eintrag, laut dem für eine Reparatur an der „corona Heinrici imperatoris" 11 Pfund, 11 Schilling verausgabt wurden[7]).

Der Kontrakt mit dem Maler der Münsterfabrik JOHANN BALOFF wegen der „corona cum ampullis in medio cori pendente" von 1471[8]) und die Aus-

---

1) Cer. 3b und Cer. 31b: „missa celebratur in pallio S. Heinrici."

2) Es stellt Bischof Johann Senn von Münsingen dar, der am 22. Januar 1361 Rudolf IV. von Österreich mit der Herrschaft Pfirt belehnt. Vgl. W. Merz, Die Burgen des Sisgaus, Aarau 1909, I, Text zu Tafel 1. — Das Lehensbuch befindet sich in der Manuskriptensammlung des grossherzoglichen Familienarchivs zu Karlsruhe. — Vgl. O. v. Falke, Kunstgeschichte der Seidenweberei, 1913, II, S. 16.

3) H. Stolz, Ursprung und Anfang der Statt Gebweyler, 1534, Ausgabe von J. Sée 1871, S. 64. — B.Chr. VI, 122, Z. 1—6. Am 3. XII. 1529 fing man mit dem Verkauf der „ornatten u. kilchenzierd" der Klöster und Kirchen an.

4) C.W. III, 121. — C.B. 1862, S. 5. — Nachforschungen zufolge scheint von dem Adlermantel nichts mehr erhalten zu sein.

5) Die silbervergoldete Krone der Königin Anna ist z. B. auch als „corona argentea auro delinita" beschrieben. Vgl. S. 92, Anm. 2.

6) R.W. 2, II, Anm. S. 152. — B.U.B. I, S. 77, Z. 24.

7) M.F. I, 1414, S. 81. „Item kranckwerch [Name] per matteria ad coronam Heinrici imperatoris XI lb. XI s."

8) M.F. I, 1471/72, S. 45. — 1472/73, S. 48: „Von der Kronen mit den ampullen so da hangt in choro ze reformieren als sy herabgefallen was und die Knopff ze vergulden XXX s."

gabe „umb ein seil zuo der kronen in choro" von 1486[1]) beziehen sich auf einen neuen Leuchter, den Ersatz für die Leuchterkrone aus Edelmetall. Die Heinrichs-Gabe muss somit zwischen 1414 und 1471 — nach der gewiss richtigen Mutmassung von C. Wurstisen — auf Beschluss eines geldbedürftigen Bischofs in die Münze gewandert sein[2]).

Abb. 23. Das „faldistorium"
auf dem Berthold II. von Pfirt, Bischof von Basel (1249—1262) thront.
Siegel an einer Urkunde vom 30. Juni 1258.
Original-Grösse. — Staatsarchiv Basel.

Nr. E. Der Thronsessel.

Von einem Thronsessel spricht das Basler Brevier nicht, doch von „weiteren zahlreichen Kostbarkeiten", die der Kaiser gespendet habe. Darunter mag er sich befunden haben. C. Wurstisen beschreibt ihn, ohne jedoch seine Quelle anzugeben, als „Keyserlichen Stuol mit Gold, Silber und Helffenbein herrlich zuogericht"[3]).

---

[1]) M.F. I, 1486/87, S. 1. — R.W. 2, II, Anm. S. 152.

[2]) C.W. III, S. 121: „Die Krone ist lange vorher von den Bischöfen zur Münze gebraucht worden." — B.Chr. IV, S. 368, Z. 9. — R. Rahn, Gesch. d. bild. Kunst in d. Schweiz, Zürich 1876, S. 771, erwähnt bei Anführung des prächtigen bronzenen (irrtümlich als silbern bezeichneten) gotischen Hängeleuchters in der Kirche zu Stans, dass er „angeblich aus dem Basler Münster stamme". — Abb. in R. Durrer, Die Kunst und Architektur Unterwaldens, S. 803, Taf. LXIII, (H. 1,32 m). — Da der Basler Leuchter des 15. Jahrhunderts in der Notiz von 1471 als „corona cum ampullis" bezeichnet ist, so kann er jedoch mit dem in Stans nicht identisch sein.

[3]) C.W. I, S. 97. — C.W. III, S. 69.

War es der in der Sakristei aufbewahrte, in den Inventaren seit 1478 bis 1525 bald als „sedes episcopalis", bald als „byschoffstul" bezeichnete, oder im Münster Zeremonienbuch oft als „faldistorium" angeführte? Vielleicht. Wir ersehen jedoch aus der kurzen Bezeichnung in den Inventaren, dass man, falls es noch der von Heinrich gestiftete Faltstuhl war, von seiner erlauchten Herkunft nichts mehr wusste. Das Titelblatt vom ersten Bande des Matrikelbuches der Universität Basel (1460—1475), das den Weiheakt der Universitätsgründung im Münster am 4. April 1460 in einer Federzeichnung veranschaulicht, gibt Bischof JOHANN VON VENNINGEN (1458—1478) vor dem Altar auf einem Klappstuhl thronend wieder, wie er auch zur Zeit Heinrichs II. gebraucht wurde[1]).

Besonders deutlich ist diese Sesselform auf dem Siegel des Basler Bischofs Berthold II. von Pfirt (1249—1262) an einer Urkunde im Basler Staatsarchiv vom 30. Juni 1258 veranschaulicht (Abb. 23, S. 55)[2]). Vielleicht gab der „keyserliche Stuol" im Schatz dem Siegelstecher die Anregung dazu.

Wir wissen aber auch, dass sich Bischof Johann von Venningen (1458 bis 1478) in seinem ersten Regierungsjahr für fünf Gulden einen neuen Bischofsstuhl aus Holz, mit Lederbezug und mit den vier geschnitzten Evangelisten geziert, anfertigen liess[3]). Auch dieser Sessel könnte der im Münster Zeremonienbuch und in den Inventaren 1478 bis 1525 angeführte „sedes episcopalis" gewesen sein. Im Inventar 1477 ist kein „byschoffstul" erwähnt. Er gelangte vielleicht mit den übrigen, von Bischof von Venningen vermachten Stücken von Pruntrut aus in den Schatz.

[1]) Universitätsbibliothek Basel. — Abb. in Basler Festschrift 1901, Blatt XIX. — Vgl. z. B. Cer. 43a, 1473, beim Besuch Friedrich III.: „faldistorio ibi praeparato."

[2]) Vgl. B.U.B. I, Nr. 340, Tafel II, Abb. 11.

[3]) Jos. Stöcklin, Johann VI. v. Venningen, Bischof von Basel, Solothurn 1902, S. 168 und 181.

ROMANISCHE ARBEITEN DES 12. UND 13. JAHRHUNDERTS.

Nr. 3. Reicher Kreuzfuss.

Basel, St. Clarakirche.
Abb. 24 bis 27.

12. Jahrhundert. Deutsch, Basel? Bronzeguss mit Spuren der ursprünglichen Feuervergoldung und mit späterer kalter Vergoldung. H. 14 cm, Br. 16 cm, T. 16 cm. — Inv. 1477.63, 1511.54, 1525.54, 1827.10.

Über den vier Löwenpranken des vierseitigen Kreuzständers sitzen die Evangelisten, offene Bücher auf den Knien. Die Zwischenräume sind mit

Abb. 24. Vorderseite: Dreieinigkeit. Nr. 3.

Abb. 25. Rechte Seite: Christus als Weltenrichter. Nr. 3.

ovalen Perlfriesglorien gefüllt; darin in hohem Relief, mit durchbrochenem Grund, Darstellungen der Heilslehre. Auf der Vorderseite die Dreieinigkeit: Gottvater, thronend, bartlos, mit gezacktem Heiligenschein, zwei Nimben haltend, darin Christus durch das Lamm und der hl. Geist durch die Taube symbolisch angedeutet. Auf der Rückseite die thronende Mutter Gottes mit dem Christusknaben. Auf der rechten Seite von ihr: die Taufe Christi, auf der linken Seite: Christus mit Kreuz als Weltenrichter. Darüber an den beiden Breitseiten des zur Aufnahme des Kreuzes dienenden Halses je ein Kreuzträger.

Mit erstaunlicher Klarheit hat der Künstler dem beziehungsreichen geistigen Gehalt seiner Aufgabe Gestalt gegeben. Ohne Zwang hat er die Figuren mit der architektonischen Grundform verschmolzen und aus beidem ein fest fussendes, zweckdienliches Altargerät geschaffen. Diesem ist bei

Abb. 26. Rückseite: Mutter Gottes. Nr. 3.

aller Derbheit in der Bildung der Gestalten dekorative Schönheit eigen, verbunden mit der Wirkung plastischer Kraft, die besonders in den Männern, die wuchtig Fuss fassen und angestrengt mit Kopf und Händen das Kreuz stützen, packend lebendig zum Ausdruck kommt.

Der Kreuzfuss wurde gewiss zu einer würdigeren Schaustellung des Heinrichs-Kreuzes angeschafft. Er zeigt auf den Schmalseiten seines Halses, wie das Kreuz auf seinen Zargen: Rautenmusterung. Jedenfalls diente er, den Inventaren zufolge, im 15. Jahrhundert diesem Kreuz als Stütze.

Er wird kaum früher als zu Beginn des 12. Jahrhunderts gefertigt worden sein. Dafür sprechen Einzelheiten, wie etwa das Perlband, das auch bei den Gewandsäumen verwendet ist und plastisch klärend wirkt. Ähnliche sitzende Gestalten mit offenen Büchern auf den Knien als sinnvolle Eckzierden an vierseitigen bronzenen Altargeräten zu verwenden, muss damals beliebt gewesen sein[1]). Der Basler Kreuzfuss scheint nur in diesem Guss auf uns gekommen zu sein. Auch die an ihm gegebene Darstellung der Dreifaltigkeit ist einzig in ihrer Art[2]). Die eindrucksvolle Gruppe der thronenden Maria mit Kind und Lilienzepter in ovaler Glorie dürfte für das spätere Siegelbild des Basler Domkapitels, das „sigillum sanctae Mariae basiliensis ecclesiae" (Abb. 1.) nicht ohne Einfluss gewesen sein.

Der Kreuzfuss fiel mit Los 3 Baselstadt zu und wurde 1834 mit dem Kreuz Nr. 36 von der Regierung der katholischen Gemeinde in Basel übergeben.

[1]) Z. B. an den Ecken eines Reliquiars in Hausform, auch sitzend, mit offenen Büchern auf den Knien, einem Bronzeguss des späten 12. Jahrhunderts im Bayrischen Nationalmuseum in München; so an einem Bronzereliquiar im Dom zu Xanten, 12. Jahrhundert (Abb. F. Witt, 1000 Jahre deutscher Kunst am Rhein, I, Taf. 23); so an Altarleuchtern im Bargello zu Florenz (Sammlung Carrand Nr. 647, deutsch, 12. Jahrhundert) und in der St. Jakobikirche zu Stendal (Abb. Braun II, Taf. 96) usw.

[2]) J. Burckhardt, Basler Nachrichten, 17. Okt. 1862, S. 1791. — C.B., 1862, S. 7. — Weder bei W. Molsdorf, Christl. Symbolik der mittelalterlichen Kunst, Leipzig 1926, unter „Dreieinigkeit", noch bei K. Künstle, Ikonographie der christlichen Kunst, Freiburg i. B. 1828, unter „Dreifaltigkeitsbilder" angeführt.

Abb. 27. Linke Seite: Taufe Christi. Nr. 3.

Abb. 28. H. 16,5 cm. Nr. 4.

Nr. 4. Einfacher Kreuzfuss.

Basel, Historisches Museum.
Abb. 28.

12. Jahrhundert. Deutsch, Basel? Bronzeguss mit Spuren der ursprünglichen Feuervergoldung und mit späterer kalter Vergoldung. H. 16,5 cm, Br. 9,5 cm, T. 9,5 cm. — Inv. 1477.64, 1511.55, 1827.15.

Der einfache, wuchtig modellierte, „möschin übergülte fuss“ zeigt die Gestalt eines von vier Säulen getragenen Tabernakels mit ziegelgedeckter byzantinischer Kuppel, ähnlich wie bisweilen auf Elfenbeintafeln der Zeit das Grab Christi angedeutet ist. Die Säulen fussen auf einer von vier Tierpranken gestützten, in der Mitte durchbrochenen, an den Ecken abgerundeten, auf den Seiten pfeilbogenförmig ausgeschweiften Platte. Der Kuppelknauf mit der Öffnung für den Kreuzdorn ist mit erhabenen Ranken belebt.

Auch dieser überaus kraftvoll wirkende, vielleicht vor dem reich figurierten Kreuzständer Nr. 3 geschaffene Architekturfuss scheint nur in diesem Erzguss auf uns gekommen zu sein. Inv. 1477.64 zufolge war damals noch ein zweites, beschädigtes Exemplar vorhanden.

Der Fuss fiel 1834 mit Los 3 Baselstadt zu.

Nr. 5. Kopfreliquiar des hl. Eustach.

Römischer Feldherr, der unter Hadrian 119 den Märtyrertod erlitt.

London, Britisches Museum.
Abb. 29 bis 32.

Erste Hälfte des 13. Jahrhunderts. Basel? Silber, teilvergoldet, Gesamt-H. 33,9 cm, Sockel-H. 8,5 cm, Br. 15,2 cm, T. 16,5 cm. — Inv. 1477.24, 1511.24, 1525.22, 1827.24[1]).

Auf würfelförmigem, silberbeschlagenem Holzsockel ruht unvermittelt das silbergetriebene, vergoldete Haupt auf säulenförmigem Hals. Das streng parallel geriefelte, in die Stirn gestrichene, im Nacken eingerollte Haar umgibt — seitlich in doppeltem Schwung — das bartlose Antlitz. Auf Lippen und Augensternen Spuren von schwarzer Lackfarbe. Der Stirnreif silbervergoldet, mit einfachen Filigranspiralen zwischen roten, blauen, grünen Steinen und zwei antiken Gemmen, davon die eine mit Pegasus (Abb. 30). Die Sockelwandungen mit den in Arkaden stehenden zwölf Aposteln, alle mit dem gleichen Modell in das Silberblech gestanzt.

Bei aller — für Augen von heute — maskenhaft wirkenden Starrheit fesselt das Haupt durch die Kraft und Klarheit der Stilisierung und durch den Ausdruck eines wahrhaft heiligen Ernstes.

Das Reliquiar ist in London als französische Arbeit bezeichnet. Es dürfte jedoch am Oberrhein, wohl in Basel, ausgeführt sein. Auf dem um 1200 entstandenen sogenannten „Baumeisterrelief“ im Münster zeigt z. B. die barhäuptige Gestalt rechts das geriefelte Haar auch gescheitelt[2]) und in

---

[1]) Die zwei zum Schädel gehörigen Autentiken des 13. und 15. Jahrhunderts im Schatz der Basilika zu Mariastein lauten: „de ossibus scti Eustachii mart.“ Vgl. Roth, Nr. 58 und 59. Die des 13. Jahrhunderts abgebildet bei E.A.S. I, Taf. 12.

[2]) Vgl. W. R. Deusch, Das Münster zu Basel, Augsburg 1928, Abb. 15. Die Haupthaarwiedergabe ist jedoch nur am Original oder am Gipsabguss im Trocadero zu Paris deutlich erkennbar.

Abb. 29. St. Eustachius. — Höhe 33,9 cm. Nr. 5.

Abb. 30. St. Eustachius. — Höhe 33,9 cm. Nr. 5.

Abb. 31. St. Eustachius. — Höhe 33,9 cm. Nr. 5.

Abb. 32. St. Eustachius. — Höhe 33,9 cm. Nr. 5.

der gleichen Weise in die Stirne gestrichen. Die Stilisierung der Gesichtszüge sowie die Form der Arkaden spricht für ein Entstehen des Werks in der ersten Hälfte des 13. Jahrhunderts.

Das auch im Profil eindrucksvoll wirkende Haupt wurde jährlich am Festtag des Heiligen, am 2. November, in einer Prozession durch das Münster getragen. Mit besonderer Feierlichkeit mag dies während des Konzils geschehen sein, solange Alfonso de Curillo, Kardinal von St. Eustach in Spanien, daran teilnehmen konnte[1]).

Das Reliquiar fiel 1834 mit Los 1 Baselland zu, wurde 1836 in Liestal für Fr. 217.— ersteigert und befindet sich seit 1850 in London[2]).

Nr. 6. Armreliquiar des hl. Walpert.

Beichtiger, Abt von Luxeuil, 7. Jahrhundert.

Leningrad, Eremitage.
Abb. 33 bis 44.

Drittes Viertel des 13. Jahrhunderts, Oberrhein. Silber, teilvergoldet, mit Holzkern. H. (nach Darcel) 63,5 cm. — Inv. 1477.9, 1511.29, 1525.28, 1827.27.

Auf dem silberbeschlagenen Rechteckfuss acht gestanzte, vergoldete *Reliefscheiben* mit den Evangelisten und ihren Symbolen. Beide Ärmel mit vergoldeten, mit Kameen, Gemmen und bunten Steinen besetzten Filigranborten umsäumt. Die Hand vergoldet, mit Gemmenring am Mittelfinger.

Gesteigerte Reliquienverehrung und der Drang nach plastischer Gestaltung führten dazu, schon durch die Form des Reliquiars kundzugeben, von welchem Körperteil des Heiligen sein Heiltum stammt. So gesellt sich zum Kopfreliquiar auch das in Armform.

Der Goldschmied hat seine etwas spröde Aufgabe glänzend gelöst. Er baut das Ganze in Stufen turmförmig auf, so dass es auf dem Altar allein schon durch die Wucht seiner Vertikale wirken musste. Dem Würfelfuss nimmt er durch ausgeschnittene Rundbögen seine Plumpheit. Den weiten Oberärmel mit breiter Filigranborte lässt er im Zurückfallen einige schräg ansteigende Querfalten bilden. Den eng anliegenden Unterärmel gibt er — als Kontrast zum atlasglatten weiten — reich gemustert. Und aus dessen

[1]) Er starb den 14. März 1434 und wurde in der Karthause begraben. Sein Totenschild und die auf seine Kosten erbaute Sakristei daselbst mit seinem Wappen im Schlusstein sind noch erhalten. Vgl. B.Chr. I, S. 291. — Über seine Glasgemäldestiftung vgl. Anzeiger für schweizerische Altertumskunde 1889, S. 380. — In M.F. I oft angeführt: „de pulsu reliqu. sancti Eustachii XVIII d." — Wohl über Ausgaben bei der Beisetzung des Kardinals vgl. M.F. I 1434/35, S. 3: „item IV flor de pulsu domini Eustachii Cardinalis."

[2]) Eine vom Ersteigerer 1836 ausgeführte kolorierte Federzeichnung in Originalgrösse im Historischen Museum zu Basel.

Abb. 33.
Nr. 6.
Walpertarm.
Höhe 63,5 cm.

Abb. 34. Der Unterärmel des Walpertarmes, $^{2}/_{3}$ der nat. Grösse. Nr. 6.

wagrecht laufendem, etwas schmäler gebildetem Filigransaum lässt er die Rechte in plastisch eindrucksvoller Segensgebärde energisch aufragen.

Nach meiner Überzeugung ist dieser Arm in Leningrad identisch mit dem in Inv. 1511.29 angeführten „brachium sancti Walperti, ist mit silber

Abb. 35 und 36.
Nr. 6.
Walpertarm.
Höhe 63,5 cm.

Abb. 37.
Nr. 6.
Walpertarm.
Höhe 63,5 cm.

beschlagen", der mit Los 1 Baselland zufiel, 1836 in Liestal[1]) für Fr. 143.— versteigert wurde, 1861 an der Auktion der Sammlung Soltykoff Fr. 1050.— erzielte und 1884 mit der Sammlung Basilewsky in die Eremitage gelangte.

Meine Gründe dafür sind folgende: Der Arm in Leningrad hat, wie auch die Inventare des Schatzes vom Walpertarm angeben, einen Holzkern und

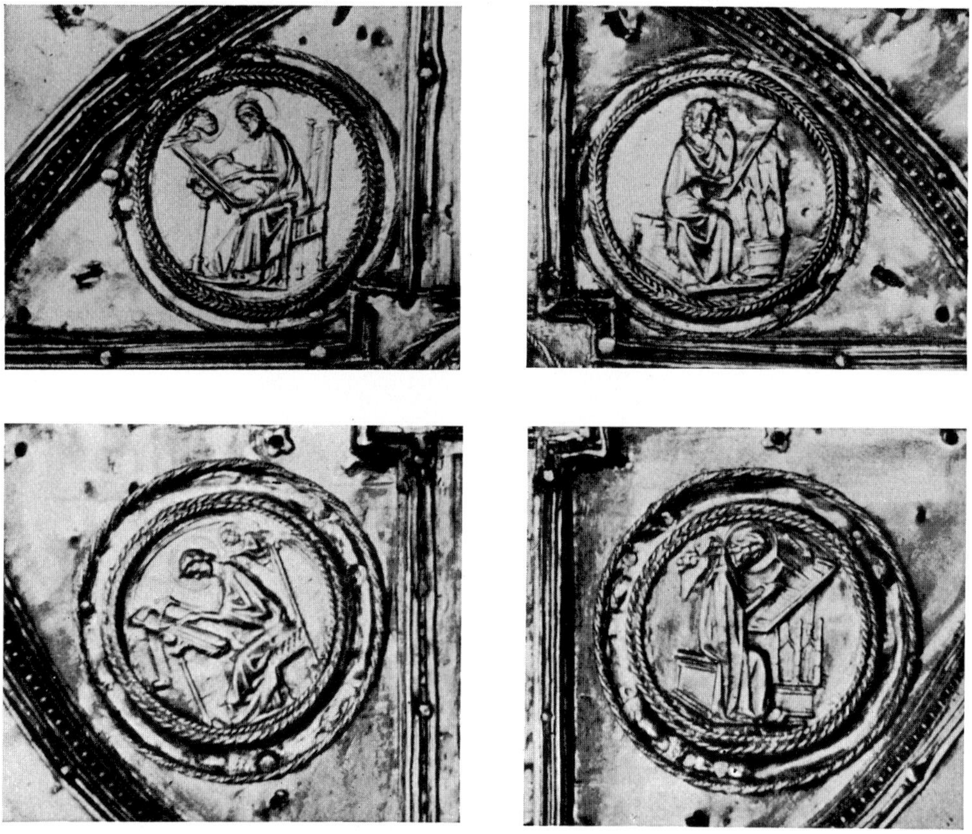

Abb. 38 bis 41. Die Evangelisten-Medaillons vom Scheibenkreuz des Meisters Johannes von 1268.
Im Münsterschatz zu Villingen in Baden.

eine vergoldete Hand. Er stammt aus der Sammlung Soltykoff, in die noch vier Stücke des Schatzes gelangt sind. Vor allem aber stimmt er in der Höhe mit dem in Liestal versteigerten Walpertarm nicht nur auf die Zentimeter, sondern beinahe auf die Millimeter überein[2]). Endlich gehen die vier Evange-

[1]) Inv. 1827. 27, irrtümlich als St. Veltinsarm bezeichnet.

[2]) Darcel Nr. 148, H. 63,5 cm, als „französische Arbeit des 13. Jahrhunderts." — Soltykoff Nr. 161, H. 63 cm; hier noch als deutsche Arbeit des 13. Jahrhunderts angegeben. — Inv. 1827. 27: H. 1 Schuh, 11 Zoll, 3 Linien = 63,75 cm. — Aus der Gewichtsangabe lässt sich in diesem Falle kein Schluss ziehen, da sie wegen des Holzkerns nur eine schätzungsweise ist.

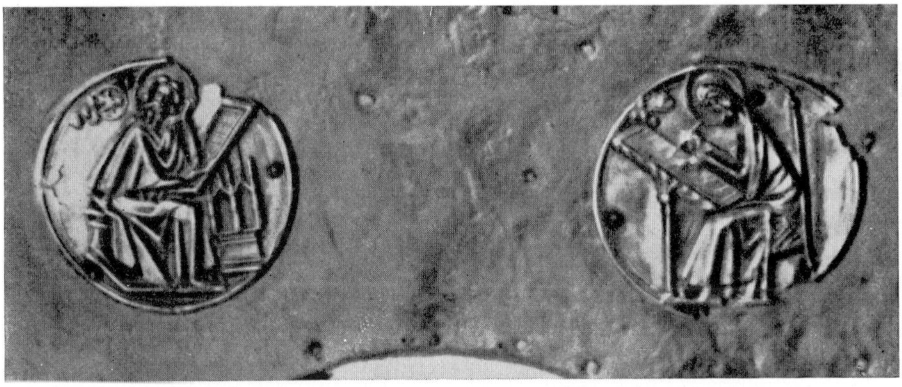

Abb. 42 bis 44. Die Evangelisten-Medaillons des Walpertarmes. Nr. 6.

listenmedaillons auf die gleichen Vorbilder zurück, wie die eines Scheibenkreuzes im Villinger Münsterschatz (Abb. 38 bis 41). Dieses Kreuz aber wurde, wie urkundlich feststeht, 1268 am St. Valentinstag, den 4. Februar, im Auftrag der Bürger von Villingen, in Gegenwart von Zeugen, von MEISTER JOHANNES, Goldschmied in Freiburg i. B., erworben[1]). Und auf einem ähnlichen, diesem Meister mit Recht ebenfalls zugeschriebenen Scheibenkreuz im Domschatz zu Freiburg i. B.[2]) begegnen uns wieder dieselben Evangelistenbildchen. Demzufolge ist der Arm jedenfalls eine oberrheinische Arbeit, eine Tatsache, die die Richtigkeit meiner Hypothese bekräftigt. Da die Evangelistenscheiben an zwei Freiburger Arbeiten erhalten sind, und da zudem die Filigranarbeit der Scheibenkreuze mit der des Walpertarms in Form und Führung verwandt ist, so darf auch das für den Basler Dom gefertigte Reliquiar vermutungsweise der Werkstatt dieses damals am Oberrhein vielleicht weithin geschätzten Goldschmieds Johannes zugesprochen werden[3]). In Arm und Kreuz zeigt sich auch ein verwandtes architektonisches Feingefühl. Die künstlerischen Beziehungen zwischen den Münsterbauhütten von Basel und Freiburg i. B. waren ja stets sehr rege.

Das Brachiale wird deshalb etwas später als das Eustachiusreliquiar, erst im dritten Viertel des 13. Jahrhunderts entstanden sein. Auch die bewegtere, reichere Filigranarbeit spricht dafür.

Ist meine Herkunftsbestimmung richtig, so besass der Schatz ein Armreliquiar, das durch seinen rhythmisch so fein durchdachten Aufbau und die so ausdrucksvoll wirkende Segensgeste zu den künstlerisch bedeutendsten Armreliquiaren der romanischen Plastik gehört. Ein Bildhauer wie Rodin, der solche frühe Schöpfungen ja leidenschaftlich liebte, wäre davon sicherlich tief berührt worden.

Nr. 7. Silbernes Rauchfasspaar.

Basel, Historisches Museum.
Abb. 45 und 46.

Erste Hälfte des 13. Jahrhunderts. Basel. Silbergetrieben. H. des Rauchfasses: 13 cm, Länge mit straffen Ketten nebst Ring ca. 56 cm. — Inv. 1477.54, 1511.76, 1525.176, 1827.38.

[1]) F. X. Kraus, Die Kunstdenkmäler des Grossherzogtums Baden, Bd. II, Die Kunstdenkmäler des Kreises Villingen, Freiburg i. B. 1890, Taf. XVII, S. 122. Mit Abdruck der Urkunden. — M. Wingenroth, Badische Heimat, VIII, S. 141.

[2]) Ich verdanke Herrn I. Wilhelm, Denkmalpfleger in Lörrach, den Hinweis auf das gleichgeformte Scheibenkreuz in Freiburg i. B. und Frl. Dr. A. Kempf nähere Angaben über dasselbe. Abg. in I. Sauer, Alt-Freiburg, 1928, Nr. 69.

[3]) Über die Begehung des Festtages des hl. Walpert am 2. Mai vgl. Cer. 29a. Reliquie und Autentik sind noch im Reliquiar verschlossen oder nicht mehr erhalten. Nicht bei Roth, noch unter den photographischen Aufnahmen der Autentiken im B.St.A.

Abb. 45. Eines der silbernen Rauchfässer — Höhe 13 cm. Nr. 7.

Auf rundem, niederm Fuss sitzt das kapitälförmige Feuerbecken, sich vierpassförmig erweiternd, darüber der Deckel in Gestalt einer fünfkuppligen ziegelgedeckten Zentralanlage mit Giebelbauten, darin Fenster zum Entweichen des Weihrauchs.

Mit feinem Gefühl für das harmonische Zusammenwirken beider Hälften als Gesamtform sind die Wandungen mit getriebenen Schuppen belebt und zwar im Gegensinn, so dass sie auf dem Becken wie stilisierte Erdschollen, auf dem Deckel wie Ziegel aussehen. Die Kugelform stellt ja symbolisch die

Abb. 46. Rauchfasspaar. Nr. 7.
Höhe mit straffen Ketten und Ring ca. 56 cm.

Erde, die bekrönende Architektur das himmlische Jerusalem, der entweichende Weihrauch die zu Gott aufsteigenden Gebete dar[1]).

Die vier Tragketten sind am Kohlenbecken, die Zugkette zum Heben des Deckels an dessen Knauf befestigt. Sie werden vom Halter zusammengefasst. „Lilium" nennt ihn Theophilus in seiner „Schedula diversarum artium"[2]). Auch hier ist er unter dem Knauf mit Ring nach unten in eine vierblättrige Blume mit Zwischenblättchen ausgeschlagen.

Die „zwei klein silberin rauchfässlin" sind gewiss Basler Arbeit, ein Ersatz für das durch den Gebrauch wohl beschädigte, dann eingeschmolzene goldene Rauchfass von Kaiser Heinrich. Des öfteren mussten auch sie ausgebessert werden. So erhielt z. B. 1445 der Goldschmied am Münster 30 Schilling für eine solche Arbeit[3]).

Aus ihrer Zierlichkeit zu schliessen, wobei die hohe Treibzulässigkeit des Silbers voll ausgenützt ist, scheinen sie mir erst in der ersten Hälfte des 13. Jahrhunderts gefertigt zu sein. Die mir bekannten Rauchfässer des 12. Jahrhunderts sind meist massiger und reicher gebildet. Jedenfalls gehört ein romanisches silbernes Rauchfasspaar zu den grossen Seltenheiten.

Das eine Rauchfass fiel mit Los 3 Basel zu. Das zweite wurde 1836 in Liestal für Fr. 91.— versteigert, gelangte in Augster-, dann in Basler Privatbesitz. 1916 hatte ich die Freude, dieses Rauchfass daselbst festzustellen und als Geschenk von Frau Prof. C. Chr. Burckhardt-Schazmann dem Historischen Museum einzuverleiben[4]).

Nr. 8. Der Eptinger Kelch.

Basel, Historisches Museum.
Abb. 47 bis 53.

Um 1250. Basel. Silbervergoldet. H. 18 cm, Dm. des Fusses und der Kuppa 15,5 cm, H. mit spätgotischem Deckel 33,5 cm. — Inv. 1477.36, 1511.19, 1525.17, 1827.20.

Laut der eingravierten Weiheinschrift auf dem Fuss: CALICEM · ISTUM · DEDIT · GOTFRIDUS · DE · EPTINGEN · BEATE · MARIE, ist dieser bischöfliche Pontifikalkelch die Stiftung eines GOTTFRIED VON EPTINGEN an das der Maria geweihte Münster, und zwar die Gottfried des Dritten, des nach seiner Burg auf dem Adlerberg über Pratteln „von Madeln"

[1]) L. Palustre, Le trésor de Trèves, Taf. VIII. — Annales archéol., Bd. VIII, S. 95.

[2]) Vgl. Braun II, S. 612.

[3]) M.F. I, 1445/46, S. 18: „XXX s. aurifabro ratione argenteorum thuribulorum melioratione", sonst noch öfters, so 1467/68, S. 50: „pro reformacione unius monstrancie et unius thuribuli argentei I lb. I s."; 1480/81, S. 69: „aurifabro Rutenzwig"..., XIII s."; 1486/87, S. 51: „IX s. VI d." — Auf dem am besten erhaltenen Rauchfass (Abb. 45) ist auf Knauf, Deckel und Boden das Zeichen W eingeritzt.

[4]) R.F.B. 1916, S. 29, mit Abb. in Lichtdruck.

Abb. 47. Eptinger Kelch. Nr. 8.
Höhe 18 cm.

Höhe, mit Aufsatz von 1467, 33,5 cm.

Innenansicht des Deckels
der ehemaligen Patene. Vgl. S. 86.

Abb. 48 und 49. Eptinger Kelch. Nr. 8. 1467 als Reliquienbehälter umgearbeitet.

St. Johannes

St. Markus

Abb. 50 und 51. Evangelistensymbole des Eptinger Kelchs, Nr. 8.

zubenannten Ritters, der bischöflicher Vogt zu Pratteln war und erstmals 1246, dann 1308, als tot, erwähnt wird[1]).

Der Kelch ist wohl zwischen 1246 und 1262 angefertigt worden, da im Jahre 1262 die von Eptingen, als Parteigänger der habsburgisch gesinnten

[1]) C.B. 1862, S. 10. — Wappenbuch der Stadt Basel, mit Stammtafel der „Herren v. Eptingen in Pratteln", von A. Burckhardt.

St. Matthäus

St. Lucas

Abb. 52 und 53. Evangelisten-Symbole des Eptinger Kelchs, Nr. 8.

sogenannten „Sterner" von Bischof Heinrich von Neuenburg (1262—1274) aus Basel vertrieben wurden.

Dieser „calix festalis" gehört zu den erlesenen Stücken des Schatzes.

Der F u s s ist rund, sein Hochrand unten leicht gekehlt. Sein ansteigender Hals ist vom schönen Buchstabenkranz der Weiheinschrift umsäumt und mit den aufgelegten, getriebenen Evangelistensymbolen zwischen erhabenem

Blattwerk geschmückt. Die Kreisform des Fusses und der vier Medaillons wird durch kräftig getriebene Perlbänder betont.

Der Schaft besteht aus zwei kurzen, mit Filigranarkaden überzogenen Stücken und einem Knauf von leicht abgeplatteter Kugelform. Dieser ist, um nicht plump zu wirken, aus sogenanntem Filigran-à-jour, aus gekerbten Filigranranken voller Spannkraft, ohne Hintergrund geformt. Damit aber seine beiden symmetrischen Hälften nicht unvermittelt aufeinanderstossen, wie sich dies bei ähnlichen Kelchen meist findet, sind sie durch einen Ringfries getrennt.

Die Schale mit einem zur Verstärkung[1]) leicht ausgebogenem Rand ist halbkugelförmig und nur zart mit einem gravierten Rundbogenfries — daran Kreise und Blattwerk — geziert, so dass sie über dem Knauf, der mit Kügelchen besetzt ist, die im Licht aufblitzen, nur matt schimmert und wie schwebend erscheint. Diese drei so verschieden gezierten Glieder des Messekelchs aber bilden ein kraftvoll fussendes, weit ausragendes, klar umrissenes Gefäss, von der feierlichen Wirkung, die seinem hohen Zweck gebührt.

Als Bischof Arnold von Rotberg 1458 dem Schatz einen gotischen Kelch, Nr. 30, hinterlassen hatte, wurde der Eptinger Kelch entbehrlich, und, wie uns das Münsterfabrik-Büchlein verrät, 1467[2]) von dem damaligen Goldschmied am Münster in einen Reliquienbehälter umgewandelt (Abb. 48).

Dazu wurde die innere, runde Vertiefung seiner Patene höher ausgeschlagen, so dass von dem Stifterwappen nur noch der obere Schildrand darin sichtbar ist (Abb. 49). Dann wurde diese Kuppel mit einer sechsseitigen Turmspitze gekrönt und das Ganze mit dem Kelch verschliessbar verbunden.

1834 fiel der Kelch mit Los 3 Basel zu.

---

1) Vgl. Braun II, S. 90.

2) M.F. I, 1467/68, S. 50: „de magno calice quem quondam dederat ecclesie heinricus de Eptingen alterando pro conservacione reliquiarum pro argento, labore et auro pro toto aurifabro VII lb. XXII d.“

GOTISCHE ARBEITEN VON 1270 BIS 1350.

Nr. 9. Büstenreliquiar des hl. Pantal.

Basel, Historisches Museum.
Abb. 54 und 55.

Um 1275. Basel. Haupt und Mitra silbervergoldet, Büstensockel und Mitrabänder kupfervergoldet. H. 49,2 cm, Br. 36,5 cm, T. 20,8 cm. — Inv. 1477.22, 1511.22, 1525.20, 1827.22.

Ein von vier Löwen getragener Büstensockel steigert die feierliche Wirkung des mit der „mitra festalis" bekrönten bärtigen Hauptes. In den Augen Spuren von schwarzer, auf den Lippen von roter Farbe. Von dem Edelsteinbesatz der Mitra und von dem in Gold getriebenen Laubwerk, mit dem die Dreipässe der Mitra, die Vierpässe und die breite, umlaufende Borte der Büste belegt waren, sind nur noch Überreste vorhanden.

Das Reliquiar wurde zur würdigen Bergung der 1270 aus Köln gestifteten Schädelreliquie des hl. Pantal, des sagenhaften ersten Bischofs von Basel, gefertigt, gewiss bald nach dem Empfang des Heiltums und der Erhebung des Heiligen zum zweiten Patron des Münsters[1]). Denn hätte Köln auch die Büste geschenkt[2]), so würden die Chroniken dies kaum verschwiegen haben, und Verzierungen mit Grubenschmelz, einer Kunst, die damals in Köln blühte, hätten gewiss nicht daran gefehlt. Ein Basler Goldschmied[3]) wird das Reliquiar geschaffen haben, vielleicht nach dem Entwurf eines am Münsterbau tätigen Bildhauers. Der imposante Wurf des Ganzen scheint mir dafür zu sprechen. Denn Einzelheiten, wie etwa die verkümmert gebildeten Ohren, die aufgerissenen Augen, die dem Blick etwas Starres geben, verraten, dass der Goldschmied der schwierigen Aufgabe einer monumentalen Treibarbeit noch nicht völlig gewachsen war.

Das Reliquiar fiel 1834 mit Los 3 Basel zu.

---

[1]) Sein Festtag am 12. Oktober. Über St. Pantalus: B.Chr. VII, S. 102 und 109. — Tr. I, Nr. 7—9. — K. Künstle, Ikonographie der Heiligen, Freiburg i. B. 1926, S. 486. Über die Reliquie: Roth, Nr. 83 und 90. Die Autentik des 13. und 15. Jahrhunderts, letztere mit dem Vermerk, dass das Haupt 1495 unter Konrad Hüglin gereinigt wurde: abg. in E. A. S. I, Taf. 12. — Über den Empfang der Reliquie 1270: C.W. II, S. 417. — C.B. 1862, S. 15, Anm. 2. — Vautrey I, p. 24 und 235. — Im M.F. I oft angeführt: „de pulsu reliq. sti Pantali XVIII d."

[2]) In der Übersetzung von Tr. I, Nr. 7, lectio VI (des Basler Breviers) ins Deutsche, in Beiträge zur vaterländischen Geschichte, N. F., V. S. 138, ist nach meiner Ansicht irrtümlich ausgesagt, dass die Schädelreliquie „in praetiosa capsa argentea auro delita" nach Basel gebracht worden sei, während nur steht, dass sie in diesem silbervergoldeten Behälter verehrt wurde, „honoratur".

[3]) Die Namen einiger damaliger Goldschmiede in Basel bei R.W. I, S. 97 und Anm.

Abb. 54. St. Pantalus. — Höhe 49,2 cm. Nr. 9.

Abb. 55. St. Pantalus. — Höhe 49,2 cm. Nr. 9.

Abb. 56. Nr. 10.

Nr. 10. Die Grabkrone der Königin Anna.

Berlin, Schlossmuseum.
Abb. 56.

Wohl von 1281. Wien. Silbervergoldet. H. 14 cm, Dm. 17 cm. — Inv. 1511.70, 1827.48.

Breiter, glatter, von vier heraldischen Lilien bekrönter, edelsteinbesetzter Stirnreif.

Anna, Tochter des Grafen Berchtold von Hohenberg, erste Gemahlin von Rudolf von Habsburg, starb 1281 in Wien. Gemäss ihrem Wunsch, im Basler Münster bestattet zu werden, wurde sie in „buchsbäumenem Sarg", in „köstlichem seidenem Gewand", mit „vergülter cron", von 40 Pferden gezogen nach Basel geleitet und „hinder dem Fronaltar" in Gegenwart von drei Bischöfen, sechs Äbten und dreihundert Priestern in einem Tischgrab beigesetzt[1]), dessen Deckplatte mit ihrer Grabfigur[2]) noch erhalten ist.

[1]) B.Chr. VII, S. 141. — C.W. II, S. 429.

[2]) Über Krone und Grab: J. H. v. Hefner-Alteneck, Trachten des christl. Mittelalters, Frankfurt-Darmstadt 1840—1854, Bd. I; auf Taf. 21: farb. Abb. der Krone in Originalgrösse; auf Taf. 67 farb. Abb.

Im Jahr 1510[1]) — wie uns Berichte überliefern — „beisse die thumbherren der wunderfitz, das sie das könighlich grab öfneten". Domkaplan Hieronymus Brilinger „schlouff in das grab, nam der kúngin die kronen ab dem houpt, súbert sy in sinem husz" („zur Krone" an der Freien Strasse) und fügte sie dem Münsterschatze bei. Im Inventar von 1511 ist sie zum erstenmal angeführt. Damals wurde der grosse Saphir daran „uff viertzig gulden" geschätzt[2]).

Die Krone fiel mit Los 1 Baselland zu; sie wurde 1836 in Liestal von Antiquar Oppenheim für Fr. 351 ersteigert und nach Berlin verkauft[3]).

Nr. 11. Büstenreliquiar, wohl der hl. Thekla[4]).

Schülerin des Apostels Paulus.

Leningrad, Eremitage.
Abb. 57 bis 61.

Um 1300. Oberrhein, Basel? Die Büste silbervergoldet, die profilierte Basis kupfervergoldet. Das (nach Darcel) wie unter Nr. 12 auf Abb. 66, S. 104 geformte kupfervergoldete Postament: aus dem zweiten Viertel des 14. Jahrhunderts. H. mit Postament (nach Darcel) 31 cm. — Inv. 1477.25, 1511.25, 1525.23, 1585.34, 1827.25.

---

der Grabplatte mit Wiedergabe der Bemalung, nach Aufnahmen des Basler Malers J. Neustück. — Nach dem Erdbeben 1356 wurde das Grab an seine heutige Stelle versetzt. Über die Grabplatte: H. Beenken, Bildhauer des 14. Jahrhunderts am Rhein etc., 1927, S. 70 und 270; I. F., Abb. 208, mit Literaturangabe.

[1]) Über das Jahr vgl. B.Chr. VII, S. 142, Anm. 3: 1510, nicht 1512, scheint richtig, da die Krone im Inv. 1511. 70 figuriert. So auch C.W. II, S. 431; vgl. auch C.B. 1867, S. 15.

[2]) Über H. Brilinger und die Krone vgl. B.Chr. VII, S. 142, Z. 9 ff., Anm. 6 und S. 194, Z. 20 ff. „Erat regina corona argentea auro delinita coronata, pretiosis lapidibus, margaritis, saphyris, topasionibus corone impositis."

[3]) C.B. 1867, S. 15.

[4]) Das Reliquiar ist in den Inv. 1477 bis 1525 als „caput s. Tecle" angeführt, im Inv. 1585. 34 und 1827. 25 nur noch als „Weibshaupt mit Wappen am Hals", in der englisch verfassten Broschüre von Oberst Theubet von 1842 (Abb. Nr. 59) dagegen zuerst als Haupt der St. Verena, einer oberrheinischen Heiligen, die in Zurzach, Kt. Aargau, vor dem 9. Jahrhundert lebte, und die auch im Münster in der Fröwlerkapelle ihren Altar hatte (ihr Festtag am 1. September). Unter den Autentiken der Mariastein übergebenen Reliquien findet sich der Name der hl. Thekla nicht (vgl. Roth und die phot. Aufnahmen der Autentiken im B. St. A.), dagegen der der hl. Verena auf Pergamentzetteln aus verschiedene Zeit. (Vgl. Roth Nr. 44 „dens verenae" auf den Aufnahmen im B. St. A.: „dens S. Verene v", „hoc est dens Verene", „dent. sctar. Lucie et Verene v".) Es handelt sich somit um eine Zahnreliquie, für die wohl ein Büstenreliquiar angefertigt werden konnte. Wie aber kam Theubet auf die hl. Verena? Nach meiner Ansicht wählte er diese am Oberrhein hochverehrte Heilige nur, um einen Namen für seine Büste zu haben (vgl. R.W. 2, II, S. 770 und Anm.). Der um die Schweizer Heiligenkunde verdienstvolle Prof. E. A. Stückelberg geht bei seiner Veröffentlichung des Stichs von 1842 (vgl. E.A.S. I, 14) von der Aussage Theubets aus und nimmt an, dass es sich um ein Verenareliquiar gehandelt haben müsse, da man 1834 keine Theklareliquie vorfand. Dagegen sprechen folgende, von E. A. Stückelberg nicht berücksichtigte Tatsachen. Erstens sind von verschiedenen Reliquiaren die Reliquien mit den Autentiken nicht mehr erhalten. Dann beweisen die Begleitzettel des Verena-Heiltums, dass es sich stets um eine Zahnreliquie handelt. Aus Inv. 1511. 26 aber geht hervor, dass dieselbe damals im Schrein Nr. 38 lag. Nach Aufstellungsplan S. 357 kamen aber Büste und Schrein zusammen zur Schaustellung. Ferner wissen wir aus verschiedenen Angaben, dass unter dem Verwalter der Münsterbauhütte Konrad Hüglin 1495 eine eingehende Reinigung und Reparatur der Reliquiare (vgl. z. B. Nr. 9, Nr. 12, Nr. 42) stattfand. Und seltsam wäre es deshalb, dass die Büste in den Inventaren 1477 bis 1525 stets irrtümlich „caput

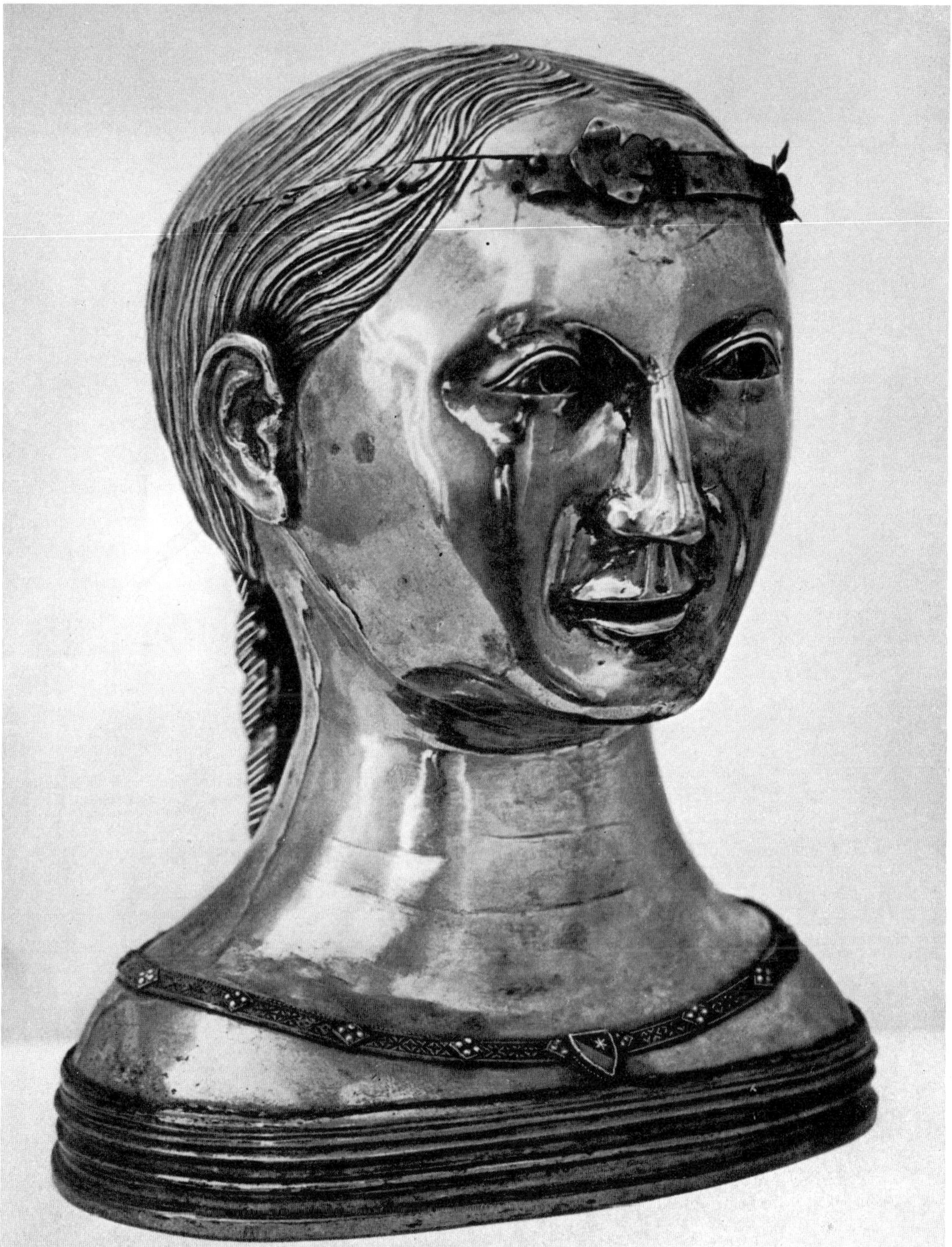

Abb. 57. St. Tecla. Nr. 11.

Abb. 58. St. Tecla. Nr. 11.

Abb. 59. Nr. 11.
Mit der
spätgotischen
Holzbüchse,
nach Theubet 1842.

Das vom Scheitel niedergleitende, das Ohr freilassende Haar ist im Nacken in zwei symmetrisch geflochtene Zöpfe geteilt (Abb. 60). Vom Kronreif, der den Schnitt der zur Bergung der Reliquie abnehmbaren Schädeldecke verhüllt und — wie etwa auf dem Grabbildwerk der Königin Anna im Münster das Band — die Stirne überschneidet, sind nur Überreste vorhanden. An der rot niellierten Halskette als Schliesse ein Dreieckschild mit einem noch nicht gedeuteten, vielleicht bürgerlichen, niellierten Wappen: schräg geteilt in Rot mit sechszackigem weissem Stern und in Weiss (Abb. 61)[1].

s. Tecle" genannt wurde. Dann geht aus Cer. S. 32a und aus dem Basler Brevier „in vigilia nativitate Mariae" (23. Okt.) hervor, dass „Sta Tecla virgo et martyr" im Münster hoch verehrt wurde. Endlich ist, wie der Chronist Wurstisen berichtet, eine 1494 gegossene, vier Zentner 34 Pfund schwere Glocke für den St. Georgsturm nach ihr benannt worden (vgl. C.W. II, 427; P. Ochs, Geschichte von Basel, V, 206), und unter den Heiligen, denen nach M.F. II, 234a, der „altare fraternitatis Mariae" geweiht wurde, figurierte neben den Hl. Barbara, Regula, Katharina von Siena, auch St. Tecla. Ich sehe deshalb bis auf einen Gegenbeweis keinen triftigen Grund, für die Büste den in den Inventaren angeführten Namen der hl. Thekla aufzugeben.

[1]) Das gleiche Wappenbild, nur in verschiedenen Farben, begegnet uns öfters bei oberrheinischen Familien.

Abb. 60. St. Tecla. Nr. 11.

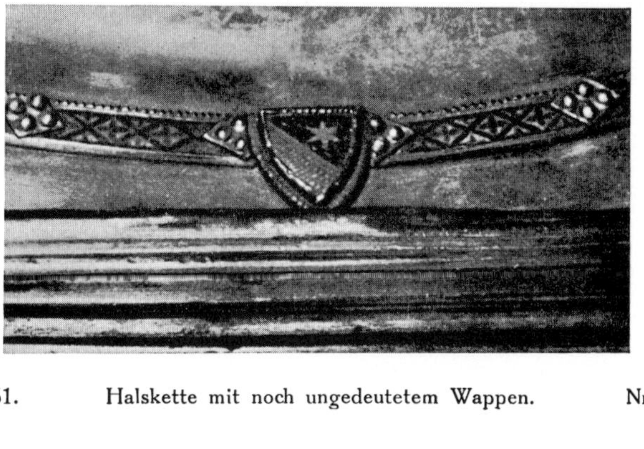

Abb. 61. Halskette mit noch ungedeutetem Wappen. Nr. 11.

Man fühlt besonders im Blick der Augen etwas vom Eifer des Goldschmieds, seiner monumentalen Aufgabe gerecht zu werden. Aber es fehlt noch die Bindung der Formen und die Unterordnung des einzelnen im Hinblick aufs Ganze. Gegenüber dem Pantalhaupt zeigt sich jedoch ein Fortschritt, so in der Bildung des Ohrs und in der Wiedergabe der Augen, schon darin, wie die Augenlider gezogen und wie das Weiss des Auges silbern ausgespart, die Augensterne braun emailliert sind.

Die auf ovaler, kräftig profilierter Basis ruhende Mädchenherme dürfte deshalb erst um 1300 entstanden sein. Etwa im zweiten Viertel des 14. Jahrhunderts wurde dann[1]) für die Büste ein elegantes, von vier Löwenpranken getragenes Postament geschaffen vom gleichen Aufbau wie das des Ursulareliquiars Nr. 12 (vgl. Abb. 66, S. 104).

In spätgotischer Zeit wurde die Büste bei bestimmten Anlässen, so gewiss an ihrem Festtag am 23. September, auf einer „holzgeschnitzten, vergoldeten Büchse mit ettlichem heiltumb" zur Schau gestellt (Abb. 59)[2]).

Das Haupt fiel 1834 mit Los 3 Basel zu und wurde 1837 von der Regierung mit der goldenen Rose (Nr. 13) und dem Valentinarm (Nr. 23) der Akademischen Gesellschaft gegen die Hüglin-Monstranz (Nr. 42) überlassen. Am 1. Juli 1838 versteigerte diese Gesellschaft die drei Stücke[3]). Das Haupt ging für Fr. 766.— an Oberst Theubet, der es 1842 publizierte (vgl. Abb. 59) und 1843 mit der goldenen Tafel und der Rose in London, 28 Old Bond Street, ausstellte. 1915 gelang es, an Hand des Stichs von 1842 das Reliquiar in der, 1884 in die Eremitage gelangten Sammlung Basilewsky wieder festzustellen[4]).

Nr. 12. Büstenreliquiar der hl. Ursula.

Kölner Märtyrerin, 3 Jahrhundert.

Leningrad, Eremitage.
Abb. 62 bis 66.

Erstes Drittel des 14. Jahrhunderts. Basel. Silbervergoldet mit Silberschmelz in den Augen und am Gewandsaum. Das achtseitige Postament kupfervergoldet. H. mit Postament (nach Darcel) 36 cm. — Inv. 1477.23, 1511.23, 1525.21, 1585.32 (wiegt an Silber 14 Mark), 1827.23.

Bei den Augen ist das Weiss in grauen, der Stern in braunen, grünen und schwarzen Emailzonen gegeben. Vom bunten Edelsteinbesatz des

[1]) Darcel Nr. 154: Nr. 11; Darcel Nr. 155: Nr. 12. Beide Büsten mit gleichem, achtseitigem Postament, auch im Inv. 1827. 25 und 1827. 23 beide „mit kupfernem Fuss" angeführt. Die Holzbüchse ist im Inv. 1827. 25 nicht erwähnt. Theubet jedoch bildet sie ab (Abb. Nr. 59). Das Postament wurde gewiss zugleich mit dem der Ursulabüste gemacht. Diese ist nämlich achtseitig ausgeschlagen wie das ihr angepasste achtseitige Postament, die frühere Theklabüste dagegen oval. Vergeblich versuchte ich, aus Leningrad Photographien der Postamente zu bekommen.

[2]) Die nicht mehr erhaltene, spätgotische Holzbüchse ist zuerst im Inv. 1511. 25 angeführt.

[3]) Vgl. bei Nr. 13, S. 111.

[4]) Bei Darcel Nr. 154, S. 61, ohne Herkunftsangabe und Abbildung als „deutsche Arbeit des 14. Jahrhunderts". H. der Büste mit Postament 31 cm.

Abb. 62. St. Ursula. Nr. 12.

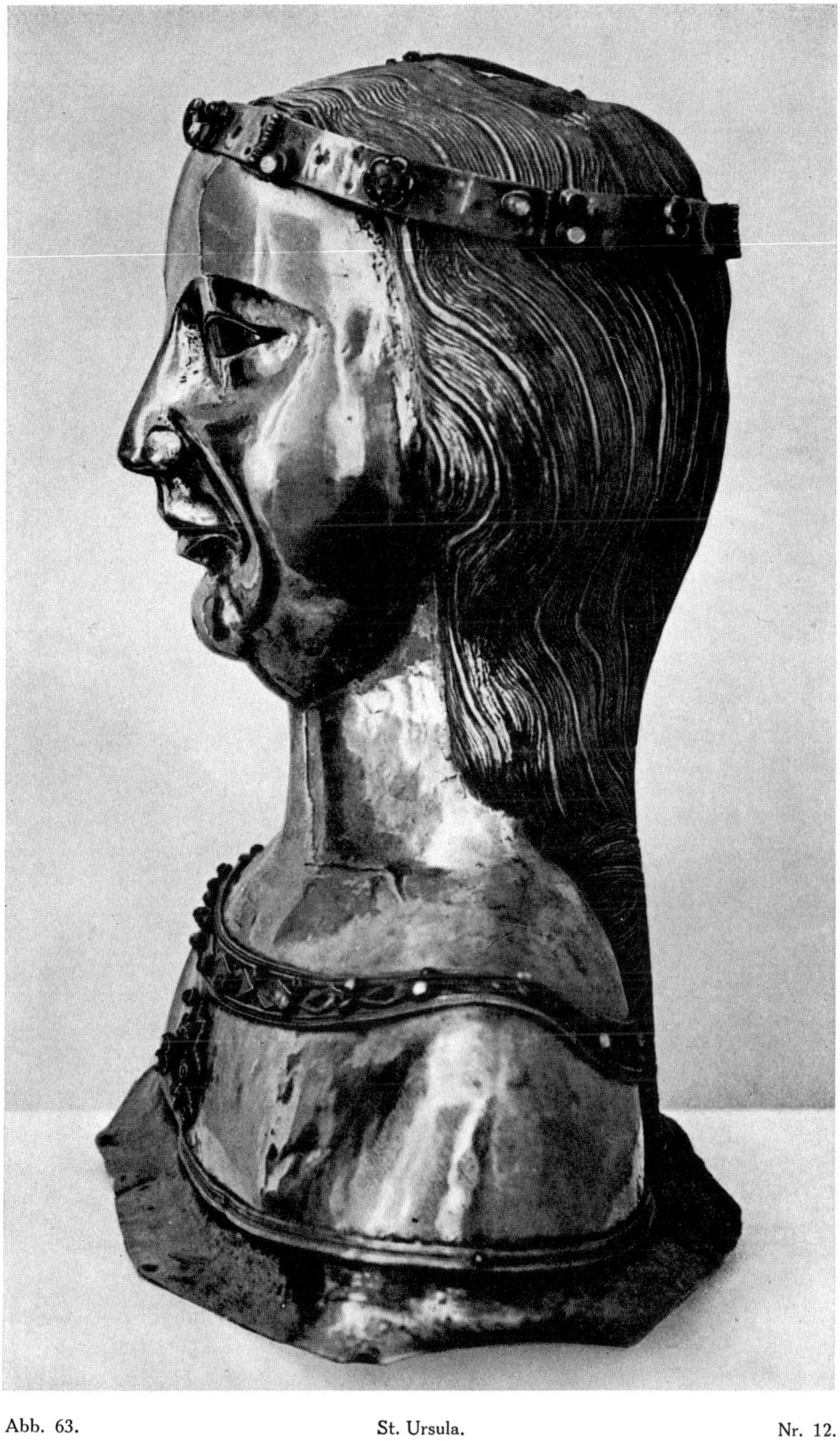

Abb. 63. St. Ursula. Nr. 12.

Stirnreifs[1]) ist nur wenig erhalten. Im achtzackigen Fürspan fehlt der Herzstein. Am Gewandsaum Perlen zwischen Rauten mit Blümchen aus durchsichtigem Schmelz.

Die Büste wurde für Heiltum, das schon 1254 aus Köln gestiftet worden war[2]), als Gegenstück zum Theklahaupt gefertigt und zwar, wie die Verfeinerung und Verlebendigung des Ganzen im Vergleich zu dieser Büste zeigt, wohl erst im ersten Drittel des 14. Jahrhunderts.

Das Haar ist als eine weiche, vom Scheitel niedergleitende Masse gegeben. Diese umrahmt das ovale Antlitz mit der freien Stirn, mit den nach den Schläfen hin ausgezogenen Brauen und Augenlidern, dem leicht vorgewölbten Mund und weichen Doppelkinn, beidseitig in einer grossen und kleinen Welle und ist im Rücken in zwei zierlich geflochtene Zöpfe geordnet. Der nach allen Seiten lebendig umrissene Kopf hat etwas Naives, Heiteres im Ausdruck. Er erinnert trotz den durch die Treibetechnik ein wenig gespannt und maskenhaft wirkenden Gesichtszügen ganz entfernt an das einige Jahrzehnte früher sprühend lebendig geformte herrliche Sandsteinhaupt aus der zugrunde gegangenen Folge der klugen und törichten Jungfrauen am Basler Münster-

[1]) Die einzelnen Glieder des Stirnreifs sind verbunden wie bei dem einer der törichten Jungfrauen am südlichen Westportal des Strassburger Münsters. Vgl. Abb. O. Schmitt, Gotische Skulpturen des Strassburger Münsters, Freiburg 1924, II, S. 147.

[2]) Das „caput st. Ursulae" wurde, laut Begleitzettel, 1495 von Konrad Hüglin gereinigt; vgl. die phot. Aufnahme der Autentik im B. St. A. — Über die Reliquiengabe vgl. B. U. B. I, S. 203, Nr. 279, Z. 29; Urkunde vom 18. Dez. 1254 im B. St. A., Domstift I, 9. — Tr. I, p. 615. — C. W. II, S. 417. — Die Legende im Basler Brevier: Tr. I, Nr. 8 und 9. — Vautrey I, p. 217. Über die Reliquie: Roth Nr. 91. — Über Reparaturen an einem der „Jungfrauenhäupter", Nr. 11 oder 12, vgl. M. F. I, 1470/71, S. 55: „von einem jungfrowen houbt wider (?) zu reformieren XII s."

Abb. 64. Fürspan der St. Ursula. Nr. 12.

Abb. 65. St. Ursula. Nr. 12.

portal, jetzt im Historischen Museum zu Basel[1]). Und wie von diesem Bildwerk, so geht auch von der St. Ursulabüste etwas von der oberrheinischen Freude am gesunden, blühenden Leben aus.

Das nach unten achteckig ausgeschlagene Reliquiar ruht auf einem eleganten, auf vier Löwenpranken fussenden, achtseitigen kupfervergoldeten Postament mit durchbrochener Galerie (Abb. 66, S. 104)[2]). Ein gleicher

[1]) Vgl. W. Altwegg, Basler Zeitschrift, 1914, S. 193, mit Abb. der erhaltenen Köpfe.
[2]) Vgl. bei Nr. 11, S. 98, Anm. 2 und 3.

Abb. 66.
Nr. 12 mit kupfervergoldetem Fussgestell.
Nach Darcel
Höhe 36 cm.

Sockel wurde gewiss damals auch für die Theklabüste hergestellt, damit die beiden Mädchenhermen trotz ihrer Verschiedenheit als Gegenstücke auf dem Hochaltar harmonisch wirken konnten.

Hat Gattaro, der venezianische Gesandte am Konzil, richtig gesehen, so besass das Münster damals achtzig Mädchenbüsten der „11000 Jungfrauen"[1]), die nach der Legende ja mit St. Ursula und St. Pantalus in Köln den Märtyrertod erlitten haben.

Das Ursula-Reliquiar fiel mit Los 2 Baselland zu und wurde 1836 in Liestal von Antiquar Oppenheim für Fr. 261.— ersteigert. 1915 gelang es, die Büste, da keine Zeichnung darnach vorhanden ist, an Hand einer Beschrei-

[1]) Concilium basiliense, V, S. 390, Zeile 12: „la dita chiesa è fornida di assà reliquie tute de arzento e spetialmente 80 testi de le xj mila vergine." Ein Altar der „undecim milium virginium" stand in der Fröwlerkapelle im Münster. Ihr Festtag am 21. Oktober.

bung von Franz Kugler[1]) zuerst in der 1860 in London versteigerten Sammlung Löwenstein[2]), endlich in der, seit 1884 in der Eremitage befindlichen, Sammlung Basilewsky festzustellen[3]).

Nr. 13. Die goldene Rose.

Paris, Cluny Museum.
Abb. 67 bis 71.

Wohl in Avignon ausgeführte italienische Arbeit aus dem ersten Drittel des 14. Jahrhunderts. H. des Rosenzweigs mit Handhabe aus Gold 37 cm, H. des silbervergoldeten Gestells mit drei Wappenschilden 23 cm, H. des spätgotischen Sockels 24 cm, Gesamthöhe 84 cm. — Inv. 1477.11 (mit 40 Blättern), 1478 (mit 39 Blättern), 1511.21 und 1525.9 (mit 37 Blättern), 1827.50 (mit nur noch 31 Blättern).

Der Rosenzweig trägt vier Blüten, die sich nach oben zunehmend öffnen, zwei Knospen und 31 Blätter. Die völlig aufgeblühte Rose ist aus sieben übereinandergelegten, je aus einem Goldblech geschlagenen, fünflappigen Rosetten von abnehmender Grösse gebildet und mit einem Saphyr geziert. Dieser wie flüssig erscheinende, leuchtend blaue Edelstein inmitten des gelben Goldes verleiht dem bei strenger Stilisierung nicht ohne natürliche Anmut geformten zarten Rosenzweig etwas Märchenhaftes.

Die Rose soll einer nicht nachprüfbaren Tradition zufolge als Geschenk des Papstes Clemens V. (1305—1314) in den Schatz gelangt sein[4]). Der Form des Rosenzweiges und Griffes nach könnte sie zwar, wie mir scheint, ebensogut schon aus dem 13. Jahrhundert stammen. Französische Forscher glauben jedoch nachweisen zu können, dass die Goldrosen erst im 14. Jahrhundert zu einem eigentlichen Rosenzweig ausgebildet wurden. Haben sie recht, so darf die Basler Rose als eine in Avignon im 14. Jahrhundert gefertigte Arbeit gelten, und zwar als die eines italienischen Goldschmieds. Denn nachweislich beschäftigten die zu Avignon residierenden Päpste für die Herstellung ihrer Goldrosen meist italienische Goldschmiede, Clemens V. z. B. einen Sienesen namens Tauro[5]).

---

[1]) F. Kugler sah die Büste in Berlin. Kleine Schriften I, S. 435 (Museum 1836, Nr. 28). Aus dem Basler Münsterschatz: „Ein beinahe lebensgrosses Haupt der hl. Ursula aus vergoldetem Silberblech, das weisse der Augen silbern, der Stern von dunklem Emaille, auf einem kupfernen, vergoldeten, mit durchbrochenen gotischen Verzierungen versehenen Fuss stehend, im Style des 14. Jahrhunderts.“ — Vgl. auch C.B. 1862, S. 16.

[2]) Catalogue of the Vienne museum, the property of Löwenstein brothers Frankfurt a. M. Christie, London 12. März 1860, Nr. 505, ohne Herkunftsangabe, mit bemalter Photographie (Abb. 66); erzielte 90 Pfund.

[3]) Darcel Nr. 155, ohne Herkunftsangabe und Abbildung als „deutsche Arbeit des 14. Jahrhunderts“ nach ihm H. der Büste mit Postament 36 cm.

[4]) Tr. V, S. 516: „la rose d'or, que le pape Clément V avait donnée à l'évêque de Bâle“. — Vautrey II, p. 144, zu Fig. 4a nur noch: „don d'un pape“.

[5]) E. Muntz, Mémoires de la société des antiquaires de France 1887, S. 278; Revue de l'art chrétien 1901, S. 5, mit Literaturangabe. — A. Du Sommerard, Catalogue du musée de l'hôtel de Cluny, 1883, Nr. 5005 mit Literaturangabe.

Die Basler Rose wurde stets als ein kostbarer Besitz des Schatzes verehrt und am vierten Fastensonntag, an dem der Papst noch heute eine „rosa aurea“ zu weihen und einer um die Kirche hoch verdienten Persönlichkeit zu schenken pflegt, in feierlicher Prozession „non sine misterio“, wie das Münster Zeremonienbuch bemerkt, durch das Münster getragen[1]).

Abb. 67. Ulrich von Arberg
kniet vor der Madonna mit Rosenzweig.
Siegel von 1327. — Staatsarchiv Bern.

Zu diesem Zwecke und zur Schaustellung auf dem Hochaltar wurde gewiss das solide silbervergoldete Traggestell in Basel angefertigt. Man verwendete dazu einen romanischen Filigranknauf, der ähnlich, nur etwas reicher als der des Eptinger Kelches Nr. 8 gebildet ist[2]). Das dreimal an diesem Traggestell angebrachte Wappen verhilft zu seiner genaueren Datierung. Es ist das der gräflichen Familie von Arberg-Neuenburg: auf rotem Grund ein goldener Pfahl mit drei schwarzen Sparren. Demzufolge dürfte das

[1]) Cer. S. 11 a. — „Rosa aurea in processione per atrium non sine misterio circumfertur.“ „Celebrans... rosam in manibus gestans.“

[2]) Es fehlt der Fries von Ringen, der bei dem Eptinger Kelch so fein die Halbkugeln trennt, auch ist der untere Arkadenfries aus gotischer Höhentendenz nun nach oben gestellt.

Auf welche Reparatur an Rose oder Gestell sich die Notiz in M.F. I, 1446/47, S. 22: „XXX s. switzer aurifabro pro reformatione crucium, auree rose et unius monstrancie“ bezieht, ist nicht festzustellen. — Wenn mit der Notiz in M.F. 1441/42, S. 30: „Item Cunrat Zeller 2 lb von dem silberin kennlin und vom rosen ze machen“ eine Reparatur an der goldenen Rose gemeint ist, so wäre das die früheste urkundliche Erwähnung der goldenen Rose, die auf uns gekommen ist. Nach meiner Ansicht jedoch wird es sich wohl um die Anfertigung künstlicher Rosen für den Altarschmuck handeln.

Abb. 68. Die goldene Rose Nr. 13.
mit Sockel Höhe 84 cm.

Abb. 69. Knauf und Wappenschilde Nr. 13.
vom silbervergoldeten Gestell der goldenen Rose.

Abb. 70. Der goldene Rosenzweig. Nr. 13.
Höhe 37 cm.

Rosengestell dem GRAFEN ULRICH VON ARBERG, der bei seiner Mutter AGNES VON PFIRT in der Niklauskapelle des Basler Münsters bestattet ist, seine Anfertigung verdanken. Er war seit 1309 Kustos, seit 1326 Dompropst am Münster und starb 1329[1]). Auf seinem schönen Siegel, mit den Wappen seiner Eltern, an einer Urkunde vom 23. März 1327 im Berner Staatsarchiv, kniet er vor der Madonna, die einen Rosenzweig hält (Abb. 67). Ist diese Vermutung richtig, dann ist das Rosengestell zwischen 1309 und 1329 entstanden. Was aber die Rose selbst betrifft, so kann deshalb die alte Tradition, Papst Clemens V., der von 1305—1314 in Avignon residierte, hätte sie gestiftet, auf einer richtigen Quelle beruhen[2]).

Die Rose dürfte, bis das Valentinbrachiale Nr. 23 in den Schatz gelangt war, als Gegenstück zu dem ungefähr gleich hohen Walpertarm Nr. 6 auf dem Hochaltar zur Schau gestellt worden sein[3]). Später wurde dann der noch erhaltene, geschnitzte und in Gold und Blau bemalte spätgotische Holzsockel für die Rose angefertigt.

Sie fiel 1834 mit Los 3 Basel zu und wurde 1837 von der Regierung mit der Theklabüste (Nr. 11) und dem Valentinarm (Nr. 23) der Akademischen Gesellschaft gegen die Hüglin-Monstranz (Nr. 42) überlassen. Diese Gesellschaft versteigerte sie am 1. Juni 1838 für Fr. 805.10 an Oberst Theubet, der sie 1843 in London ausstellte. 1854 ging sie in den Besitz des Cluny Museums über, und zwar, wie ein Brief von Theubet an Edmond Du Sommerard bekundet, als Geschenk, „en pur don"[4]), aus Dankbarkeit für den Ankauf der goldenen Altartafel, eine generöse Geste, die man in Paris — Katalog und Etiquettierung zufolge — zu buchen vergessen hat. Dagegen möchte ich nicht unterlassen, hier dankbar daran zu erinnern, dass die Kommission der Akademischen Gesellschaft 1932 das verständnislose Handeln ihrer Vorgänger von 1838 durch eine besonders reiche Gabe an den Ankauf der hochgotischen Monstranzen Nr. 15 und 16 wieder gutzumachen versucht hat.

Merkwürdigerweise scheint die Basler Rose die einzig erhaltene mittelalterliche „rosa aurea" zu sein[5]). Sie ist deshalb auch für die Kenntnis der

1) Genealogisches Handbuch zur Schweizergeschichte, Zürich 1900, Bd. I, Tafel XVII, Nr. 85, S. 122 (J. Grellet). — O. Roller, Basler Zeitschrift, 1914, Bd. XIII, S. 332. — U. v. Arberg 1276 zuerst erwähnt. Sein Neffe Walter v. Arberg war auch Domherr in Basel.

2) Da das Arbergwappen dreimal angebracht ist, um bei Prozessionen von allen Seiten sichtbar zu sein, so besteht vielleicht eine enge Beziehung zwischen dem Empfänger der Rose und dem Stifter des Rosengestells. Diese aber aufzuklären gelang mir nicht. Von den Persönlichkeiten, die das im Vatikan aufbewahrte Verzeichnis der Rosenempfänger angibt, stehen keine in irgendeiner Beziehung zu Basel. Die Liste ist jedoch unvollständig; sie gibt z. B. zwischen 1300 und 1400 nur sieben Namen an. Eine Abschrift des Verzeichnisses, die Herrn Pfarrer Hänggi in Basel zu verdanken ist, im B. St. A., Bauakten J. J. 3.

3) Der Arm ist 63,5 cm, die Rose mit Gestell 60 cm hoch. Zusammen mit einer flachen, ausladenden, ca 3 cm hohen Basis zum Einfügen des Gestells war die Rose dann an Höhe ihrem Gegenstück völlig gleich. Vgl. Geschichte S. 6.

4) B. St. A., Privatarchiv 87.

5) Im Bulletin de la société des antiquaires de France 1889, p. 274, bekennt sich ein Überschlauer zur Ansicht, dass er die Basler Rose für eine Arbeit des 17. oder 18. Jahrhunderts halte. — Über die Einführung der Rosenweihe durch den auf Burg Egisheim bei Colmar geborenen Papst Leo IX. (1048 bis 1054) vgl. Vautrey I, 111; R. Wackernagel, Geschichte des Elsass, Basel 1919, S. 58. — Über die

Abb. 71. Papst Johann XXI. verehrt Kaiser Sigismund am Sonntag Laetare 1415 im Dom zu Konstanz eine goldene Rose.
Vgl. S. 113, Anm. 2.

mittelalterlichen Goldschmiedekunst und Kirchenkultur höchst wertvoll. Die 1458 von Pius II. dem Magistrat von Siena gestiftete, jetzt im Dom-

Verpflichtung der Äbtissin des Benediktinerinnenklosters Heiligkreuz bei Colmar, „jedes Jahr in der Fastenzeit eine Rose von Gold, vier Loth schwer, nach Rom zu schicken" vgl. Aus dem Elsass, Von einem elsässischen Schulmeister, Karlsruhe 1875, S. 70; ferner G. Hottinger, Elsass-Lothringen, Strassburg 1883, S. 225.

museum ausgestellte, wirkt, verglichen mit der Basler Rose, so natürlich geformt, als wäre sie ein vom Stock geschnittener übergoldeter Rosenzweig[1]). Den mystischen Zauber, der dank der strengen Stilisierung der Basler Rose eigen ist, habe ich jedoch vor diesem Rosenzweig des 15. Jahrhunderts nicht empfinden können. In Ulrich von Richentals 1483 in Augsburg von Anton Sorg gedrucktem Konstanzer Konzilienbuch ist veranschaulicht, „wie der bapst dem romischen Künig dye rosen schanckt" (Abb. 71)[2]).

Nr. 14. Chinesischer Brokat des 14. Jahrhunderts.

Angeblich ein Stück vom Grabgewand des hl. Imer, der im 6. Jahrhundert lebte.

Im Schatze der Basilika zu Maria-Stein.
Abb. 72 und 73.

Dieser, etwa 50 cm lange, gut erhaltene Brokatstreifen, verbunden mit der Pergamentinschrift: „de stola scti himerii" stammt aus dem Schatz des Münsters, in dem der Heilige einen Altar hatte. Der Stoff wurde 1834 mit den Reliquien Mariastein übergeben[3]). Ein kleinerer, sehr beschädigter Abschnitt davon wurde zurückbehalten und befindet sich jetzt im Historischen Museum zu Basel[4]).

Dieser Brokat gehört, wie Otto von Falke nachgewiesen hat, zu einer Gruppe von Seidengeweben, die in China im 14. Jahrhundert als Ausfuhrware für den islamischen Markt hergestellt wurden[5]). Er ist aus Lederstreifen, die auf der Vorderseite vergoldet und auf der Rückseite versilbert sind, aus schwarzer, hellbrauner, hellgrüner und hellblauer Seide gewoben, die bald das Muster, bald den Grund bilden. Er zeigt eine Musterung mit abwechselnd schmalen und breiten, mit der Kette laufenden Streifen.

Der linke, ca. 4 cm breite Streifen in Gold, Schwarz, Hellblau, in der Wiederholung des Streifens statt Blau Hellgrün, zeigt abwechselnd ein

---

[1]) Die von Leo X. 1519 Kardinal Albrecht v. Brandenburg verehrte Rose, abgebildet im Heiltumsbuch der Stiftskirche zu Halle, ist noch naturalistischer gebildet als die von Pius II. in Siena.

[2]) Ulrich von Richental, Konstanzer Conciliumsbuch, Augsburg, Anton Sorg 1483. Faksimiledruck Potsdam 1925. Darin ist auf Blatt XXVIb dargestellt, wie Papst Johann XXI. am Sonntag Laetare 1415 eine goldene Rose weihte und sie Kaiser Sigismund verehrte; auf Blatt LXVIIa, wie Papst Martin V. eine zweite, von ihm geweihte goldene Rose dem Volke zeigte. — Über das Schicksal dieser Rosen — beide sollen von Sigismund in den Konstanzer Domschatz gestiftet und nach Einführung der Reformation eingeschmolzen worden sein — vgl. J. Marmor, Das Konzil zu Konstanz 1414—1418, Konstanz 1898, S. 51.

[3]) Roth, De Stola Sti Himerii. — E.A.S. I, S. 9: „Der Stoff scheint von Arabern in Sizilien im 11. oder 12. Jahrhundert gefertigt zu sein" (vgl. Anm. 4), mit Abb. der Autentik. — Stoff und Autentik sind ausserdem abgebildet in E. A. Stückelberg, Geschichte der Reliquien in der Schweiz, Bd. II, Basel 1908, Taf. I.

[4]) Der Abschnitt im Historischen Museum zu Basel (1907. 83) misst 35 × 23 cm und ist bei I. Lessing, Die Gewebesammlung des Kunstgewerbemuseums in Berlin, 1900, auf Taf. 112b abgebildet, als „arabisch, vielleicht aus Sizilien, 12. Jahrhundert."

[5]) O. v. Falke, Kunstgeschichte des Seidengewebes, Berlin 1903, II, S. 52.

Abb. 72. Rückseite des Chinesischen Brokats. Nr. 14.

Abb. 73. Vorderseite des Chinesischen Brokats. Nr. 14.

9 cm hohes Feld mit arabischem Ornament und ein 6 cm hohes mit ovaler Rosette, in deren Herzfeld eine im Profil gesehene tulpenförmige Blume steht, vielleicht eine Lotospalmette.

Der rechte, 4 cm breite Streifen, in Gold, Schwarz und Hellbraun, zeigt abwechselnd ein 10 cm hohes Feld mit Rautenmuster und ein 6 cm hohes mit ovaler Rosette, in deren Herzfeld eine von oben gesehene Blume mit sechs herzförmigen Blättern sitzt.

Die schmalen, 1 cm breiten Streifen, in Gold und Schwarz, zeigen — getrennt durch Quadrate mit Flechtwerk — Längsfelder, die abwechselnd mit einer sechsblättrigen Blume mit beidseitig abstehendem Blattwerk und einer laufenden Blattranke gefüllt sind.

Das entfernt an arabische Buchstaben gemahnende Ornament des einen Feldes nebst der streifenförmigen Anordnung beweisen, dass dieser chinesische Gold-Silber-Riemenbrokat für den Verkauf nach den Ländern des Islams gefertigt worden ist. Seit dem Beginn des 14. Jahrhunderts gelangten solche Stoffe auch nach Europa. Verschiedene Domschätze und Sammlungen besitzen noch herrliche Stücke. Damals wird auch der Basler Stoff ins Münster gestiftet worden sein. Später wurde wohl die alte Pergamentinschrift von der Stola des hl. Imer, einem vielleicht unscheinbaren Gewebe, diesem kostbaren Goldstoff angefügt.

Meines Wissens sind die Abschnitte in Mariastein und Basel die einzigen grösseren Überreste eines Brokats genau mit dieser Musterung[1]).

[1]) E. A. Stückelberg bemerkt in Basler Nachrichten, 24. Febr. 1904, dass er kleine Stücke dieses Stoffes in verschiedenen westschweizerischen Kirchen gefunden habe. In E. A. S. I, S. 9 (1907) erwähnt er jedoch nichts mehr davon.

GOTISCHE ARBEITEN VON ETWA 1350 BIS 1400.

DIE MEISTEN MIT DURCHSCHEINENDEM TIEFSCHNITTSCHMELZ.

No. 15. Die Kaiserpaar-Monstranz.

Seit 1932 wieder in Basel, Historisches Museum.
Abb. 74 bis 93.

Um 1350. Basel. Silbervergoldet, mit Tiefschnittschmelz. H. 67 cm, Dm. des Fusses 22 cm, Dm. der 8 Medaillons des Fusses durchschnittlich je 3,8 bis 4 cm, mit Schriftzone je 5,2 bis 5,7 cm. Bergkristallzylinder: H. 13 cm, Dm. 7,7 cm. Im Fuss eingeritzt das Gewicht: 11½ Mark, ϑ XII‡ (nat. Grösse). — Inv. 1477. 4?, 1511. 9, 1525. 8, 1827. 7.

Für aus Bamberg empfangene Reliquien, „zwei stuck von den rechten armen Heinrici unnd Kunegundis“[1]), wurde die Monstranz geschaffen, gewiss bald nach deren Eintreffen in Basel, am 4. November 1347.

Da das 14. Jahrhundert Heiltum sichtbar zu verehren wünscht, so dient jetzt ein Bergkristallzylinder als Behälter. Er wird getragen von achtblättrigem Fuss und achteckigem Schaft mit trichterförmigem Übergang. Er wird bekrönt von einem Achteck-Turm; beidseitig flankiert von Pfeilern, die auf Eichlaubkapitälen die Statuetten des hl. Kaiserpaars hochheben. Diese Schwebestreben sind unten von Engeln[2]) gestützt und oben durch offene Ziergiebelfenster mit dem Turm verbunden.

Natürlich war die Kaiser Heinrichsfigur, wie an der Fassade des Basler Münsters, ursprünglich in fussfreiem Gewand dargestellt[3]). Die Kaiserpaarstatuetten wirken für 1350 etwas altertümlich, da sie als Pfeilerfigürchen möglichst schlank und wenig ausladend gebildet sind. Sie verkündeten die Herkunft der Reliquien. Denn sie waren, auch ohne ihre Schriftbänder

---

[1]) Heinrich II, geb. 973, König 1002, Kaiser 1014, gest. 1024, heiliggesprochen 1146. Kunigunde, verm. vor 1000, gest. 1038, heiliggesprochen 1200. Sein Fest wird in Basel am 13. Juli, ihr Fest am 9. September gefeiert. — Über die Reliquien: Roth, Nr. 24, 25, 51—53. — Cer. 31b, 34b. — Über die Erbittung und Überbringung der Reliquien vgl. Tr. III Nr. 364 und 365. — C.W. II, S. 416. — C.B. 1867, S. 5. — R.W. 2, II, S. 771. — Über den gestifteten, am 2. April 1348 geweihten Altar des Kaiserpaares im Kreuzgang vgl. B.Chr. VII, S. 234, und K. Stehlin, Münsterbuch, Basel 1895, S. 278. Auch in diesem Altar und im Heinrichskreuz Nr. 2 wurden Partikel dieser Reliquien geborgen.

[2]) Die Engelsflügel erst nach 1867 gefertigt; bei C.B. 1867, Taf. 1, sind nur kleine abgebildet, wohl auch nicht die ursprünglichen. Diese waren vielleicht emailliert, wie etwa bei den Engeln von Nr. 17 oder am Sigmaringer Kelch (abg. im Pantheon, 1928, S. 115) und wohl wie die heutigen hochgeschlagen, als erwünschtes Mittel für die farbige Bindung von Ständer und Turm.

[3]) H. des Kunigundenfigürchens 12,5 cm; H. des roh mit der Basis verlöteten Gegenstücks 11 cm. Vgl. den Ergänzungsversuch auf Abb. 76 (S. 121). Kaiser Heinrich nicht mehr bärtig wie etwa am Bamberger Domportal oder auf den Glasgemälden im Strassburger Dom.

Abb. 74.
Nr. 15.
Kaiserpaar-
Monstranz.

Abb. 75.
Nr. 15.
Höhe
67 cm.

Abb. 76. Ausschnitt aus der Kaiserpaar-Monstranz mit ergänzter Kaiser Heinrichsfigur. Nr. 15.

mit • S' • HEĪR • ĪꝐATOR • ET • CŌF' • [CONFESSOR] und S • KV́NIGV̄D' • ĪꝐATXͥ • ET • VͥGO •, schon aus der Verwandtschaft mit deren Standbildern an der Münsterfassade jedem Andächtigen als die des hl. Kaiserpaars erkennbar.

Die beiden Pfeiler schwebend zu geben, sie dadurch für das Gefühl ihres Gewichtes zu beheben, das liegt im Empfinden der Zeit. Zwar dürfte ihre Verbindung mit dem Turm nicht ganz befriedigend gelöst sein; jedenfalls aber wirkt der *Farbenschmuck mit durchsichtigem Tiefschnittschmelz* völlig bezaubernd.

Emailliert sind am Fuss die acht Scheiben (Abb. 86—93, S. 129, 131), an der unteren Verstärkung des Schafts die Fenster mit Heiligenköpfen, an seinem Knauf die Rautenzapfen mit Sechsblattblumen, am Turm die vier Fenster der Vorderseite mit Verkündigungsengel (Inschrift AVE • MARIA • GREIA) und Maria zwischen Paulus und Petrus (Abb. 78—81, S. 124, 125) und die vier der Rückseite mit Magdalena, Dorothea, Pantalus [?] und einer Heiligen mit Buch und Palmzweig (Abb. 82—86, S. 126, 127).

Abb. 77. Ausschnitt aus der Kaiserpaar-Monstranz. Nr. 15.
Rückseite.

Abb. 78 und 79. Nr. 15. Emails in den vorderen Turmfenstern der Kaiserpaar-Monstranz.
Etwa nat. Grösse.

Unter den Farben der Tiefschnittschmelze dominiert, wie bei den gleichzeitigen Kirchenfenstern, ein sattes Enzianblau; so im Grund der Medaillons und Fenster und im überschmolzenen Turmspitzknopf. Daneben spielen die Hauptrolle ein Wiesengrün und Rotviolett, vor allem in den Gewändern und Nimben, und zwar bei jedem Bildchen zu harmonischer Gesamtwirkung fein gegeneinander ausgewogen. Zugleich treten diese Farben je nach der Tiefe des ausgehobenen Grundes, somit der Dichtigkeit des Schmelzes, in verschiedenen Abstufungen auf, so z. B. das Blau im Buchstabenkranz der Medaillons und in den Lettern der Kaiserpaarinschriften beinahe schwärzlich[1]).

[1]) Der zur bessern Haltbarkeit des Schmelzes und zum Schmuck stets gravierte Grund ist fast durchwegs quadriert und mit Vierpässen gefüllt; nur bei Scheibe 4: Ranken, und bei Maria: Sterne (je vier Strahlen im Schnittpunkt der Quadrierung). Auch bei Gewändern bisweilen, so z. B. am Rock der Dorothea, ist dem grünen Schmelz durch feine wagrechte Strichelung des Silbergrunds eine atlasartige Wirkung gegeben.

Abb. 80 und 81. Nr. 15. Emails in den vorderen Turmfenstern der Kaiserpaar-Monstranz.
Etwa nat. Grösse.

Ausser diesen Hauptfarben begegnet uns ein Braun, ein Hellbraun, ein strahlendes Goldgelb und ein zart schimmerndes Grau. Transluzides Rot findet sich nicht, ein opakes Hellrot wie Siegellack ersetzt es[1]).

Doch nicht nur durch ihren neuen Farbenzauber, auch durch ihre Darstellungen verleihen die Schmelzscheiben am Fuss der Monstranz eine ganz besondere Bedeutung. Denn sie geben Szenen aus der Legende des hl. Kaiserpaares wieder. Wie schon 1867 vermutet wurde, gehen sie auf die „historias novas" zurück, die 1347 mit den Reliquien aus Bamberg nach

[1]) Die goldgelbe Wirkung wohl durch Vergolden des Silbergrunds und Überschmelzen mit hauchdünner, wohl brauner, Glasur erzielt, so in einigen Nimben, im Flügel des Verkündigungsengels. Braun im Ordensgewand der drei Nonnen auf Scheibe 7. Auch die Zeichnung der ausgesparten, vergoldeten Köpfe und Hände ist meist mit braunem Schmelz gefüllt. Das Grau im Mantel der Magdalena wirkt reizvoll zum Grün des Rocks. Opakhellrot bei den Inschriften innerhalb der Schmelzbilder, beim Nimbus auf Scheibe 4, beim glühenden Eisen auf Scheibe 8.

Abb. 82 und 83. Nr. 15. Emails in den hinteren Turmfenstern der Kaiserpaar-Monstranz.
Etwa nat. Grösse.

Basel gebracht und dann, dem Inhalte nach, in die Breviere des Basler Bistums aufgenommen wurden[1]).

Die acht Scheiben des Fusses zeigen folgende Darstellungen[2]):

[1]) Vgl. C. B. 1867, S. 4, und R. Rahn, Anzeiger f. Schweiz. Altertumskunde, 1888, S. 278. Diese „historiae novae" sind unter den verschiedenen, im Inv. 1478 aufgezählten Legendarien nicht erwähnt. — Darcel Nr. 152, mit Farbentafel und Herkunftsangabe. — Ein Vergleich der Medailloninschriften mit den im Basler Brevier und andernorts verzeichneten Kaiserpaarlegenden wäre Stoff für eine besondere Studie. Auch auf ein Zuziehen anderer Darstellungen der Legenden kann hier nicht eingegangen werden.

[2]) Vgl. über die Legenden: I. Breviarium secundum ritum ecclesiae Basiliensis, Basilee in officina Jacobi de Pfortzheim 1515. „De S. Heinrico": Blatt 13a und 67a vom Ende des Bandes an gezählt; „De S. Cunegunde": Blatt 36 und 37, vom Ende des Bandes an gezählt. Im folgenden zitiert unter „1515". (Basl. Univ.-Bibl. A. N. VIII. 22.) — II. J. Bollandus, Acta sanctorum 1865 „de S. Henrico imperatore" unter „Julii", Tom. III, 682; „Vita S. Cunigundis imperatricis" unter „Martii", Tom. I, p. 265. Im folgenden zitiert unter „Julii" und „Martii". — III. Jahrbücher des deutschen Reichs unter Heinrich II, Bd. I und II von S. Hirsch (1862—1875), Bd. III von A. Bresslau. Im folgenden zitiert unter „Hirsch" und „Bresslau". — IV. H. Günter, Kaiser Heinrich II., 1904. Über die Legendenbildung S. 76. Zitiert unter „Günter".

Abb. 84 und 85. Nr. 15. Emails in den hinteren Turmfenstern der Kaiserpaar-Monstranz.
Etwa nat. Grösse.

Inmitten der Vorderseite:

Scheibe 1 (Abb. 86): Heinrich thronend, mit Szepter und Münstermodell.

✠ HEINRICUS • CESAR • PRESENS • TEMPLVM • REPARAVIT [1])

Scheibe 2 (Abb. 87): Kunigunde thronend, mit Lilienkreuz.

✠ PORTAVIT • CR[?]CRVCEM • KVNIGVNDIS • CESARIS • VXOR [2])

[1]) Heinricus statt Henricus spricht allein schon für die einheimische Anfertigung.

[2]) Vermutungsweise könnten die Buchstaben vor „crucem" als CR für „Christi" oder als GR für „graecam" gedeutet werden. — Wenn „CR", so wäre beizuziehen aus ihren „miracula in vita" (vgl. Martii, S. 273; 1515, Blatt 36, Lectio V.): „crucis signo incendium extinguit", ferner (1515, Blatt 37, Lectio II): „monasterium ad honorem salvatoris nostri iesu christi et eius victoriosissime crucis.... construxit." — Wenn „GR", so würde es sich vielleicht darauf beziehen, dass Kunigunde als Morgengabe von ihrem Gemahl ein Kreuz von byzantinischer Arbeit erhielt (vgl. Martii, S. 270, Nr. 25, Julii, S. 751): „crucem auream operis Graeci antiquissimi".

Von Scheibe 1 nach links herum:

Scheibe 3 (Abb. 88): Heinrichs Heilung durch St. Benedictus.

Kaiser Heinrich, vor ihm kniend eine Gestalt, die nach dem Stein, von dem Heinrich befreit worden war, greift.

✠ CALCVLVS • AD • PALMAM • REGIS • DATVR • A BENEDICTO

Nach der Legende erschien dem an Steinschmerzen leidenden Kaiser der Hl. Benedikt im Traum, entfernte den Stein und legte ihn Heinrich in die Hand. Als der Kaiser erwachte, erzählte er seinem Gefolge das Wunder[1]).

Scheibe 4 (Abb. 89): Heinrichs Traum „post sex".

Vor einer Kapelle Heinrich kniend mit betend erhobenen Händen. Rechts der hl. Wolfgang auf die Worte des Schriftbandes POST • SEX deutend.

✠ VT • VIDIT • POST • SEX • ANNOS • DVX • EFFICITVR • RC[E]X •

Die Legende berichtet, dass Heinrich als Herzog geträumt habe, es sei ihm in der Kirche von St. Emmeran zu Regensburg, als er vor dem Grab des hl. Wolfgang betete, der Heilige erschienen und habe auf die Inschrift „post sex" an der Wand gewiesen. Als Heinrich sechs Jahre darnach König wurde, habe er die Bedeutung des Traums erkannt[2]).

Scheibe 5 (Abb. 90): Heinrichs Totengericht.

Der hl. Lorenz mit dem Rost in der Rechten drückt mit der Linken mittelst eines Kelches die Wagschale mit „Heinrichs Seele" herab, während der Teufel sich an die andere Schale hängt.

✠ DVCITVR : AD • CELVM • CESAR • MEDIANTE • CATHINO •
Im Bild: • S • LAVRENT'.

Nach der Legende hörte ein frommer Mann in der Sterbenacht des Kaisers vor seiner Zelle Teufel jubeln, sie seien unterwegs, Heinrichs Seele zu holen. Er beschwört einen davon, ihm den Erfolg der Fahrt zu melden, und betet inbrünstig für den Kaiser. Nach zwei Tagen berichtet der Teufel von seinem Misserfolg. Beim Abwägen von Heinrichs guten und bösen Taten habe sich die linke, durch das Böse beschwerte Schale gesenkt. Da sei der hl. Lorenz erschienen und habe den Kelch, den Heinrich einst in das St. Lorenzstift zu Merseburg geschenkt hatte, mit solcher Wucht in die Schale der guten Taten geworfen, dass sie zu Boden geschnellt und am Kelch ein Henkel abgebrochen sei. Um sich von der Wahrheit des Gemeldeten zu überzeugen, lässt der fromme Mann in Merseburg nachfragen. Da fand sich der Henkelbruch am Kelch[3]).

---

[1]) Vgl. 1515, Blatt 13, lectio II, calculus = Steinchen; „in Cassino monte"... „calculum in manu dormientis reposuit". — Julii, S. 713, Nr. 152. — Bresslau III, 361, § 2. — Günter, S. 86.

[2]) Vgl. J. de Voragine, Legenda aurea, Ausg. v. Th. Graesse 1846, S. 897. — Hirsch I, S. 93.

[3]) 1515, Blatt 13, lectio IV, catinus = Napf, für calix; „cum cathino aureo advenit", nachher: „rex Heinricus contulerat calicem ad honorem bti Laurentii aureum". — Bresslau III, S. 365 § 4; Bresslau III, S. 367: über einen im 16. Jahrhundert in Merseburg noch erhaltenen, 1557 beschriebenen Henkelkelch wie auf dem Medaillon, einen „grossen güldenen Kelch mit zweyen Oehren".

Abb. 86. Scheibe 1.

Abb. 87. Scheibe 2.

Abb. 88. Scheibe 3.

Abb. 89. Scheibe 4.

Abb. 90. Scheibe 5.

Abb. 86 bis 90. Fünf Emails vom Fuss der Kaiserpaar-Monstranz. Nr. 15.
Etwa nat. Grösse.

Von Scheibe 2 nach rechts herum.

Scheibe 6 (Abb. 91): Kunigunde, von einem Sonnenstrahl bedient.

Die Kaiserin steht einem Priester mit Manipel gegenüber, darunter schwebt ihr Handschuh, von einem Sonnenstrahl gehalten. Rechts ein Altar, grün behangen, Mensa und Leuchter vergoldet. Darüber ein aus einem Nimbus fallender Sonnenstrahl.

✠ REGINE • RADIVS • SOLIS • SVMPSIT • CYROTHECAM

Die Legende erzählt, in anmutiger Weise der damaligen höfischen Kultur Ausdruck gebend, dass Kunigunde, als sie während der Messe zum Altar schreiten wollte, den Handschuh von der Rechten zog und, da niemand ihn ihr abzunehmen bereit war, ihn zu Boden warf. Da schickte Gott durchs Fenster einen Sonnenstrahl, den Handschuh aufzuheben, bis Kunigunde vom Altar zurückkehrte und ihn in Empfang nehmen konnte[1]).

Scheibe 7 (Abb. 92): Kunigunde ohrfeigt ihre Nichte, eine Äbtissin.

Kunigunde gibt der neben ihr stehenden Nonne einen Schlag ins Gesicht. Zwei Nonnen stehen abgewandt, die Hände kreuzweise gesenkt.

✠ NEPTIS • MAXILLA • FERT • ICTVS • PVBLICA • SIGNA •

Nach der Legende ergab sich eine Nichte der Kaiserin, die Äbtissin war, dem Wohlleben. Einst sass sie, statt an einer Prozession teilzunehmen, bei Speis und Trank. So fand sie die Kaiserin und schlug sie scheltend auf die Wange, wovon der Äbtissin lebenslänglich ein Fingermal im Gesicht verblieb[2]).

Scheibe 8 (Abb. 93): Kunigundes Feuerprobe.

Die Kaiserin geht barfuss im Beisein ihres Gemahls und zweier Frauen über glühendes Eisen.

✠ ARP [für D]ENTES • VOMERES • NON • REGINE • NOE [für C]VERVNT
Im Bild: S KVNIGVD'.

Nach der Legende neidet der Teufel Kunigunde den Ruhm ihrer jungfräulichen Ehe. Er zeigt sich ihrem Gefolge in Gestalt eines Ritters, der eben ihre Kammer verliess. Sie wird des Ehebruchs angeklagt und schreitet, um ihre Unschuld zu beweisen, vor ihrem Gemahl freiwillig über glühende Pflugscharen, ohne sich zu verletzen[3]).

Diese Schmelzbilder sind — meines Wissens — mit Ausnahme der „Feuerprobe“, die eine Miniatur von 1146 veranschaulicht[4]) — die ältesten

---

[1]) 1515, Blatt 36, lectio V, cyrotheca = Handschuh. — Martii, S. 274, Nr. 13.

[2]) 1515, Blatt 36, lectio V, neptis = Enkelin, hier für Nichte, „filia sororis sue Utha“; maxilla = Kinnbacken. — Martii, S. 273, Nr. 12.

[3]) 1515, Blatt 13, lectio II, und 1515, Blatt 37, lectio I; vomer = Pflugschar. — Martii, S. 271. — Bresslau III, 360. — Hier von Interesse das 1768 von E. Büchel ausgeführte Aquarell im Basler Kupferstich-Kabinett (A. 104, S. 55) nach dem ehemaligen Wandgemälde mit der Feuerprobe (im Hintergrund „post sex“, dat. 1517) im Kloster Klingenthal, Basel, mit Wiedergabe einiger glühender Pflugscharen.

[4]) In der „vita Henrici“ des Diakon Adelbert, einer Handschrift von 1146 in der Bamberger Bibliothek, abg. bei H. Günter, S. 11, mit Literaturangaben. H. Günter sind die Bilder der Monstranz nicht bekannt.

Abb. 91. Scheibe 6.

Abb. 92. Scheibe 7.

Abb. 93. Scheibe 8.

Abb. 91 bis 93. Drei Emails vom Fuss der Kaiserpaar-Monstranz. Nr. 15.
Etwa nat. Grösse.

Illustrationen der Legenden von Heinrich und Kunigunde, die auf uns gekommen sind.

Die Turm-Monstranz Nr. 15 und die Giebel-Monstranz Nr. 16 teilten das gleiche Schicksal. Sie fielen 1834 mit Los 1 und 2 Baselland zu und blieben bis 1864 im Rathaus zu Liestal in einer Holztruhe verwahrt. Ein Versuch der Kommission der Mittelalterlichen Sammlung zu Basel, die beiden Monstranzen 1863 für Basel zu retten, scheiterte an dem geforderten Preis von

Fr. 20000.—[1]). 1864 erhielt sie der Pariser Antiquar Löwengard auf sein Angebot von Fr. 35000.— hin.[2]) Er verkaufte sie in Paris dem Kunstsammler Alexander Basilewsky, der als Russe mit Emailarbeiten vertraut, als einer der ersten die erlesene Schönheit dieser oberrheinischen Silberschmelzarbeiten zu würdigen verstand. 1885 gelangten sie mit der Basilewsky-Sammlung, die Alexander III. für 6 Millionen Franken erworben hatte, in das Eremitage-Museum in St. Petersburg[3]). Seit 1932 sind sie wieder in Basel und bilden eine Hauptsehenswürdigkeit der Schatzkammer des Historischen Museums[4]).

Nr. 16. Die Innocentes- oder Apostel-Monstranz.

Seit 1932 wieder in Basel, Historisches Museum.
Abb. 94 bis 108.

Drittes Viertel des 14. Jahrhunderts, Basel. Silbervergoldet, mit Tiefschnittschmelz. H. 73,8 cm[5]), Dm. des Fusses 26,2 cm. Dm. des kapselförmigen Reliquienbehälters 14 cm. Grösste Tiefe desselben 7 cm. Dm. der bombierten Kristallscheibe der Vorderseite 7 cm. Tiefe des doppelwandigen Masswerkgiebels 1,5 bis 2 cm. Im Fuss eingeritzt das Gewicht: 14 Mark, 12 Lot, 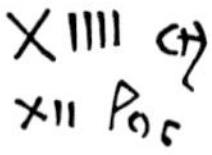 (1/2 nat. Grösse). — Inv. 1477. 7, 1511. 10, 1525. 9, 1827.6.

Der Ständer mit sechsblättrigem, mit sechs Schmelzmedaillons geziertem Fuss, sechsseitigem Schaft mit Architekturknauf und beidseitig ausladender Konsole trägt den runden, kapselförmigen, nach vorn und hinten sich vorwölbenden Reliquienbehälter. Dieser ist auf der Vorderseite mit einer bombierten Bergkristallscheibe gedeckt und von 16 Schmelzmedaillons zwischen durchbrochenen Dreipässen umsäumt. Er wird von dreiseitigen, auf Hängekonsolen schwebenden Fialenpfeilern mit Wasserspeiern flankiert und von einem durchbrochenen Masswerkgiebel bekrönt.

Auf den Schmelzbildern des Fusses: Die Verkündigung mit der Inschrift: AVE GRACIA PLENA DOM, die Geburt Christi, die Anbetung der

---

1) Vgl. Basel, Hist. Mus., Archiv B 1, Protokoll vom 5. Nov. 1862, vom 21. Jan. und 13. Juli 1863.

2) Vgl. C. B. 1867, S. 4. — Basellandschaftl. Zeitung vom 18. Juni 1864 (Nr. 73). Nach Landratsbeschluss vom 7. Dez. 1863 zum Verkauf ausgeschrieben; Angebot-Annahme am 14. Juni 1864, laut gütiger Mitteilung von Staatsarchivar Dr. Meng. — Gazette des Beaux-Arts 1865, S. 21.

3) A. N. Koubé, Kurzer Führer durch die Kunst des Mittelalters in der Eremitage (russisch 1921): Ankauf der Sammlung Basilewsky in Paris 1884, Ausstellung in der Eremitage 1885.

4) Die beiden Monstranzen Nr. 15 und 16 aus Leningrad wurden 1932 von Herrn Antiquar Theodor Fischer dem Historischen Museum angeboten und 1933 für Fr. 185 000 angekauft. Vgl. Pantheon 1933, S. 91, Anm. 1. — Über die Donatoren vgl. Jahresbericht des Historischen Museums zu Basel über das Jahr 1933. — Über die auch aus Leningrad zurückgebrachte Christophorusstatuette vgl. Nr. 27, S. 199 f.

5) C. 1867, S. 7, H. 75 cm. — Darcel Nr. 153, mit Farbentafel, H. 75 cm. Durch den Transport nach Basel 1932 muss die Spitze etwas beschädigt worden sein.

drei Könige, die Flucht nach Ägypten, der Kindermord und, laut Inschrift: • S • COLLVNBANVS • (Abb. 103 bis 108, S. 144 u. 145)[1]. Auf den Schmelzbildern der zwölf Knauffenster: Die Gestalten der zwölf Apostel, auf denen der 16 Scheibchen um den Kristalldeckel als Halbfiguren: oben Maria und Christus, unten zwei Engel und dazwischen nochmals beidseitig je sechs Apostel.

Wieder spielt der Farbendreiklang, Blau, Grün, Rotviolett, die Hauptrolle. Darin leuchten die Fenster im Obergeschoss der Schwebepfeiler auf, und grün, blau, violett sind auch die drei Kreuzblumen überschmolzen[2].

Die Turm- und diese Giebel-Monstranz waren vielleicht die ersten Schaugeräte dieser Art in Basel[3]. Ihr Ständer geht auf die bei Kelchen und Ziborien übliche Form zurück; nur ist er höher ausgezogen, damit beide Hände ihn bequem umfassen können. Das Schaugefäss ist bei beiden durch Pfeiler retabelförmig verbreitert. Sie gehören zu den ältesten uns erhaltenen Beispielen solcher sogenannten Retabel-Monstranzen[4].

In der Giebel-Monstranz sind statt der beigeordneten Viereckpfeiler hoch hinaufgeführte Dreieckstreben gewählt, die sich mit einer Seite eng an den Reliquienbehälter anschmiegen. So wirkt das Schaugehäuse straffer, geschlossener als das der Kaiserpaar-Monstranz und wie aus einem Guss geformt.

Auch alle Einzelheiten sind verfeinert. So ziert den Hochrand des Fusses nicht der übliche Perlfries, sondern, wie bisweilen bei französischen Arbeiten, eine Folge von Blümchen und Lilienköpfen. So wirken die Schmelzmedaillons nicht nur wie aufgelegt, sondern dank ihrer elegant ausgezogenen Vierpassformen wie mit dem Fuss verwachsen (Abb. 102, S. 143). Auch ist der Grund ihrer Bilder, die hier eine grössere Fläche einnehmen, nicht quadriert, sondern meist mit graziösen Blattranken belebt. So dienen zur Verkleidung der Konsolen nicht mehr einzelne stehende, grosslappige Eichenblätter, sondern ein zartes Gewächs von Eichenzweigen mit Eicheln (Abb. 101, S. 142). Dann ist der Giebel statt mit Krabben mit weich und lebendig geformten Ahornblättern geziert, die frei aufragen (Abb. 97, S. 139), und Blattornamente von Meister E. S. (L. 313 I.) und M. Schon-

[1] Von links nach rechts.

[2] Zu den, wie bei der Turmmonstranz, nur selten vorkommenden Farben tritt noch ein helles Braun und ein Gelb neben Goldgelb, sowie ein helleres Blau. Apart ist die Farbenwirkung des Kolumbanmedaillons: der Rock grün, der Mantel grau, goldgelb gefüttert, darüber das Spruchband, vergoldet, mit opak hellroten Buchstaben. Die Anbetung der drei Könige erinnert mit ihrem Pfauenfeder-Farbenspiel an italienische Schmelzbilder. Trotz einiger späteren Retouchen und einigen ausgefallenen Partien ist die Erhaltung der Schmelzbilder eine vorzügliche.

[3] Die älteste erhaltene, datierte Reliquienmonstranz ist nach Braun II, S. 349, die von 1286 in St. Quentin zu Hasselt in Belgien befindliche. Hostienmonstranzen dagegen, die ähnlich, aber wohl etwas einfacher geformt waren — die bei Prozessionen verwendeten kleiner, handlicher — scheinen aus dieser Zeit überhaupt keine mehr erhalten zu sein. Die ältesten Hostienmonstranzen stammen nach Braun II, S. 353 und 356, erst aus dem Ende des 14. Jahrhunderts. Basel benötigte seit den 1320er Jahren Hostienmonstranzen (vgl. Geschichte S. 7, Anm. 1). Eine der beiden im Inv. 1511. 13 angeführten, damals schon eingeschmolzenen, wohl hochgotischen Monstranzen verschiedener Grösse diente vielleicht ursprünglich dazu. Im Cer. 45a ist auch eine „monstrancia qua pro infirmis utimur" angeführt. Die „neue, hohe" Hostienmonstranz Nr. 63 von 1471 hat ein zylinderförmiges Hostiengehäuse wie Nr. 15.

[4] Über Retabelmonstranzen vgl. Braun II, S. 371.

Abb. 94.
Nr. 16.
Rückseite der
Innocentes-
Monstranz.

Abb. 95.
Nr. 16.
Innocentes-
Monstranz.
H. 73,8 cm.

Abb. 96. Reliquienbehälter der Innocentes-Monstranz. Nr. 16.
Nat. Grösse.

Abb. 97. Nr. 16.
Vom Masswerkgiebel der
Innocentes-Monstranz.

gauer (B. 111) vorahnen lassen. Endlich ist auch das Zusammenspiel von Kreis und Dreipass, in vielfacher Grösse auf Scheibe und Giebel, reizvoll und von bindend harmonischer Wirkung.

Zwar ist die Lösung, einen scheibenförmigen Behälter mit Giebel zu überhöhen und mit Streben zu flankieren, zur damaligen Zeit naheliegend

Abb. 98.
Von der Fassade
der Kirche St. Peter
zu Caën.

und findet sich unabhängig voneinander bei vielen Altargeräten. Hier aber ist der Aufbau so fein architektonisch ausgeführt, dass der Goldschmied nach meiner Ansicht den Entwurf zu seiner Arbeit wohl einem der Baumeister am Münster verdankt, der vor allem in Frankreich Anregungen empfangen haben dürfte. Denn ähnlich, nur in monumentalem Maßstab, ist — um ein Beispiel von vielen zu nennen — die obere Partie der Fassade von St. Peter zu Caën gelöst worden, der Masswerkgiebel über dem Rundfenster von derselben Steilheit (Abb. 98).

Wohl ist die Giebel-Monstranz der Turm-Monstranz an Harmonie und Feinheit überlegen. Sie braucht aber deshalb nicht viel später geschaffen zu sein. Eine mit Kunstgefühl und Formphantasie gesättigte Zeit bringt in rascher Folge immer vollendetere Werke hervor. Die 1351 datierte, für die Benediktinerabtei der Reichenau und deshalb wohl in Konstanz[1]) gefer-

[1]) Diese mit allen Schmelzbildern bei H. P. Mitchell, The Burlington Magazine 1918, p. 65, abgebildete Reichenau-Kurvatur wurde zwar früher des öftern und, trotz Mitchells Studie wieder ohne Begründung, von W. Burger, Abendländische Schmelzarbeiten, Leipzig 1930 (zu Abb. 82) Basel zugewiesen. Nach meiner Ansicht aber wurde damals die Schmelzkunst am ganzen Oberrhein, in Basel wie in Strassburg, Freiburg und Konstanz, ausgeübt (vgl. R.F.B. 1922, S. 38, Anm. 14 und 15). Deshalb werden Schmelzarbeiten, die vom Bodensee herstammen, auch in Konstanz, das bald Konzilsstadt werden sollte, entstanden sein. Und der von Ilse Futterer entdeckte grosse Konstanzer Bildhauer Meister Johannes

Abb. 99.
Nr. 16.
Der Knauf der
Innocentes-Monstranz.

Abb. 100.
Kapellenknauf
eines Bischofsstabes,
datiert 1351. Im Victoria
und Albert Museum, London.

Abb. 101. Der untere Teil des Reliquienbehälters der Innocentes-Monstranz. Nr. 16.

tigte emaillierte Krümme eines Bischofsstabs zeigt z. B. einen ähnlichen Kapellenknauf (Abb. 100, S. 141) wie die Giebel-Monstranz. Und diese ist gewiss auch im dritten Viertel des 14. Jahrhunderts entstanden.

(vgl. I.F. S. 115 und R. Verres, Pantheon, 1930, S. 188) scheint mir diese Annahme zu bekräftigen, denn seine Tätigkeit spricht für den damaligen hohen Stand der künstlerischen Kultur dieser Stadt. Auf Konstanz aber weist die Herkunft der Krümme und ebenfalls die des Sigmaringer Kelchs (vgl. R. Durrer, Kunstdenkmäler v. Unterwalden, S. 502 u. 1161/62), scharfe Abb. bei O. v. Falke, Pantheon, 1928, S. 115). — Zwar ist der knieende König der Anbetung auf Krümme (Abb. 100) und Giebel-Monstranz (Abb. 106) sehr ähnlich. Aber sonst ist viel Verschiedenes. So ist z. B. der Boden auf den Bildern der Kurvatur perspektivisch gegeben, bei den Basler Arbeiten stets dekorativ flächig. So haben Krümme und Kelch eine Eigenheit gemein — die den Basler Arbeiten fehlt — und die, obgleich nur eine Kleinigkeit, doch auf gleiche Herkunft deutet, nämlich die Vorliebe für frei aufgelegte Rosetten.

Eine kritische Gruppierung aller bis jetzt bekannten oberrheinischen Schmelzarbeiten — zu denen u. a. auch Kreuz und Buchdeckel zu Beromünster gehören (abg. im Album der Genfer Ausstellung 1896) — ist jedoch Stoff für eine besondere Studie. Hier sei nur angedeutet, weshalb vorderhand nur Nr. 15 bis 18 als bestimmt in Basel geschaffene Arbeiten gelten dürfen. Vgl. Geschichte, S. 8 bis 10 und R. F. Burckhardt, Pantheon, 1933, S. 91, Anm. 8.

Was nun ihre Verwendung betrifft, so bin ich überzeugt, dass sie zur Schaustellung der von dem hl. Kolumban gestifteten Innocentes-Reliquie geschaffen wurde[1]). Dieses Heiltum war von alters her im Münster hoch verehrt worden, hatte schon früh zur Errichtung eines Innocentesaltars und zur Einsetzung des Innocentesfestes am 29. Dezember geführt. Es war deshalb naheliegend, jetzt, da die Edelschmiedekunst in Basel in so hoher Blüte stand, auch eine *Innocentes-Monstranz* anfertigen zu lassen. Dass sie dies war, dafür spricht die Tatsache, dass das Kindermord-Medaillon auf dem Ehrenplatz mitten auf der Vorderseite des Fusses, zur Linken von dem Emailbild des hl. Kolumban, des Heiltumstifters, angebracht ist[2]).

Im Jahre 1450 wurde dann für das Heiltum ein neues Reliquiar in Fussform, Nr. 28, erstellt. Und von 1477 an begegnet uns die Innocentes-

[1]) Vgl. Geschichte, S. 3. — Dass St. Columbanus der Stifter der Reliquie war, beweist uns die Inschrift von 1450 auf Nr. 28. Sein Festtag am 21. November.

[2]) Der Kindermord wirkt auf den ersten Blick wie das Urteil König Salomos. Wer aber sucht, findet, dass aus dem Bündel rechts unten zwei Kinderköpfchen hervorragen. Vielleicht geht die Gruppe auf eine Vorlagensammlung zurück, in der nur das Urteil Salomos dargestellt war, aus der dann durch Beifügen eines zweiten Kinderköpfchens die sonst weit drastischer wiedergegebene Kindermordszene gemacht wurde. Dass das Schaugefäss mit Absicht direkt über dem Kindermord zu stehen kommt, beweist zudem die Tatsache, dass der durch einen sogenannten Bajonettverschluss mit dem Fuss verbundene Schaft genau über diesem Medaillon zu Ende läuft.

Abb. 102. Vom Fuss der Innocentes-Monstranz. Nr. 16.

Abb. 103. Verkündigung.

Abb. 104. Geburt Christi.

Abb. 105. Kindermord.

Abb. 103 bis 105. Emailbilder am Fuss der Innocentes-Monstranz. Nr. 16.
Etwa nat. Grösse.

Abb. 106. Anbetung der Könige.

Abb. 107. Flucht nach Aegypten.

Abb. 108. St. Columbanus.

Abb. 106 bis 108. Emailbilder am Fuss der Innocentes-Monstranz. Nr. 16.
Etwa nat. Grösse.

Monstranz ihrer Apostelbilder wegen in den Inventaren als Monstranz „de apostolis" oder „von den zwölff botten", „köstliches Heiltum" bergend.

In der Zwischenzeit, bis 1471 die „neue, hohe" Monstranz Nr. 63 zur Schaustellung des Allerheiligsten auf dem Hochaltar gefertigt worden war, dürfte die Innocentes-Monstranz auch als Hostienmonstranz gedient haben. Die im 15. Jahrhundert vorgenommene Veränderung der Rückseite scheint mir darauf zu deuten[1]).

Die Monstranz fiel 1834 mit Los 1 Baselland zu und teilte das für Basel zuerst bedauerliche, dann aber 1933 um so erfreulichere Schicksal der Turmmonstranz Nr. 15 (vgl. S. 131/132 und S. 132, Anm. 4).

Nr. 17. Kapellenkreuz mit Engelpaar.

Berlin, Schlossmuseum.
Abb. 109 bis 116.

Um 1350. Basel. Silber, grösstenteils vergoldet, mit Tiefschnittschmelz. H. 68 cm, Br. 40 cm, T. 15 cm. — Inv. 1477. 6, 1511. 16, 1525. 15, 1827. 12.

Auf sechs Löwen ruhender Sockel. Die Wandungen in 22 Felder geteilt, darauf in Tiefschnittschmelz 24 paarweise gruppierte Halbfiguren von Heiligen und — die Auferstehung andeutend — Bischöfe, die Gräbern entsteigen. Auf der Sockeldecke in Form erhaben getriebener Schollen stehen zu beiden Seiten einer Kapelle zwei Engel, die kristallgedeckte Reliquienbehälter tragen. Dem Kapellendach entwachsen ein Lilienkreuz und zwei S-förmig geschwungene Balken, die Maria und Johannes zum Gekreuzigten emporheben, über dem auf den Kreuzarmen zwei Engel in halber Figur mit Sonne und Mond aufragen.

Die farbige Wirkung wird bestimmt durch die warm schimmernde Vergoldung, den milden Silbergrund, der im Inkarnat der Gestalten frei liegt, dann durch das strahlende Blau im Grund des rot und weiss niellierten, kreuzbelegten Nimbus Christi, in den Kreuzvierpässen mit Prophetengestalten[2])

---

[1]) Es scheint mir, als wäre damals die Rückseite zur Vorderseite umgestaltet und zur Schaustellung der Hostie vereinfacht worden. Denn auf Silbergrund sitzt ein vergoldeter Strahlen- und Flammenkranz um eine flache Kristallscheibe zum Einblick auf die Hostie, wie später bei den Sonnenmonstranzen. Darunter verdeckt ein schlichter Behang die Konsole mit dem zierlichen Eichenlaub. Darauf eingraviert ein Engel mit Spruchband und Inschrift: „o gloria". Die kielbogenförmige Spitze des Behangs direkt über der Scheibe mit Christi Geburt (vgl. Abb. 94, S. 134).

Eine Mitteilung von Braun II, S. 352, Z. 16, spricht für die Richtigkeit meiner Annahme. Hier ist eine Monstranz angeführt, die „in der Fronleichnams-Oktav zur Aussetzung des Allerheiligsten gebraucht wurde, sonst aber Reliquien einschloss"; vgl. ferner darüber: Braun II, S. 536, Z. 12, S. 359, Z. 15, S. 368, Z. 23. Auch die Hostienmonstranz von 1471, Nr. 63, barg Reliquien, Inv. 1585. 3 zufolge (vgl. Nr. 63, S. 331, Anm. 3).

[2]) Den Christi Opfertod weissagenden Propheten entsprechen auf der Rückseite die ihn verkündenden Evangelisten, durch ihre Symbole angedeutet (der Markuslöwe durch eine spätgotische Heilige ersetzt), in der Mitte das Osterlamm.

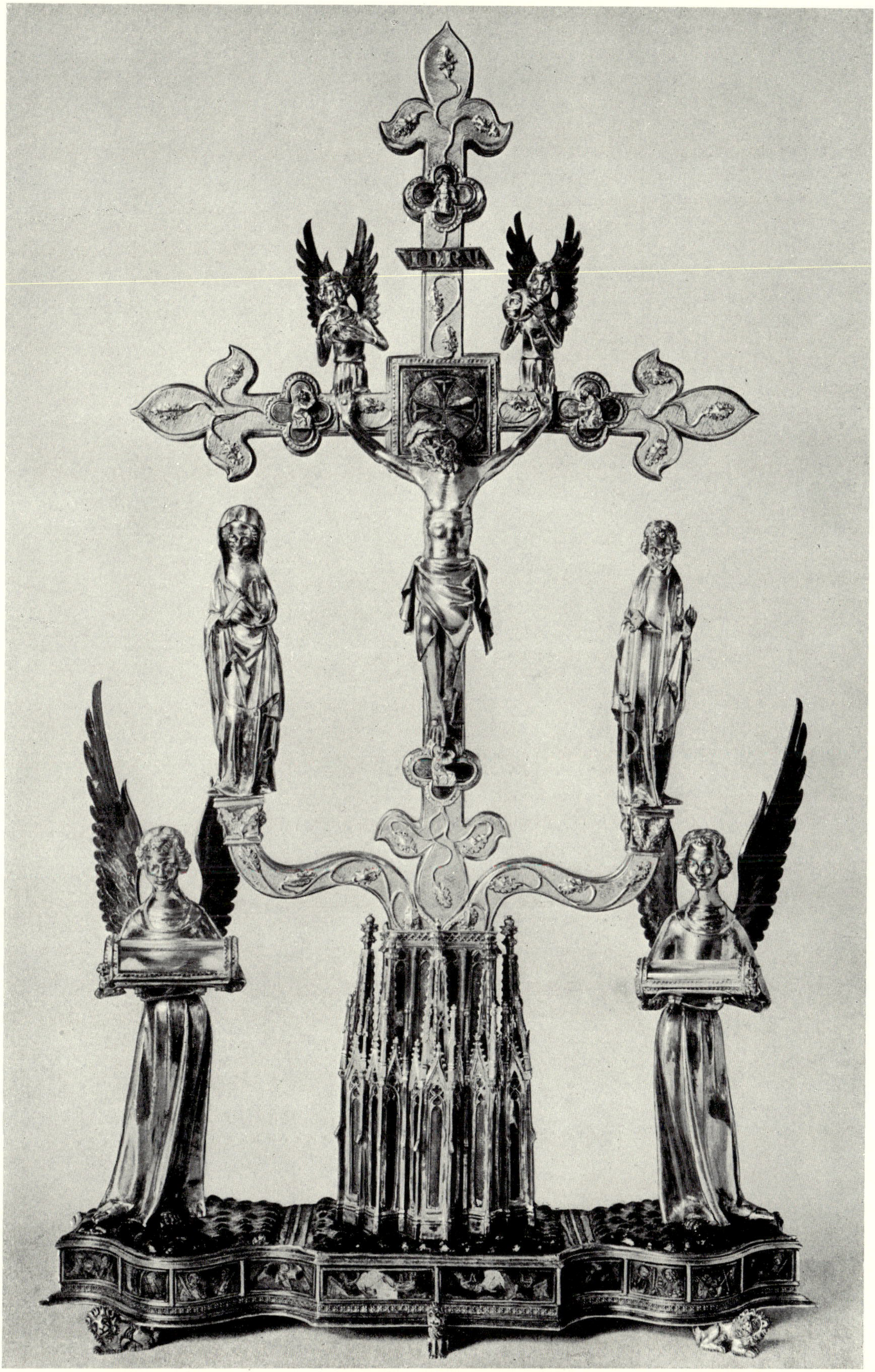

Abb. 109. Das Kapellenkreuz. — Höhe 68 cm. Nr. 17.

Abb. 110. Das Kapellenkreuz. — Höhe 68 cm. Nr. 17.

und in den Kapellenfenstern; weiter durch die grün überschmolzenen Erdschollen, die mit opak weiss und rot gemalten Streublümchen belebt sind; endlich durch die transluzid blau, rotviolett, hellbraun bis gelb und grün emaillierten Sockelbilder und Engelflügel[1]).

Das 14. Jahrhundert war erfindungsreich an neuen Altargeräten. Dazu gehört auch die Verbindung des schon früher allgemein beliebten Astkreuzes mit dem hl. Grab in Gestalt einer Kapelle mit Auferstehungsbildern und Reliquienträgern. Auch Freiburg i. B. besitzt in seinem berühmten, 1342 am Mittelrhein angefertigten Kreuz eine ähnlich gelöste Aufgabe, doch so, wie sie ein kultivierter Goldschmied für vollendet hielt: die Wirkung vor allem kostbar und prunkvoll, mit vielen, nach ihrer Farbe dekorativ verteilten Edelsteinen, die überaus zart getriebenen Gestalten jedoch völlig zurücktretend unter der Pracht des Aufbaus[2]).

Ein ganz anderer Geist spricht aus der Basler Arbeit. Zwar sind im Aufbau gewiss italienische (Abb. 112)[3]), im Engelpaar und der Kreuzform wohl französische Einflüsse[4]) erkennbar, aber aus all den Anregungen ist etwas Neues, Einheitliches geschaffen. Nach meinem Gefühl dürfte ein vielleicht am Münsterbau tätiger Bildhauer dem Goldschmied den Riss entworfen haben. Im Gegensatz zum Freiburgerkreuz beherrschen die Gestalten hier völlig die Wirkung. Es sind schmalschultrige Figuren, bei denen der Körper und das eng anliegende Gewand zu schlanken Silhouetten verschmolzen sind, Gebilde eines neuen unpersönlichen Idealtypus.

Eine zarte, beseelte Harmonie liegt über dem Ganzen. Dazu trägt der Zug nach oben bei, der die Gewänder der Engel in Steilfalten ordnet, der bei Johannes die Linke erhoben, bei Christus die Hände senkrecht aus-

---

[1]) Im Inv. 1511. 16: „Ein fettich ist abgewichen, soll wieder gemacht werden".

[2]) Abb. in Badische Heimat, 1915, S. 39. Dat. 1342, mit Silberschmelz, ursprünglich aus Kloster Liebenau, Diözese Worms.

[3]) Bei H. Otto, Handbuch der kirchlichen Kunstarchäologie, V. Aufl., Leipzig 1883/85, noch als „italienische Arbeit", jetzt in Berlin als „Basler Arbeit um 1325" bezeichnet. Für den Aufbau vgl. von den vielen Beispielen: Abb. 112, S. 153, Toskanisches Kapellenkreuz, Ende 14. Jahrhundert, in Florenz im Bargello, Sammlung Garrand Nr. 697. Besonders ähnlich die Kapelle mit dem Übergang zum Kreuz.

[4]) Zur Kreuzform: z. B.: Darcel, Taf. 33, „Limoges 13. Jahrhundert". — Von L. de Farcy ist in Revue de l'art chrétien, 1883, ein franz. Reliquienkreuz in Astform zu Vannes, 2. Hälfte 13. Jahrhundert, abgebildet. Der Verfasser bemerkt, dass die von Ludwig dem Heiligen nach Paris gebrachte Dornenkrone Christi (jetzt im Schatz der Notre Dame de Paris) nur noch zwei verschlungene Zweige zeige, wie beim Kruzifix zu Vannes, ohne die Dornen, die anderswohin verschenkt worden waren. Beim Basler Kalvarienberg ist die Krone auch dornenlos, hier aber kaum nach der damals in der Sainte Chapelle zu Paris aufbewahrten dornenlosen Reliquie, sondern, weil das Zeitgefühl solche naturalistische Einzelheiten — die es im 15. Jahrhundert wieder betont — im 14. Jahrhundert übergeht. Ein von Ludwig dem Heiligen nach St. Maurice im Wallis geschenktes Reliquiar mit solch einem Dorn nebst der 1261 datierten Schenkungsurkunde ist noch erhalten. Vgl. E. Aubert, Trésor de l'abbaye de St. Maurice d'Agaune, Paris 1872, Taf. 30.

Zu den Engeln als Reliquienträger: Vgl. zwei silbervergoldete Engel „de l'ordre du St. Esprit" des 15. Jahrhunderts, jetzt im Louvre, Nr. 121 und 122 der Apollogalerie. Sie tragen ihre Kristallzylinder in der gleichen Weise wie die der Basler Arbeit. Obschon der Einfall, Reliquien durch Engel tragen zu lassen, naheliegend ist, so könnte er doch bei beiden auf ein verlorenes französisches Vorbild der Hochgotik zurückgehen.

Abb. 111. Kreuzigungsgruppe des Kapellenkreuzes. Nr. 17.

Abb. 112. Toskanisches Kapellenkreuz.
Ende des 14. Jahrhunderts. — Bargello, Florenz.

gestreckt und, genau darüber, bei den Engeln die Fittiche hochgeschlagen gibt, so dass nichts den Blick am Emporgleiten hemmt.

An dieser Harmonie hat auch die dekorative, fein ausgewogene Gleichgewichtigkeit beider Hälften teil, die in Christus mit seinem beidseitig in gleiche Faltengehänge geordneten Lendentuch gipfelt. Zu dieser Harmonie

Abb. 113. Die Kapelle vom Kreuz mit den Engeln. Nr. 17.

Abb. 114. Der Sockel vom Kapellenkreuz. Nr. 17.

Abb. 115.
Nr. 17.
Der linke Engel
vom Kapellenkreuz.

Abb. 116.
Nr. 17.
Der rechte Engel
vom Kapellenkreuz.

verhilft weiter die gleiche Stimmung, die alle beseelt und die sich in ihren Zügen, ihrer Haltung ausdrückt. Maria und Johannes geben sich keinem wilden Schmerze hin. Wie unbewusst fügt Maria die Fingerspitzen ihrer gelenklos gebildeten Hände ineinander, und beide scheinen über das Wunderbare dieses Sterbens versonnen vor sich hinzuträumen. Nur die Engel blicken den Beschauer an und bieten ihm, in Liebreiz lächelnd, das Heiltum zur Verehrung dar[1]).

Zu dieser Harmonie war aber noch ein Letztes notwendig, nämlich die Gestalten in so feinfühlig berechnetem, zueinander abgestuftem Grössenverhältnis zu geben, dass sie als ein organisch zusammengehöriges Ganzes, wie in einer Vision Erschautes, wirken konnten.

Dieses „Kreuz mit den Engeln" gehört mit der goldenen Altartafel zu den Werken des Schatzes, deren Verlust für Basel am tiefsten zu beklagen ist. Es dürfte nicht, wie bisher angenommen wurde, schon um 1325 angefertigt worden sein, sondern erst um 1350. Mit den beiden Monstranzen, der Kaiserpaar-Monstranz und der Apostel-Monstranz, bildet es, allein schon seiner Schmelzbilder wegen, eine Gruppe. Und die früheste Arbeit, die Turmmonstranz, wurde erst nach 1347 geschaffen[2]).

Das Kreuz fiel mit Los 1 Baselland zu und wurde 1836 in Liestal von Antiquar Arnold für Fr. 1800.— ersteigert und der Kunstkammer in Berlin für Mark 2,720.— verkauft.

Nr. 18. Kleines Fahnenkreuz.

Gegenstück zu Nr. 65.

Basel. Historisches Museum, seit 1922.
Abb. 117 bis 119.

Um 1350. Basel. Silber, Vierung und Kreuzenden vergoldet mit Tiefschnittschmelz. H. ohne den unteren Ansatz 27 cm, Br. 24 cm. — Inv. 1477. 28, 1511. 40, 1525. 39 und 40, 1827. 18.

Auf der Vorderseite: In der Vierung das Haupt Christi mit kreuzbelegtem Nimbus, die Zeichnung schwarz nielliert. In den kielbogenförmig ausgeschwungenen Vierpässen die sitzenden Gestalten der Evangelisten. Auf

---

[1]) Welches Heiltum die Engel trugen, wissen wir nicht. Es war naheliegend, zu vermuten, dass ihre Bergkristallzylinder die beiden syrischen Glasampullen (Abb. 2, S. 5) mit dem von Bischof Ortlieb 1149 aus Beyruth heimgebrachten „mirakulösen Blut" bargen. Die Reliquienbehälter (6,3 cm und 5,7 cm zu 1,45 cm) sind jedoch etwas zu klein für die Ampullen (6,7 cm und 5,9 cm zu 2,1 cm). Die Massangaben entstammen gütigen Mitteilungen der Herren P. Willibald Beerli O.S.B., Abt des Klosters Mariastein, und Dr. Erich Meyer am Schlossmuseum in Berlin.

[2]) Vergrössern wir die vollrund getriebenen Statuetten, so erscheinen sie in ihren Proportionen Bildwerken zeitlich nahestehend, wie etwa denen des hl. Grabes in Freiburg i. B. Vgl. die Falten der Rückansicht eines der Freiburger Engel (Abb. 103 in dem schönen Werk von H. Beenken, Bildhauer des 14. Jahrhunderts am Rhein und in Schwaben, Leipzig 1927. Beenken datiert das hl. Grab 1320 bis 1340. — Vergleichen wir z. B. die Wiedergabe des Blattwerks an den drei Stücken, so wäre, gemessen an ihrer sich steigernden Vollendung, die zeitliche Folge: Nr. 15, Nr. 17, Nr. 16.

Abb. 117. Fahnenkreuz. — Höhe 24 cm. Nr. 18.

Abb. 118. Rückseite des Fahnenkreuzes. — Höhe 24 cm. No. 18.

Abb. 119. Kolorierte Federzeichnung des verschollenen Kreuzes Nr. 65.
Historisches Museum Basel.

der Rückseite: Über der Vierung eine abnehmbare Kristallscheibe als Deckel eines Reliquienbehälters, in den Vierpässen Köpfe von Propheten. Alle Schmelzbildchen mit rot niellierter Einfassung. Die Zeichnung der ausgesparten Köpfe und Hände mit blauem, schwärzlich wirkendem Schmelz gefüllt. Der mit kleinen Fächern etwa wie bei Eisblumen gravierte Grund[1]) aus blauem, die Gewandung der Evangelisten und Propheten aus rotviolettem, nur auf der Rückseite einmal aus grünem transluzidem Schmelz.

Das Kreuz ist eines der in den Inventaren zuerst angeführten „zwey kleinen barillen crützlin", die „uf die kleinen fenlin" gehören[2]). Mit „barillen" ist die Kristallscheibe angedeutet, die Brille, durch die man die Reliquie in der Kapsel sieht. So bezahlte z. B. Bischof J. v. Venningen 1477 seinem Goldschmied Jost Spalt 12 Schillinge „für daz er ein riegel und ein slosslin gemacht an die brillen, da heiltum inne ist"[3]).

Die beiden Fahnenkreuze waren den Inventaren zufolge die einzigen hochgotischen und mit Silberschmelz verzierten des Schatzes. Sie wurden

[1]) Wie auf den Medaillons des Kindermords und der Flucht nach Ägypten an der Giebelmonstranz (Abb. 105 und 107).

[2]) Im Inv. 1477. 28 ist nur das eine angeführt; im Inv. 1478 beide: „zwey kleine barillen crützlin" usw. — Über Reparaturen an einem der beiden vgl. M.F. I 1471/72, S. 42, Inv. 1511. 40; an beiden etwa: M.F. I 1486/87, S. 51, „die kleinen crützlin uff die kleinen venli zu reformieren IIII s."

[3]) Jos. Stöcklin, Johann VI. v. Venningen, Solothurn 1902, S. 178.

Abb. 120. Goldene König David-Figur. Nr. 19.
Höhe 17,8 cm.

auf silbernen Stäben getragen[1]). Und da in gotischen Zeiten im Grossen und Kleinen ein feines Gefühl für den harmonischen Zusammenklang einer Erscheinung herrschte, so war es selbstverständlich, dass nicht Erwachsene, sondern Knaben diese zierlichen Kreuze trugen. Im Münster-Zeremonienbuch finden wir verschiedene Angaben darüber. Gemäss der Rangordnung, die bei Prozessionen einzuhalten war, schritt der Dormentarius mit seinem Zeremonienstab voran, und ihm folgten zwei Chorknaben in Alba und Barett mit diesen kleinen Fahnenkreuzen. Es war ein feiner Auftakt zu der nun folgenden, sich immer steigernden kirchlichen Pracht. Dank der zarten Eleganz der Kreuzformen und den wie Edelsteine leuchtenden Schmelzbildchen gewiss ein Anblick, der das Auge fesseln und entzücken musste.

Von dem verschollenen Gegenstück Nr. 65 (S. 333) besitzt das Historische Museum zu Basel eine kolorierte Federzeichnung (Abb. 119). Sie ermöglichte mir die Auffindung des Kreuzes in der Sammlung Roman Abt in Luzern[2]). Der Besitzer hatte das Kreuz aus der Sammlung Pannwitz als italienische Arbeit des 15. Jahrhunderts erworben. 1922 durfte ich es als Ankauf für Fr. 6000.— dem Historischen Museum zu Basel einverleiben.

Nr. 19. Goldene König David-Figur.

Basel, Historisches Museum.
Abb. 120 bis 122.

Zweites Drittel des 14. Jahrhunderts. Wien ? David und Madonna aus Gold. Der Unterbau, zugleich Reliquienbehälter, silbervergoldet mit Tiefschnittschmelz. H. 17,8 cm; H. mit dem Holzfuss des 15. Jahrhunderts 21,8 cm; Dm. 13 cm. Inv. 1477. 18, 1511. 31, 1525. 30, 1827. 36.

Aus einem sechseckigen, doppelgeschossigen, zentralbauartigen Sockel ragt die goldgetriebene Gestalt des Königs David in halber Figur empor. Als Antlitz ist — und dies dürfte bei einer Heiligenfigur einzig dastehen — eine antike Sardonyx-Kamee mit edelgebildeter Medusenmaske[3]) verwendet. Auf der hochgezogenen Kapuze, der Gugel, sitzt eine im 15. Jahr-

[1]) Vgl. Inv. 1525. 43.

[2]) Vgl. R.F.B. 1922, S. 36, mit Herkunftsnachweis, Taf. u. 3 Abb. Die kleinen Fahnen werden etwa ausgesehen haben wie die auf dem gewirkten Basler Wandbehang aus Kloster Klingenthal. Vgl. R.F. Burckhardt, Gewirkte Bildteppiche im Historischen Museum zu Basel, Leipzig 1923, Farbentafel 15.

[3]) Milchweisse Bildschicht auf schwärzlichem Grund, mit Flügeln zu beiden Seiten der Stirnlocke, ohne Schlangen. H. 3 cm. Ähnlicher Medusencameo, auch in leichter Dreiviertelansicht, doch von edlerer Form, weit weicherem Schnitt — vgl. vor allem Mund und Augen — in Berlin, abg. bei A. Furtwängler, Antike Gemmen, 1900, Taf. LII, Nr. 4, bezeichnet als „elegante Arbeit augusteischer Zeit von höchster Vollendung". Auch an dem berühmten Dreikönigenschrein aus der Zeit um 1200 im Schatz des Kölner Domes, auf der vorderen Schmalseite, ist über den Drei Königen eine geflügelte Medusen-Kamee angebracht. Vgl. Abb. in: Die Monographie des Dreikönigenschreines von J. Braun, Kunstwissenschaftliches Jahrbuch der Görresgesellschaft, Augsburg 1928, Taf. XI. — Über eine Besprechung der beiden Basler Kameen von J. Burckhardt vgl. B. St. A., Protokoll d. antiquar. Gesellsch. vom 23. I. 1865 (güt. Mittlg. von Herrn Prof. E. Dürr).

Abb. 121. Goldene König David-Figur mit Holzsockel. — Höhe 21,8 cm. Nr. 19.

hundert gefertigte, silbervergoldete Astwerkkrone. In den Händen hält David ein silbervergoldetes Band mit der rot niellierten Majuskelinschrift:

✠ DAVID ❊ REX ❊ MANV ❊ FORTIS ❊ ASPECTV ❊ DESIDERABILIS ⁑ ECCE ❊ STIRPS ❊ MEA ❊ ET ❊ SAL' ❊ MV̄DI ❊ QVĀ ❊ DIVINIT' ⁑ ꝑPH[ET]AVI[1])

[1]) Die Worte der Inschrift durch Sterne getrennt, Partien des roten Niello ausgefallen.

Abb. 122. Die goldene Mutter-Gottes Nr. 19.
an der König David-Figur. — Doppelte nat. Grösse.

Über dem Spruchband, auf einem an der durchbrochenen Vierpassgalerie des Sockels befestigten antiken Sardonyx-Kamee[1]) mit dem „Löwen vom Geschlecht Judas, der Wurzel Davids" — nach Offenbarung V, 5 — steht ein zierliches Goldfigürchen der Maria mit dem Kind.

[1]) Der Löwe von kräftigem Schnitt, rötlich-braun, auf paraffinfarbigem Grund. H. 1,5 cm.

Am Sockel in den sechs Bogenfenstern — wie aus den schwarz niellierten Inschriften hervorgeht — die Propheten EZECHIEL, DANIEL, EZECHIAS, IEREMIAS, ISAIAS, ELIZEUS, Brustbilder mit eindringlichen Gebärden. Die Gewänder mit durchsichtig grünem, rotviolettem und blauem, der Grund mit undurchsichtig schwarzem Schmelz.

Die Statuette ist laut Eintrag im „Jahrzeitenbuch der Domkirche zu Basel" die Gabe eines Magister JOHANNES, des Arztes eines Herzogs von Österreich, der dem Münster 30 Schilling für eine jährliche Seelenmesse und das goldene Davidbild vermacht hat[1]).

Da die Gruppe wie ein St. Annenbild[2]) aussieht und allein die Inschrift bekundet, dass es sich um König David handelt, und da sie auch auf Christus deutet, so ist das Reliquiar als Ganzes gestiftet worden. Postament, Spruchband und Madonna sind nicht etwa erst auf Wunsch des Domkapitels hergestellt worden, um der Gestalt Davids zu einer eindrucksvolleren, beziehungsreicheren Wirkung auf dem ja der Maria geweihten Hochaltar zu verhelfen.

Weil der Donator Leibarzt eines österreichischen Herzogs war, so könnte die Goldschmiedearbeit, deren Schmelzbilder nicht wie bei den bestimmt in Basel gefertigten Arbeiten einen durchsichtigen Grund, sondern einen opaken zeigen, aus Wien stammen[3]). Sie dürfte in der gleichen Periode wie das Kapellenkreuz Nr. 17 entstanden sein, somit im zweiten Drittel des 14. Jahrhunderts. Die Hände z. B. sind ebenso schlank und gelenklos geformt. Wann der Stifter Magister Johannes starb und das Reliquiar in den Schatz kam, liess sich nicht feststellen. Einigen Angaben zufolge[4]) wurde der „Heiligentag David regis" erst zwischen 1420 und 1440 in den Basler Kalender aufgenommen und am 29. Dezember gefeiert. Dass dies mit dieser Gabe zusammenhängt, ist möglich, aber nicht nachzuweisen.

Vom geschnitzten, vergoldeten „hültzin füsslin" dagegen wissen wir, dass es in Basel, zwischen 1477 und 1511, zur Schaustellung des Davidreliquiars auf dem Hochaltar vom Tischmacher am Münster gefertigt wurde[5]).

Das Reliquiar fiel 1834 mit Los 3 Basel zu.

[1]) B. St. A. Domstift A, Jahrzeitenbuch der Domkirche zu Basel, 14. und 15. Jahrhundert; 1845 angefertigte Abschrift der zwei Originale in Karlsruhe, General-Landesarchiv: „VIII kal sept. [= 25. August] „magister Johannes phisicus ducis Austriae obiit. In cuius anniversario dantur triginta s [= solidi] d [enariorum]. Quos dat subcustos ecclesiae basil. de camera ejusdem ecclesiae cui legata fuit pro celebratione dicti anniversarii imago aurea Davidis prophetae".

[2]) Vgl. Inv. 1525. 30.

[3]) Über Beziehungen zwischen Basel und Wien vgl. O. v. Falke, in G. Lehnert, Illustrierte Geschichte des Kunstgewerbes, Berlin, o. J. Bd. I, S. 322. Der Verfasser hält es für wahrscheinlich, „dass in Basel oder Konstanz die Quelle der frühgotischen Schmelzkunst Wiens zu suchen ist". Nicht belanglos ist in diesem Zusammenhang die Tatsache, dass sich von den in Basel ausgebildeten Goldschmieden 1370 ein „Peter von Basel" in Wien eingebürgert hat (vgl. R.W. 2, I, S. 465). — Die schlecht erhaltenen, später an einigen Stellen wohl retouchierten Prophetenbildchen unterscheiden sich von den Emailblättchen der sicher in Basel gefertigten Arbeiten (Nr. 15 bis 18) darin, dass, neben einer rot niellierten Einfassung wie in Basel, am Davidreliquiar der zum Teil abgesprungene Hintergrund undurchsichtig schwarz, nicht wie bei den Basler Arbeiten durchsichtig blau emailliert ist. Deshalb ist der Grund auch nur derb gerauht und zeigt eine Vorstufe zu der mit all ihren Ausdrucksmitteln arbeitenden Silberschmelzkunst.

[4]) Vgl. B.Chr. IV, 466, Zeile 15 und 27.

[5]) Zuerst im Inv. 1511. 31 angeführt.

Abb. 123. Vorderseite. Nr. 20.

Nr. 20. Brustkreuz.

Basel. Historisches Museum.
Abb. 123 und 124.

Zweite Hälfte des 14. Jahrhunderts. Silber, die mit Perlborten verzierten Ränder vergoldet. H. 9,5 cm. — Inv. 1827. 46. i.

Ein Lilienkreuz mit viereckigem Reliquienbehälter von einer eigenartig eindrucksvollen Form. Auf der Vorderseite eingraviert Christus am Kreuz zwischen Maria und Johannes, auf den senkrechten Kreuzenden je eine

Abb. 124. Rückseite des Brustkreuzes. Nr. 20.

gekrönte Heilige. Auf der Rückseite ein gekrönter thronender Heiliger mit Streitaxt, wahrscheinlich König Olaf, der Heilige[1]).

Wohl das im Inv. 1525. 6 verzeichnete, am Kaiser Heinrichs-Kreuz Nr. 2 „an eyner sylbern kettenen hangendt crutz".

Dieses Pectorale fiel 1834 mit Los 3 Basel zu.

[1]) Nach Darstellungen dieses Heiligen in Skandinavien. — Zu vergleichen etwa die eingravierte, auch thronende Königsgestalt in einer Silberschale des 14. Jahrhunderts im Silberfund von Dune in Gotland (Vitrine 86 der mittelalterlichen Sammlung im Nationalmuseum zu Stockholm). Hier ist der Reichsapfel in der Linken des Königs deutlich wiedergegeben. — Über die schwedische Heilige Birgitta vgl. S. 267, Anm. 1. — Auf ihren Pilgerfahrten nach Jerusalem werden viele Skandinavier Basel berührt haben. Darauf dürften diese Erinnerungen an die Heiligen Olaf und Birgitta im Schatz beruhen.

Nr. 21. Ein Paar Messekännchen.

London, Victoria und Albert Museum.
Abb. 125 bis 127.

14. Jahrhundert. Basel ? Silber, teilvergoldet. H. 14,4 cm. — Inv. 1511. 98, 1525. 150, 1827. 41.

Zwei Enghalsdeckelkännchen für Wein und Wasser mit den erhaben getriebenen, vergoldeten gotischen Majuskeln V und A auf den Deckeln. Der schönen Buchstabenform und der zarten, vergoldeten Perlfriese wegen sind sie wohl noch im 14. Jahrhundert angefertigt worden[1]).

Laut dem im Boden eingeritzten Namen[2]) kamen sie als Geschenk des Basler Domherrn Dr. ARNOLD ZEM LUFT in den Schatz, zugleich mit dem Deckelbecher Nr. 61. Der Donator war seit 1474 Domherr und starb 1516.

Die „zwei silberin Messkänthlin" fielen mit Los 2 Baselland zu und wurden 1836 in Liestal von einem Basler Goldschmied ersteigert. Sie waren bis 1861 in der Sammlung Soltykoff, gelangten 1865 ohne Herkunftsangabe für ca. Fr. 600.— nach London und konnten dort 1913 anhand einer Federzeichnung im Historischen Museum zu Basel (Abb. 125) festgestellt werden.

[1]) Vgl. V. Gay, Glossaire archéologique, 1828, I, p. 289. Ähnliches Messkännchen in der Stiftskirche zu Maubeuge auch als 14. Jahrhundert bezeichnet.

[2]) In dem einen eingerissen: „DOCTOR ARNALDVS", im andern: „AR. zê. LVFT".

Abb. 125. Federzeichnung zweier Messkännchen
im Historischen Museum Basel.

Abb. 126. Ein Paar silberne Messkännchen. Nr. 21.

Höhe 14,4 cm.

Abb. 127. Ein Paar silberne Messkännchen. Nr. 21.

Höhe 14,4 cm.

Abb. 128. Drei Henkelkannen aus Zinn. — Höhe 27 cm. Nr. 22.

Nr. 22. Zinngefässe für das hl. Öl.

Basel. Historisches Museum.
Abb. 128 bis 132.

14. Jahrhundert. Basel. Zinn. H. des Deckelgefässes 28 cm, Dm. 16,2 cm; H. der drei Kannen 27 cm, Dm. 13 cm. — Inv. 1477. 58—60, 1511. 51—53, 1525. 51—53.

Von den in den Inventaren aufgezählten Zinngefässen für das jährlich am Grünen Donnerstag von dem Basler Bischof für den Bedarf des ganzen Bistums geweihte Öl: den „drig grosz zynnen amppellen", die in „grün glasierten erden kachlen standen", und den „drig grosz zolckel kannen" sind von den ersteren nur eines und der Deckel eines zweiten, von den Kannen alle drei erhalten geblieben.

Das walzenförmige Deckelgefäss[1]) mit zwei Handhaben (Abb. 129, S. 176) diente als Behälter für das Tauföl. Es trägt auf der Wandung die eingravierte gotische Majuskelinschrift ✠O✠PVERORVM✠, auf dem Deckel: ✠O✠P✠. Auf dem erhabenen Schild des Deckelknopfes ist als bischöfliche Hausmarke der Bischofsstab — aus dem später das Wappen von Basel, der Baselstab, wurde — eingerissen.

Von dem gleichgeformten Gefäss für Krankenöl, dem „oleum infirmorum" ist nur der Deckel mit eingraviertem ✠I✠O✠ erhalten (Abb. 130, S. 177, Dm. 15,8 cm, H. 5 cm).

Von den *drei Henkelkannen* mit langem Ausguss (Abb. 128 und 131) diente die mit eingraviertem ✠S✠O✠PVERORVM✠ für das geweihte Tauföl,

[1]) M. Heyne, Kunst im Hause, Basel 1880, Bd. II, S. 12, bemerkt, dass sich diese Büchsenform in den Latwergengefässen noch Jahrhunderte lang erhalten habe.

Abb. 129. Deckelgefäss aus Zinn. Nr. 22.
Höhe 28 cm.

die mit ✠ S ✠ OLEVM ✠ INFIRMOR ✠ für das Krankenöl, die mit ✠ S ✠ CRISMA ✠ als Balsambehälter für verschiedene Anlässe. An ihnen ist eine bis jetzt nicht deutbare Marke in Form eines gotischen Minuskels „h“ eingeschlagen[1]).

Ihr innerer Gefässboden ist mit einem schönen, erhabenen Adlermedaillon geziert (Abb. 132, Dm. 4,5 cm). Meine Vermutung, es könnte das Familienwappen des Basler Bischofs Jean de Vienne (1366—1382) wiedergeben,

[1]) In M.F. I, 1445/46, S. 18, ist die „Ausgabe von 2 Denar“ eingetragen „umb ein stempel, das zinnen geschirr zu zeichnen“. Es kann sich aber nicht auf diese Zinnkannen beziehen, da sie nach Form und Schrift aus dem 14. Jahrhundert stammen. Es sind im Inv. 1478 noch zwei „zynnen fleschen“ angeführt, vielleicht die beiden Zinnkannen, die Domprobst Konrad Münch von Landskron 1399 schenkte (vgl. B. St. A. Bauakten J. J. 3, bei 1834). Über ähnliche Zinnkannen des 14. Jahrhunderts vgl. C. Frei in Beilage zum Jahresbericht des schweizerischen Landesmuseums 1930, S. 50. — John A. Brown, Das Zinngiesserhandwerk der Schweiz, 1930, S. 29 ff.

von dem im Münster noch Wappenscheiben erhalten sind[1]) — der eingravierte Bischofsstab als Hausmarke fehlt bei diesen Kannen — dürfte wenig Glauben finden. Die schöne Bodenverstärkung kann ja auch den Reichsadler darstellen oder überhaupt nur zum Schmuck, wie später oft eine Rose, angebracht worden sein.

In der Schilderung der jährlichen feierlichen Weihung des Öls im Münster-Zeremonienbuch des Basler Bistums sind auch diese, damals in der Sakristei aufbewahrten Zinngefässe erwähnt[2]).

Sie wurden 1834 von der Verlosung ausgeschlossen und 1862 von der Basler Regierung der Mittelalterlichen Sammlung überwiesen. Der einzelne Deckel (Abb. 130) kam 1873 als Geschenk von Herrn S. Merian-Bischoff in das Historische Museum zu Basel.

[1]) Abb. in W. R. Staehelin, Basel, 1911, S. 25.

[2]) Über die Ölweihe vgl. Cer. S. 13 ff. und Albert Burckhardt, Basler Jahrbuch 1887, S. 41. — R.W. 2, II, S. 669. — P. J. Hartzheim in Concilia Germaniae, Köln 1765: „Concilium Basileense" 1503, p. 5.

Abb. 130. Deckel des verlorenen Zinngefässes für Krankenöl. Nr. 22.

Abb. 131. Henkelkanne aus Zinn. — Höhe 27 cm. Nr. 22.

Abb. 132. Nr. 22. Adlermedaillon im Kannenboden. Dm. 4,5 cm.

Nr. 23. Armreliquiar des hl. Valentin[1]).

New-York, Metropolitan Museum.
Abb. 133 bis 139.

Letztes Viertel des 14. Jahrhunderts. Wohl Basel. Silber mit Tiefschnittschmelz, teilvergoldet. H. 55,6 cm, Br. 19 cm. — Inv. 1477. 10, 1525. 27, 1827. 28.

Das Armreliquiar wurde gewiss als Gegenstück zum Walpertbrachiale Nr. 6 und deshalb in Basel geschaffen. Der Goldschmied lässt den zu einem Wulst aufgerollten Oberärmel wie bei diesem quer ansteigen und die Hand sich auch segnend emporrichten — nicht betend, mit ausgestreckten Fingern, wie dies häufiger vorkommt[2]). An Stelle der romanischen, rhythmisch gegliederten Filigransäume gibt er als Hauptschmuck eine ringsumlaufende, erhaben getriebene, vergoldete Blattranke in blauem durchsichtigem Emailgrund. Da es seit dem 14. Jahrhundert beliebt ist, Heiltum sichtbar auszustellen, so bringt er dafür[3]) eine Rundbogennische mit vergoldeter Fallgatterverzierung an.

Dank der hohen Nischenform und dem schönen Fries aus gleichschenkligen Dreiecken mit durchbrochenen Dreipässen am stufenförmig getriebenen Rechteckfuss ist dem Brachiale etwas Leichtes, Elegantes eigen. In monumentaler Form ziert dieses originelle Masswerk auch die Brüstung des 1381 erbauten Lettners im Basler Münster (Abb. 21, S. 51)[4]). Hier hat sich der Basler Goldschmied die sonst nur selten vorkommende Zierform[5]) gewiss eingeprägt. Und diese Beziehung spricht ebenfalls dafür, dass wir es mit einer Basler Arbeit zu tun haben. Auch Konrad Witz muss die Musterung als besonders reizvoll ins Auge gefallen sein, denn auf seinem kleinen Bild zu Neapel mit dem Blick auf Lettner und Chor des Basler Münsters gibt er die kräftig hervortretende Dreieckteilung der Brüstung genau wieder, vom Raum jedoch nur den Eindruck (Abb. 137, S. 184)[6]).

---

[1]) Über die verschiedenen Heiligen dieses Namens vgl. K. Künstle, Iconographie der christlichen Kunst, Freiburg 1926, 1928. Sein Festtag wurde in Basel am 14. Februar gefeiert.

[2]) Z. B. sind im Welfenschatz von elf Brachialen nur zwei im Segensgestus erhoben. So auch betend beim hochgotischen Armreliquiar der hl. Verena in Zurzach. Abb. in J. Stammler, Die Pflege der Kunst im Kt. Aargau, Aarau 1903, Taf. 64 (mit Kamm).

[3]) Roth, Nr. 48, 49 „de brachio S. Valentini episc.“ B. Chr. VII, S. 234, Z. 16.

[4]) Der Lettner wurde 1850 an den Westeingang versetzt und dient als Orgeltribüne.

[5]) Vgl. K. Stehlin, Münsterbuch, Basel 1895, S. 157 und Anm. 2. „Die Galeriebrüstung gehört unstreitig zu den besten Stücken dieser Art, die wir am Münster besitzen“. „Das Muster ihres Masswerks erinnert an die Brüstungen am Fusse des Helmes des Münsterthurmes zu Freiburg i. B.“

[6]) Abg. in Basl. Festschrift, 1901, Bl. 32. Bei Witz wie beim Armreliquiar sind als Füllung der Masswerkdreiecke spitz zulaufende Dreipässe gegeben; so wirkt auch das Brüstungsmuster aus einiger Entfernung gesehen. Erst in der Nähe erkennt man, dass die Füllungen aus runden Dreipässen mit Rosetten bestehen. Im übrigen gibt Witz nur ein Erinnerungsbild des Münsterschiffs wieder, den Lettner z. B. mit drei, statt mit vier Arkaden.

Abb. 133.
No. 23.
St. Valentin-Arm.

Abb. 134.
No. 23.
Höhe 55,6 cm.

Abb. 135. St. Valentin-Arm. No. 23.

Abb. 136. Höhe 55,6 cm. No. 23.

Abb. 137. Lettner und Chor des Münsters zu Basel.
Ausschnitt aus dem Konrad Witz zugeschriebenen Gemälde mit der hl. Familie im Museum zu Neapel.

Der „S. Veltinsarm" dürfte im letzten Viertel des 14. Jahrhunderts entstanden sein.

Er fiel mit Los 3 Basel zu, wurde jedoch 1837 von der Regierung mit Rose Nr. 13 und Teklabüste Nr. 11 der Akademischen Gesellschaft gegen die Hüglin-Monstranz Nr. 42 überlassen und von ihr 1838 für Fr. 547.—

versteigert[1]). Anhand einer Federzeichnung im Historischen Museum zu Basel (Abb. 138) fand ich den Arm im Auktionskatalog der Sammlung Spitzer. Er war 1893 für Fr. 3,780.— versteigert worden. Weitere Nachforschungen — bei denen ich mich der Hilfe von Herrn H. W. Harding in London erfreute — ergaben, dass sich der Arm, dessen Nische von Spitzer mit einer silbernen Bischofsstatuette bereichert worden war[2]), jetzt in New-York, im Metropolitan Museum, in der von Pierpont Morgan gestifteten Sammlung befindet.

[1]) Vgl. bei Nr. 11 und 13, S. 98 und 111.

[2]) Abb. mit Bischofsstatuette im Auktionskatalog der Sammlung Spitzer 1893, Taf. V, Nr. 331. — Im Text von L. Palustre Nr. 331 als „französische Arbeit des 15. Jahrhunderts; am Ring des vierten Fingers ein blauer Cabochon". — Die Photographien erhielt ich als Geschenk der Museumsleitung in New-York für die Herkunftsbestimmung.

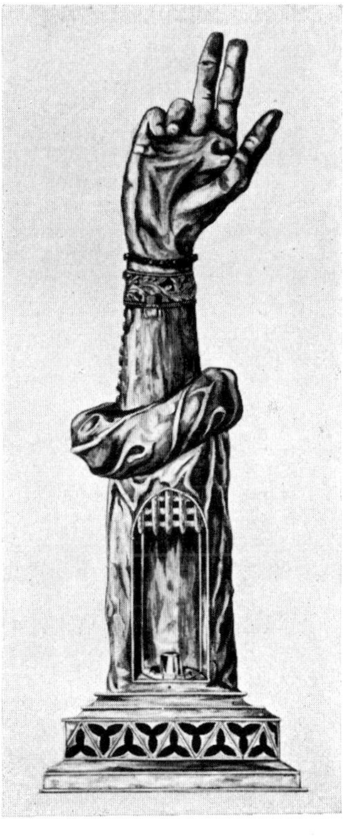

Abb. 138. Kolorierte Federzeichnung.
Historisches Museum Basel.

Nr. 24. Statuette Johannes des Täufers.

Leningrad, Eremitage.
Abb. 139 bis 141.

Letztes Viertel des 14. Jahrhunderts. Basel. Silber, teilvergoldet. H. (nach Darcel) 55 cm. — Inv. 1477. 30, 1511. 27, 1525. 25, 1827. 29.

Auf einem altertümlich gebildeten Architektursockel in Gestalt eines aus Steinen gefügten Hauses mit Rundbogenfenstern und Vierpassluken steht der Täufer in kamelhärenem Rock, das Haupt bärtig, haarumwallt, von einem Heiligenschein mit vergoldeten Strahlen wirkungsvoll überhöht. Umriss und Gefält des vorn hochgezogenen Überwurfs führen den Blick nach der rechten Hand, die auf das Lamm deutet, das sich silbern vom vergoldeten Bucheinband abhebt. Trotz der, besonders im Gefält des Überwurfs, eher unbeholfen als bewusst herb wirkenden Treibarbeit ist der kräftig fussenden Gestalt eine gewisse Kühnheit, dem Antlitz der Ausdruck heiligen Feuers eigen.

Die Statuette zeigt in der geschlossenen Silhouette, im Schnitt des hart wagrecht endenden Rocks, den gelenklos gebildeten Händen noch den Stil des 14. Jahrhunderts. Das dem letzten Viertel des 14. Jahrhunderts zugewiesene Täuferbild eines Reliquiars im Aachener Domschatz[1]) weist dieselben Merkmale auf. Das Haupthaar der Basler Arbeit ist jedoch mit Absicht verwilderter gegeben als bei der Statuette zu Aachen. Auch das Breite, Gedrungene der Gestalt spricht für eine Entstehung der Figur erst gegen Ende des 14. Jahrhunderts[2]).

Laut Inv. 1477. 30 wurde die Statuette gefertigt, während Kaplan Konrad Zyfner der Münsterbauhütte als Verwalter vorstand. Leider liessen sich seine Lebensdaten nicht feststellen[3]).

Die Statuette fiel mit Los 2 Baselland zu und wurde 1836 in Liestal für Fr. 425.— versteigert. 1908 gelang es, sie anhand einer Federzeichnung im

---

[1]) St. Beissel, Kunstschätze des Aachener Kaiserdomes, München-Gladbach 1904, Taf. 26, H. 93,5 cm, „noch vor 1400".

[2]) Vgl. auch das um 1416 in die Karthause gestiftete Glasgemälde mit Johannes Ev. Nackte Füsse, wagrechter Gewandabschluss, ähnlich weisende Hand, Buch und Heiligenschein. Jetzt im Historischen Museum zu Basel, abg. in R. F. B. 1915. Farbige Tafel I. — Als Goldschmied am Münster ist damals im Münsterfabrik-Büchlein ein im S. K. Lex. nicht angeführter Berschinus oder Berschmann erwähnt. Vgl. M. F. I 1399/1400, S. 80: „item XXXVI flor. berschino aurifabro"; 1405/06, S. 53: „item 1 tt pro pulsu... berschmann aurifabri."

[3]) In den Münsterfabrik-Büchlein, die erst von 1399 an erhalten sind, findet sich ein Konrad Zifner nicht. Dagegen begegnet uns der Familienname Zifner, Ziffener oder Ziffner, mit den Vornamen Hans und Heinrich oder mit dem Kennzeichen junior, in der ersten Hälfte des 15. Jahrhunderts öfters darin. Es dürften Verwandte des Konrad Zifner sein, die durch ihn als einen Magister fabricae mit der Münsterfabrik in engere Verbindung gelangt sind. Konrad Zifner war wohl 1399 tot, da er uns im Münsterfabrik-Büchlein nicht begegnet. Die Figur müsste in diesem Falle vor 1399 angefertigt worden sein. Stilistischen Gründen zufolge dürfte dies jedoch nur wenige Jahre früher erfolgt sein. — Über die Zifner vgl. u. a. M. F. I, 1421/22, S. 70, 78; 1422/23, S. 30, 32, 45, 47; 1443/44, S. 23, 35; 1444/45, S. 11. — Vgl. auch B. St. A., Basler Grundbuch, Haus am Heuberg 1441, in der Aeschenvorstadt 1456.

Abb. 139.
No. 24.
St. Johannes-Statuette.
Höhe 55 cm.

Abb. 140.
No. 24.
St. Johannes-Statuette.
Höhe 55 cm.

Historischen Museum zu Basel (Abb. 141) in der Eremitage, wohin sie 1884 mit der Sammlung Basilewsky gekommen war, festzustellen[1]).

[1]) Laut gütiger Mitteilung des jetzigen schweizerischen Gesandten in London, des Herrn C. R. Paravicini, 1911 in Petersburg, wurde die Statuette dort entgegen der Ansicht des feinen Kunstkenners A. Darcel (vgl. Darcel Nr. 171: ohne Herkunftsangabe, deutsch, 15. Jahrhundert) für eine rohe Fälschung gehalten und war mit anderen zweifelhaften Stücken magaziniert. Ein Versuch, sie damals auf diplomatischem Wege mit dem ebenfalls für falsch erachteten Christophorus Nr. 27 zum Silberwert zu erwerben, verlief ergebnislos. Für seine Bemühungen in dieser Angelegenheit sei Herrn Minister C. R. Paravicini auch hier nochmals bestens gedankt.

Abb. 141. Kolorierte Federzeichnung.

Historisches Museum Basel.

GOTISCHE ARBEITEN DES 15. JAHRHUNDERTS.

Nr. 25. Reliquienschrein.

Basel, Historisches Museum.
Abb. 142 und 143.

Erste Hälfte des 15. Jahrhunderts. Basel. Aus Holz, mit gestanztem Silberblech beschlagen, teilvergoldet, mit Medaillon aus Tiefschnittschmelz, im Innern blaues Papier mit Goldsternen. H. 35 cm, Br. 39 cm, T. 31 cm. — Zuerst angeführt im Inv. 1585. 45, 1827. 40.

Schrein in Hausform mit ausladenden Füssen; in den Ecken unter Tabernakeln vergoldete männliche Heilige. Darüber auf der Vorderseite vergoldete Engel, Edelsteine haltend. Gräte und First des abnehmbaren, auf den Schmalseiten abgewalmten Satteldaches mit vergoldeten Krabben besetzt. Auf dem, durch Silberstifte mit Vierblattblumen auf dem Holzkern befestigten Silberblechbelag in gestanzter Arbeit, in Viereckrahmen und in steter Wiederholung: die Häupter von Christus und Maria, das Lamm Gottes sowie ein Blatt- und Blumenzweig, dieser vielleicht als Hinweis auf Jesaja XI, 1: „Ein Reis vom Stamm Isaia"[1]). Auf der Doppeltür vier gestanzte, vergoldete Silberscheiben mit Kreuzigung, St. Katharina, Johannes dem Täufer und St. Jakobus. Darüber als Dachfrontschmuck ein Medaillon mit Madonna und Kind, von derber Zeichnung, die Vertiefungen mit durchsichtig schwärzlichblauem Schmelz gefüllt, in einem mit eingravierten Blattstengeln belebten, durchsichtig blauen Schmelzgrund. (Abb. 142).

Die Scheibe ist leider das letzte Beispiel einer figurierten *Tiefschnittschmelzarbeit* im Schatz. Diese, Edelmetall so zart veredelnde aber leider wenig widerstandsfähige Zierkunst wurde zwar in Basel vereinzelt noch weiter ausgeübt. So fanden sich z. B. in der Werkstatt des Goldschmieds OTTMANN BÖSLIN 1411 „VIII seckli mit smeltzglass" vor[2]). So wissen wir, dass z. B. 1415 ein Becher, der vom Rat einer durchreisenden Königin verehrt werden sollte, mit „gesmelcz" verziert wurde, und dass noch 1474 der Basler

---

[1]) C. B. 1862, S. 18. — A. B. Nr. 3. — Da der Schrein erst im Inv. 1585 figuriert, so gehört er nicht zu den für gewöhnlich teils in der alten, teils in der neuen Sakristei aufbewahrten Hochaltarzierden. Er wird jedoch sonstwie im Münster verwendet worden sein. Vgl. auch C und D, S. 344—346.

[2]) Vgl. B. St. A. Gerichtsakten K. C. a. Beschreibebüchlein: 1411. Güt. Mitteilung von Herrn Dr. E. Major.

Goldschmied MATHIS VON ATENHUSEN für den silbervergoldeten Einband eines Evangelienbuchs mit „geemaillierten" Verzierungen vier Gulden erhielt[1]). Die Blüte der Basler Silberschmelzkunst aber war mit dem 14. Jahrhundert vorbei und die oberrheinische Farbenfreude fand auf anderen Gebieten der Werkkunst, so vor allem in Glasgemälden und Heidnischwirkereien ein reiches Spielfeld für ihre Schöpferlust.

Das „Heiligenhäuslein" fiel 1834 mit Los 3 Basel zu.

[1]) Vgl. R.F.B. 1922, S. 40.

Abb. 142. Medaillon mit Schmelzarbeit vom Dach des Reliquienschreins. Nr. 25.

Abb. 143. Reliquienschrein. Nr. 25.
Höhe 35 cm.

Nr. 26. Dorotheen- oder Offenburg-Monstranz.

Basel, Historisches Museum.
Abb. 144 bis 146.

Zweites Viertel des 15. Jahrhunderts. Basel. Silber, teilvergoldet. H. 55 cm, Dm. des Fusses 18,5 cm. — Inv. 1477. 15, 1511. 12, 1525. 11, 1827. 9.

Der achtblättrige Fuss mit acht von frei getriebenen Blättern gedeckten Spitzblättchen und mit durchbrochener Vierpasszarge. Der Schaft frei nach dem der hochgotischen Kaiserpaar-Monstranz Nr. 15 gebildet. Die Knaufpasten jedoch nicht rautenförmig, sondern fünfblättrig und mit durchsichtig grün, violett und blau emaillierten Blumen geziert und der Knauf selbst, wie der Fuss, mit frei getriebenem Blattwerk belegt.

Der Reliquienbehälter nicht mehr rund, wie bei der Giebel-Monstranz Nr. 16, sondern mandelförmig ausgezogen, von krausen Blättern wie von Flammen umlodert und von einer mit Blattwerk überwucherten Kreuzblume mit blau emailliertem Knopf bekrönt.

In diesem Spitzoval steht in Hochrelief getrieben die hl. Dorothea mit dem Jesuskind, einen mit Rosen besteckten Stirnreif auf dem wellig über die Schultern niedergleitenden Haar, in vergoldetem Rock, mit einem Überwurf, dessen querlaufende Bogenfalten und weiches Faltengehäng die ovale Gesamtform dekorativ beleben. Die Edelsteine über dem kreuzbelegten Nimbus und die Blumen im Körbchen des Jesuskindes deuten die Äpfel und Rosen an, die es Dorothea brachte, als sie, nach der Legende, auf ihrem Weg zum Martyrium Christus ihren Bräutigam nannte und von einem Spötter um Blumen und Früchte aus dem Garten ihres Freundes gebeten wurde.

Um die Kostbarkeit und farbige Wirkung der Monstranz zu erhöhen, sind rings um die Heilige abwechselnd blaue und weisse Glasflüsse und Steine aufgesetzt, darunter ein Karneol mit eingeschnittenem Steinbock und eine Sardonyxkamee mit Frauenkopf. Auf der Rückseite ist ein Türchen mit Kristallscheiben zum Einblick auf die Dorotheenreliquie und „anderes Heiltum"[1]) angebracht und darunter das rot und schwarz niellierte Wappen der Basler Familie Offenburg.

Es wäre reizvoll zu wissen, ob Henman Offenburg (1379—1459), der erste seines Geschlechts, der zu hohem Ansehen gestiegen ist, das Reliquiar geschenkt, ob er die Dorotheenreliquie aus Rom, wo er 1433 auf der Tiberbrücke den Ritterschlag empfing und das „andere Heiltum" etwa aus Jerusalem, wo er 1437 war, mitgebracht hat. Viel spricht dafür, denn schon 1418 hat er z. B. in die Karthause ein gemaltes Fenster gestiftet[2]), auch mit der

[1]) Roth, Nr. 26—28, und Inv. 1511. 12: „una cum eiusdem et aliis reliquiis"; Inv. 1525. 11.

[2]) R.F.B. 1915, S. 39, mit der Feststellung, dass der dargestellte Stifter Henman Offenburg ist; seine farbige Bildnistafel wiederholt in Andreas Heusler, Geschichte der Stadt Basel, Basel 1917.

Abb. 144.
No. 26.
Dorotheen-
Monstranz.
Höhe 55 cm.

Abb. 145. Von der Dorotheen-Monstranz. No. 26.

Abb. 146. Reliquienbehälter der Dorotheen-Monstranz. No. 26.

hl. Dorothea nebst seinem Bildnis. Aber beweisen lässt es sich nicht. Auch einer seiner Söhne könnte die Monstranz gegeben haben; so Franz (1405—1452) Domherr zu Basel, und Konstanz oder Peterman (1408—1474), der zwei seiner Töchter auf den Namen Dorothea taufen liess[1]).

Die Monstranz scheint mir erst im zweiten Viertel des 15. Jahrhunderts gefertigt zu sein, trotz der für diese Zeit etwas altertümlich wirkenden Dorotheengestalt. Dafür sprechen die emporzüngelnden Blätter des mandelförmigen Reliquienbehälters, vielleicht auch die Bewegung der Heiligen, die nicht in starrer Vorderansicht dasteht, sondern mit dem Kind an der Hand vorüberzuschreiten scheint, endlich die in Punktmanier gravierten langstengligen Blumen, mit denen der Grund, ähnlich wie etwa bei den Basler Heidnischwerkteppichen aus der Konzilszeit[2]) gefüllt ist. Trotz der derben Bildung der Köpfe ist diese Basler Goldschmiedearbeit bedeutsam durch die wohl für Basel neue, elegante ovale Form des Reliquienbehälters, die zur Barockzeit wieder aufgegriffen und auch für Hostienmonstranzen weiter ausgebaut wurde[3]).

Diese Mandorlamonstranz fiel 1834 mit Los 3 Basel zu.

Nr. 27. Silberstatuette des St. Christophorus.

Seit 1932 wieder in Basel, Historisches Museum.
Abb. 147 bis 155.

Zweites Viertel des 15. Jahrhunderts. Wohl Basel. Silbergetrieben, teilvergoldet. H. 44,2 cm, grösster Dm. des Sockels 14 cm. — Inv. 1477. 19, 1511. 28, 1525. 26, 1827. 26.

Auf einem Achtecksockel St. Christophorus in kniefreiem Rock, mit Schultermantel und Sendelbinde[4]), stiernackig (Abb. 153, S. 208), durch die kleine Gestalt des Christuskindes auf seiner Schulter als Riese wirkend, mit einem jungen Eichbaum als Stütze. Er hält, bis über die Knöchel im Wasser stehend, plötzlich im Schreiten inne und hebt das Haupt zu dem Kinde empor mit einem Blick, in dem das Begreifen seiner wunderbaren Lage liegt.

[1]) Wappenbuch der Stadt Basel: Stammtafel Offenburg von August Burckhardt. — Über Beiträge der Familie Offenburg ans Münster vgl. M.F. I etwa 1400/01, S. 31; 1444/45 S. 11 bis 13; 1448/49 S. 18.

[2]) R. F. Burckhardt, Gewirkte Bildteppiche im Historischen Museum zu Basel, Leipzig 1932, Farbentafel IV.

[3]) Die ovale Form findet sich vereinzelt schon an viel früheren Reliquiaren, so z. B. in St. Maurice im Wallis, an dem von Ludwig dem Heiligen 1261 gestifteten Heilig-Dornreliquiar; abg. in E. Aubert, Trésor de l'abbaye de St. Maurice d'Agaune, Paris 1872, Nr. XIX, S. 120 und 228. Über spätere ovale Basler Monstranzen vgl. R.F.B. 1909, S. 4, mit Taf.

[4]) Der silberne, tauartig gewundene „Umbinder" — ähnlich wie etwa später bei Meister E. S. (L. 302) und bei Martin Schongauer (B. 48) — ist auf das vergoldete Lockenhaar frei aufgelegt, am Hinterkopf verknüpft und durch zwei wie natürlich sich zurückrollende Locken gehalten. Unter den niedergleitenden Enden dieser Stirnbinde: der Reliquienbehälter, dessen Silbertürchen — vielleicht mit Glasscheibe zum Einblick wie bei Nr. 26 — fehlt. Über die Reliquie vgl. Roth, Nachtrag Nr. 1.

Abb. 147.
Nr. 27.
St. Christophorus.

Abb. 148.
Nr. 27.
Höhe 44,2 cm.

Abb. 149. No. 27.

Abb. 150. No. 27.

Abb. 151. No. 27.

Konrad Witz hat auf seinem ungefähr gleichzeitigen Christophorusgemälde in Basel das Wunder dadurch veranschaulicht, dass er den Baumstamm, auf den der Heilige sich stützt, unter dem Druck der unerwarteten Last einknicken und das Kind sich am Haarschopf seines Trägers festklam-

Abb. 152. No. 27.

mern lässt. Wie aber bei Witz die Bergzüge intuitiv mit der Silhouette der Gestalten und des Stammes parallel laufend gezogen sind und dadurch der Gruppe Festigkeit geben, so wird bei der Statuette durch die natürliche Führung des Blicks, wo immer er ansetzt, die volle plastische Kraft, die

Abb. 153. Nr. 27.
St. Christophorus
Einzelheiten:
Rechte Hand
und Eichstamm.

Rundung und Geschlossenheit des Bildwerks eindrucksvoll verstärkt. Fängt sich der Blick etwa in den Falten des Überwurfs, die fächerartig in die raffende Hand einlaufen, so steigt er am Ärmel empor zum kleinen Jesus, begegnet dem Eichenwipfel, der sich dem Kinde zuneigt, und gleitet den Baumstamm herab weiter bis dahin, wo zwischen Felsen das reissende Wasser zieht und wo die Gruppe nach unten von einem malerisch angepassten, deshalb unregelmässig gebildeten Architektursockel[1]) energisch zusammengefasst wird.

Wie dann etwa beim kleinen Jesus Gürtel und Schnalle, bei Christophorus das geschwellte Aderwerk der Hände (Abb. 153), Beutel und Paarmesser wiedergegeben sind — an einem seiner Beimesser ist „Ihesus“ auf der Scheide eingraviert (Abb. 154) — oder wie das Wasser als fliessende Masse charakterisiert, der Fels mit Kräutern und Blumen geziert ist: in all dem zeigt

[1]) Aus Sockel und Einzelheiten zu schliessen, scheint mir das Vorbild eher aus Wachs oder Ton modelliert als aus Holz geschnitzt gewesen zu sein, wie dies für die Silbermadonna in Berlin Dr. F. Kieslinger nachgewiesen hat. Vgl. Nr. F, S. 350, Anm. 2.

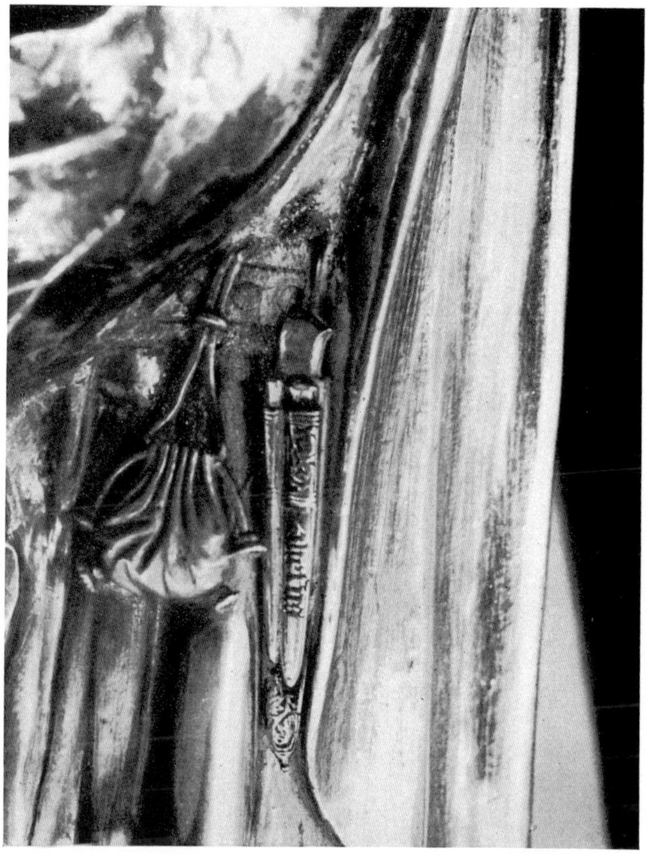

Abb. 154. Nr. 27.
St. Christophorus
Einzelheiten:
Beutel und
Paarmesser.

sich, wie in der gleichzeitigen Malerei, die neu erwachte Liebe für eine bis in alle Einzelheiten möglichst naturgetreue Wiedergabe. Doch all dies sind nur reizvolle Beigaben, die den Blick vom Hauptmotiv nie ablenken. Und auch die Vergoldung dient nur dazu. An Sockel und Gewand tritt sie sparsam auf. Christuskind und Heiligenhaupt jedoch umhüllt sie mit ihrem warmen Schein und lenkt so den Blick immer wieder auf die ehrwürdigen Züge des Heiligen, in denen sich das wunderbare Erlebnis offenbart, wie er über die plötzliche Schwere seiner Last erstaunt, doch schon den von ihr ausgehenden Segen in sich lebendig werden fühlt.

Laut Inv. 1477. 19 ist die Figur eine Gabe des Basler Domkaplans LUDWIG MOG. Seine Lebensdaten sind nicht bekannt, doch das im Inv. 1477 dem Stifternamen beigefügte „olim assisius"[1]) rückt das Datum der Stiftung um einige Jahrzehnte zurück. Das stimmt mit einer Einreihung der Statuette

[1]) Über „Ludwicus Mog", im Inv. 1511 „mang", im Inv. 1525 „mag" genannt, liess sich nichts weiteres auffinden. Der „assisius" ist einer der vier Häupter der Kaplanenschaft (vgl. R.W. 2, II, S. 662).

aus stilistischen Gründen ins zweite Viertel des 15. Jahrhunderts, gegen 1450, in die für Basel so bedeutsame Zeit des Konzils und der Tätigkeit von Konrad Witz.

Dem damaligen Glauben zufolge, dass man an dem Tag, an dem man ein Bild des Christophorus erblickte, nicht sterbe — ein Aberglaube, den ja Erasmus bespöttelt und Holbein d. J. entzückend illustriert hat[1]) — besass auch Basel bis zum Bildersturm viele Darstellungen dieses „Wehrers plötzlichen Todes". Von den plastischen Arbeiten aber ist die Statuette die einzig erhaltene, ein höchst erwünschter Ersatz für das beim Bildersturm 1529 zertrümmerte Steinbildwerk des Heiligen von 1427 auf dem Kornmarktbrunnen[2]). Da die Statuette die Gabe eines Basler Domherrn ist, so darf sie

[1]) Vgl. Holbeins Zeichnung in: Erasmus von Rotterdam, Das Lob der Torheit; ins Deutsche übertragen von Dr. Alfred Hartmann, Basel 1929, auf S. 67.

[2]) R.W. 2, I, S. 471. Über ein weiteres untergegangenes Christophorus-Bildwerk im Münster vgl. RW. 2, II, Anm. S. 150, Z. 29.

Abb. 155. Federzeichnung.
Historisches Museum Basel.

wohl als einheimische Arbeit gelten. Als Gegenstück zur Täuferstatuette Nr. 24 kam sie auf dem Hochaltar zur Ausstellung.

Sie fiel mit Los 2 Baselland zu und wurde 1836 in Liestal für Fr. 610.— versteigert. 1911 konnte ich sie in der Eremitage zu St. Petersburg, wohin sie 1884 mit der Sammlung Basilewsky gekommen war, nachweisen[1]). Auch sie wurde dort 1911, wie die Täuferstatuette Nr. 24, für eine Fälschung gehalten und war magaziniert[2]). Die Feststellung gelang mit Hilfe einer Federzeichnung im Besitz des Historischen Museums zu Basel (Abb. 155) und der Beschreibung im Katalog der Basilewsky-Sammlung Nr. 172, wo die Figur ohne Herkunftsangabe als deutsch, 15. Jahrhundert, figuriert. Ich bat damals um Angabe ihres Gewichts. Da dieses mit dem im Schatzinventar von 1827 vermerkten ungefähr stimmt, so durfte ich die Statuette, auch ohne sie gesehen zu haben, Herrn Antiquar Theodor Fischer 1932 zum Ankauf empfehlen. Zusammen mit Nr. 15 und 16 ist sie seit 1932 im Historischen Museum zu Basel[3]).

Nr. 28. Fussreliquiar.

Zürich, Landesmuseum.
Abb. 156 bis 166.

Datiert 1450. Arbeit des Basler Goldschmieds OSWALD UEBERLINGER. Silber, die Verzierungen vergoldet, die Sohle kupfervergoldet. Mit zwei Medaillons aus Pariser Goldzellenschmelz um 1300. H. 14,2 cm, L. 23,5 cm, Br. 9,5 cm. — Inv. 1477. 14, 1511. 30, 1525. 29, 1827. 30.

Der Goldschmied hat seine Aufgabe, eine Fussreliquie zu bergen, mit Geschmack gelöst, indem er einen massvoll naturalistisch gebildeten Fuss mit einer Festsandale bekleidete und so aus dem Ganzen ein farbenfrohes Schaustück bildete.

Unter den Zierden fallen zuerst die mit bunten Edelsteinen und Glasflüssen im Geschmack der Zeit überreich besetzten Borten in die Augen und eine vollrund getriebene, mit Perlen besetzte, blumenartige Rosette auf dem Spann (Abb. 159 und 160), oberhalb der runden „Brille“ für den Einblick aufs Heiltum. Dann aber fesselt zu beiden Seiten des Knöchels je eine mit Perlen und Goldfiligranspiralen umsäumte Schmelzscheibe von zarter Farbenschönheit den Blick (Abb. 161 und 162, S. 216).

Diese beiden *Medaillons aus Goldzellenschmelz* von 2 bis 2,3 cm Dm., auf die hier zum erstenmal das Augenmerk der Kunstfreunde gelenkt wird, sind ihres Farbenzaubers und ihrer Seltenheit wegen von höchster Kostbar-

[1]) Darcel 1874, Nr. 172, ohne Abb.

[2]) Über die Bemühungen unseres schweizerischen Gesandten in London, des Herrn C. R. Paravicini, damals in Leningrad, vgl. bei Nr. 24, S. 190, Anm. 1.

[3]) 1932 von Herrn Antiquar Theodor Fischer mit Nr. 15 und 16 aus Leningrad zurückgebracht und 1933 von der Gottfried Keller-Stiftung für Fr. 20000 angekauft und im Historischen Museum zu Basel deponiert. Vgl. auch Nr. 15, S. 132, Anm. 4, und Pantheon, 1933, S. 91, Anm. 1.

Abb. 156. Innocentes-Fuss. — Höhe 14,2 cm. Nr. 28.

Abb. 157. Linke Seitenansicht des Innocentes-Fusses. — Höhe 14,2 cm. Nr. 28.

Abb. 158. Perlmutterscheibe Nr. 28.
am oberen Abschluss des Innocentes-Fusses. — Dm. 50 mm.

Abb. 159 und 160. Rosette auf dem Spann des Innocentes-Fusses. Nr. 28.

keit. Sie dürfen als Arbeiten aus der Pariser Werkstatt des 1316 verstorbenen GUILLAUME JULIEN, eines am Hofe Philipp des Schönen (1285 bis 1314) hochgeschätzten Goldschmieds, bezeichnet werden[1]).

Die von byzantinischen Zellenschmelzarbeiten angeregten Scheibchen zeigen auf durchsichtigem, smaragdgrünem Grund goldene Metallstengel von elegantem gotischem Schwung mit undurchsichtigen weissen, hell ockergelben und ziegelroten Kleeblättchen, die von einer sechsblättrigen Herzblume ausgehen. Diese ist undurchsichtig rot wie auch der Grund der Einfassung mit zwölf opakweissen Blümchen (Abb. 161 und 162).

Abb. 161. No. 28. Abb. 162.
Medaillons aus Goldzellenschmelz
am Innocentes-Fuss. — Dm. 20 bis 23 mm.

Bekrönt wird der Fuss von einem Kranz stehender Lilien, der eine Perlmutterscheibe von 5 cm Dm. mit der kameenartig geschnittenen Darstellung Christi im Tempel (Abb. 156) umschliesst[2]).

Die übrige Sandalenfläche ist mit locker verteilten, vergoldeten Silberblümchen beschlagen, ähnlich wie sie etwa der breite Gewandsaum der hl. Margaretha auf dem Altarbild des Konrad Witz in Strassburg zeigt.

[1]) Zu den Medaillons: Herr Dr. E. Gerber am Schweizer. Landesmuseum in Zürich hatte die Freundlichkeit, das Material der Blattstiele und des Filigrans untersuchen zu lassen. Es ist aus purem Gold. Früher wurden derartige Zellenschmelzarbeiten allgemein für byzantinisch gehalten. Ein sehr bekannter Kenner dieser Kunstepoche erklärte mir noch 1931, dass er sie für „frühfatimidische Arbeiten um 1000 n. Chr." halte. Da aber die Führung der Blattstengel eine ausgesprochen gotische ist, so fühlte ich Zweifel und frug meinen verehrten Freund, Herrn J. J. Marquet de Vasselot in Paris um seine Ansicht. Ihm verdanke ich den Hinweis auf die Studie von C. Enlart, L'émaillerie cloisonnée à Paris sous Philippe le Bel, in den Monuments et mémoires, fondation Eugène Piot, Bd. 29 (1927/28). Hier sind alle diesbezüglichen Fragen über Herkunft, Ausführung usw. einwandfrei gelöst. Die beiden Scheiben aus Basel bilden eine wertvolle Ergänzung zu dieser Abhandlung. Sie sind nahe verwandt mit den dort abgebildeten, der Werkstatt des für den König und seinen Hof arbeitenden Goldschmieds Julien zugewiesenen Goldemails, den sogenannten „émaux de plique", des hl. Blutreliquiars in der Kirche zu Boulogne-sur-mer um 1307 (Taf. 1, Nr. 5) und des Altardeckenschmucks der Ste. Chapelle in Paris (jetzt im Cabinet des médailles, Bibliothèque nationale) wohl von 1297 (Taf. I, 1 und 2) u. a. m. — Vgl. auch Florenz, Bargello, Sammlung Carrand 627.30.

[2]) Vgl. die etwas späteren Basler Darstellungen dieser Szene im Anz. f. schweizer Altertumskunde, 1920, N. F. Bd. XXII, T. XII, Abb. 3.

Abb. 163. Rechte Seitenansicht des Innocentes-Fusses. — Länge 23,5 cm. Nr. 28.

Der Inschrift auf der Aussenseite des Sohlendeckels (Abb. 164 und 166) „Integer pes de innocentibus Sanctus columbanus dedit“ zufolge wurde das Fussreliquiar für die schon erwähnte Innocentes-Reliquie gefertigt, welche meiner Ansicht nach der hochgotischen Giebel-Monstranz Nr. 16[1]), die bis dahin dieses Heiltum barg, entnommen wurde.

Abb. 164.
Nr. 28.
Ansicht der Unterseite des Innocentes-Fusses.

Laut der Inschrift auf der Deckel-Innenseite (Abb. 165) „osvaldus fecit hoc opus de voluntate dei 1450 jar“ schuf ein Goldschmied Oswald 1450 den Fuss. Da unter den urkundlich bezeugten Goldschmieden des 15. Jahrhunderts in Basel nur einer diesen Vornamen führt und zwar OSWALD UEBERLINGER, der 1438 als Gatte der Tochter des Basler Goldschmieds HEINRICH EBERLER, dann wieder 1440 und 1445 erwähnt ist, so darf das

[1]) Über Reliquie und St. Columbanus vgl. S. 3 und Nr. 16, S. 143, Anm. 1. Roth, Nachtrag: „Pes Infantis ex numero S S. Innocentium.“

Abb. 165.
Nr. 28.
Inschrift der Innenseite
des Sohlendeckels.

Abb. 166.
Nr. 28.
Inschrift vom Sohlendeckel
des Innocentes-Fusses.

Reliquiar als dessen Arbeit bezeichnet werden[1]). Den Worten der Weiheinschrift „de voluntate dei" zufolge dürfte Oswald Ueberlinger auf eine göttliche Eingebung hin sein Werk ins Münster gestiftet haben. Die daran angebrachten kostbaren französischen Zellenschmelz-Medaillons werden wohl durch einen hochgestellten Konzilsbesucher nach Basel gelangt sein[2]).

Wie aus Inv. 1511. 30 hervorgeht, stand „der unschuldigen kindleinfuss", wenn er auf dem Hochaltar zur Schau gestellt wurde, auf einer nicht mehr erhaltenen, nicht vergoldeten, sondern — gewiss um die Goldverzierungen des Reliquiars besser zur Geltung zu bringen — versilberten Holzlade, einer „cistula lignea deargentata"[3]). Am Innocentesfest wurde das Reliquiar in einer Prozession durch das Münster getragen und wohl auf dem „unschuldigen kindlinaltar in der St. Gallencapell" ausgestellt[4]).

Diese einzig datierte und signierte Arbeit des Schatzes fiel mit Los 2 Baselland zu, wurde 1836 in Liestal von einem Basler Goldschmied für Fr. 562.— ersteigert und später von ihm dem englischen Sammler H. Magniac in Bedford „nach dreijähriger Kaufverhandlung", wie eine Notiz verrät[5]), verkauft. 1892 erwarb sie an der Versteigerung dieser Kunstsammlung[6]) Herr Dr. Heinrich Angst für das Schweizerische Landesmuseum in Zürich. Er hatte sich Basel als Kaufvermittler in London angeboten. Die Basler Regierung jedoch, abgeschreckt durch seine Mitteilung, dass der Steigerungspreis Fr. 25000.— erreichen könnte, machte von seinem Vorschlag keinen Gebrauch[7]). Angst erhielt das Reliquiar dann für nur ca. Fr. 13600.—[8]). Der Fuss ist heute in Zürich bezeichnet als erworben aus dem vom Basler Baumeister A. Merian „einem zu gründenden Landesmuseum" vermachten Kapital.

[1]) E. A. Stückelberg veröffentlichte den Fuss farbig in Mitt. d. ant. Ges. in Zürich, 1896, S. 94, dann in E. A. S. I, Taf. 24. Beidemal mit Dat. 1470 und als Arbeit eines Meisters Oswald. Darauf fussend steht deshalb bei R.W. 2, I, Anm. S. 77, Z. 21 vom Fussreliquiar: „Vielleicht gar nicht Basler Arbeit; in dieser Zeit ist kein Basler Goldschmied Oswald zu finden."
Doch dies sei hier nicht etwa als Vorwurf, sondern nur als Berichtigung mitgeteilt. Denn wir am Historischen Museum hatten nur in unserer Bibliothek im „Verzeichnis aller Basler Goldschmiede in chronologischer Reihenfolge", einer Handschrift, die wir den Forschungen der Herren Fechter verdanken, nachzusehen, um den Goldschmiednamen festzustellen. Im S. K. Lex. findet sich über O. Überlinger nur, dass er 1440 zu Hausgenossen zünftig wurde, sich mit einer „Adelheit" verheiratete und noch 1441 und 1446 erwähnt sei. — Im Wappenbuch der Stadt Basel im Stammbaum der Eberler von A. Burckhardt ist dagegen Ursula, Tochter des Goldschmieds Heinrich Eberler und der Agnes zem Rosen 1438 als Frau des Goldschmieds Oswald Ueberlinger angeführt.

[2]) Vielleicht als Handschuhzierden. Vgl. Musée du Louvre: Orfèvrerie, Paris 1914, Nr. 139. Deux plaques de gants du tombeau de Tanlay, évêque du Mans, † 1294.

[3]) Im Inv. 1477. 14 und 1525. 29 zwar als vergoldet angegeben, aber das ungewöhnliche „deargentata" im Inv. 1511 dürfte wohl die richtige Farbenangabe gewesen sein.

[4]) Über die Aufstellung vgl. Abb. 263. — Über den Innocentesaltar vgl. C. W. II, S. 432. — Das Fest am 29. Dezember.

[5]) H. Shaw, The decorative arts of the middle age, London 1851. Mit Farbentafel und dem Dat. 1471, mit Vermerk: „Magniac purchased it at Basle after 3 years of negotiation."

[6]) Auktionskatalog der Sammlung H. Magniac, bei Christie in London 1892, Nr. 794, mit Farbentafel und Datum 1470.

[7]) Basel, Historisches Museum, Archiv: B 3, S. 21, Protokoll vom 31. Mai 1892.

[8]) Brief von H. Angst an den Kunstsammler F. Engel-Gros in Ripaille vom 11. Juli 1892: „Je viens d'acheter le pied pour L. 680.—, ce qui n'est point donné, mais pas cher en proportion aux ventes de la semaine dernière."

Abb. 167. Ansicht, in das Gewölbe eingepasst. Nr. 29.

Nr. 29. Der Münsterschatz-Schrank.

Basel, Historisches Museum.
Abb. 167.

Zweites Viertel des 15. Jahrhunderts. Basel. Lindenholz. H. 3,56 m, Br. 2,68 m. — Inv. 1477, angeführt vor Nr. 3.

Der zweigeschossige Schrank war genau einer Wand im obern Gewölbe der romanischen Münstersakristei „mit den eisernen Thüren" angepasst. Das Rahmenwerk ist von einem durchbrochen geschnitzten Laubrankenfries mit Vögeln, Blumen, Trauben umgeben und oben von einem Zinnenkranz bekrönt. Die vier Flügel sind mit Füllungen aus geschnitztem Mass- und Stabwerk verziert, die sich abwechselnd von rotem und blauem Papier abheben[1]). Die Flügel laufen in verzinnten Eisenscharnieren, die nach oben und unten in Doppelranken auswachsen. Die meisten der Voluten gehen in lilienförmige Gebilde über, drei davon aber blühen in deutlichen Bischofsstäben aus[2]) und bezeichnen so die hohe Bestimmung des Schrankes. In ihm wurden die Hochaltarzierden aufbewahrt, mit Ausnahme der goldenen Altartafel Nr. 1 und der Hostienmonstranz Nr. 63, die im gleichen Raum jede ihren besonderen Verschlag hatte.

Den Münsterschatzschrank, das „grosse neue kensterlin", hat laut Inv. 1477 „Herr HANS HANFFSTENGEL selig vorziten dem buw unser lieben frowen geben". Der Stifter ist somit der 1452 verstorbene und im Münster begrabene Kaplan Johannes Hanffstengel[3]). Der Schrank wird im zweiten Viertel des 15. Jahrhunderts angefertigt worden sein.

Er wurde 1906 in der Schatzkammer des Historischen Museums zu Basel aufgestellt[4]).

Nr. 30. Der Rotberg-Kelch.

Basel, Historisches Museum.
Abb. 168 und 169.

Um 1455. Basel. Silbervergoldet. H. 21,6 cm, Dm. des Fusses 14,6 cm, Dm. der Kuppa 12,1 cm. — Inv. 1477. 48, 1511. 90, 1525. 136, 1827. 45.

Der Kelchfuss sechspassförmig mit breitem Horizontalrand. Sein Hochrand über dem durchbrochenen Vierpassfries gekehlt. Sein sechsseitiger, in energischem Schwung hoch hinaufgeführter Hals unten mit den Wappen des Basler Bistums (rot nielliert in Silber) und der oberrheinischen Familie von Rotberg (schwarz nielliert in Gold) belegt.

Der sechsseitige Schaft mit weit ausladendem Knauf von gedrückter Kugelform, daran kräftig herausgetriebene Rautenpasten und Spitzblätter.

---

[1]) 1906 nach den Überresten durch blau und rotes Sandpapier ergänzt.

[2]) Zuerst von E. A. Stückelberg bemerkt (E.A.S. I, Text zu Taf. 26).

[3]) B.St.A. Domstift U. a., Gräberbuch des Münsters, S. 104. Johannes Hanffstengel „qui sepulta est in capella sancti Nicolai ante altare trium regum in sede altaris". — B.St.A. Domstift A., Jahrzeitenbuch der Domkirche, 16. Okt. „anni domini MCCCCLII obiit Johannes Hanffstengel capell. h. ecc."

[4]) Da der Schrank mit seinen beiden Geschossen damals genau der Sakristeiwand angepasst wurde und nur in diesem Rahmen richtig wirkt, so ist er hier, verbunden mit einer photographischen Aufnahme des Gewölbes wiedergegeben. Über niedere, lange Sakristeischränke (einige restaurierte noch im Historischen Museum zu Basel) vgl. M.F. I 1474/75, S. 50. Hier ist von „langen Trögen" in der „antiqua sacristia" die Rede, wohl Arbeiten des Mathias Frischmut, dem damaligen „tischmacher sive schrinern" am Münster (vgl. auch unter Nr. 39, S. 266, Anm. 1).

Abb. 168. Der Rotberg-Kelch. — Höhe 21,6 cm. Nr. 30.

Den Übergang zu der im Gegensinn spitzbogenförmig profilierten Schale bildete ursprünglich der sogenannte Korb, ein Kranz frei aufgelegter, stehender Blätter, genau wie bei einem 1485 datierten *Kelch zu Egringen*[1]) bei Basel (Abb. 169). Die Schale selbst wirkt dank der aufschnellenden Kraft der Ständerkanten leicht wie ein Blumenkelch.

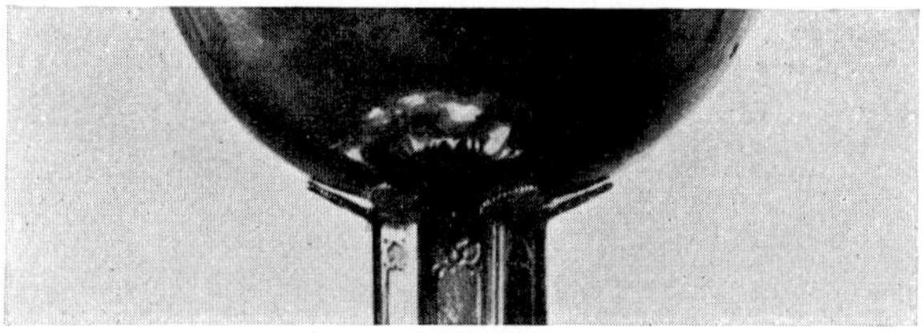

Abb. 169. „Korb" des Kelches zu Egringen in Baden.
1485 datiert.

Inv. 1477. 48 zufolge hat Bischof Arnold von Rotberg (1451—1458) diesen wohlproportionierten Kelch dem Münster vermacht.

Das von ihm gestiftete vollständige *Messornat* — „genempt gut rott Ratperg" — aus karmoisinrotem, mit goldenen Blumen durchwobenem Brokat, die Casuckel mit „ein kostlich gestickte glatte lysten" besetzt[2]), wurde nach Einführung der Reformation versteigert.

Das noch erhaltene, reizvoll verzierte *Rotbergstübchen* im Bischofshof, dann *Tafelgerät* aus Edelmetall, so u. a. „ein grosser kopff, 12 stouff, 7 schalen, ein silberin fuoss zu einem glas, alle mit dem wapen Basel und Ratperg", die er seinem Nachfolger hinterliess[3]) verraten, dass Bischof von Rotberg während seiner kurzen Regierungszeit die einheimische Werkkunst aufs beste gefördert hat.

Der Kelch fiel mit Los 1 Baselland zu und wurde 1836 in Liestal für Fr. 236.— versteigert[4]). Er ging dann in den Besitz des Basler Bürgermeisters Felix Sarasin über und wurde 1874 von dessen Erben dem Historischen Museum zu Basel geschenkt.

[1]) Dieser in F. X. Kraus, Die Kunstdenkmäler etc., Bd. V, Kreis Lörrach, Tübingen und Leipzig 1901, S. 8, Taf. I, abgebildete Kelch zu Egringen ist wohl auch eine Basler Arbeit. Vgl. die verwandte Bildung und Verzierung seines Fusses mit dem von Nr. 31 und 32. Das am Rotberg-Kelch heute fehlende Blattwerk zeigt noch eine völlig verblichene Photographie im Historischen Museum zu Basel. Es ist in C. B. 1862 auf Abb. S. 13 nicht mehr wiedergegeben. Auch der Fusshals über dem Bistumwappen hatte, der Photographie zufolge, einen Belag. Der Kelch ist vielleicht eine Arbeit des Heinrich Schwyzer, unter Bischof Rotberg Goldschmied am Münster. Vgl. Nr. 35, S. 242, Anm. 3.

[2]) Inv. 1525. 99.

[3]) Tr. V, p. 492. — Bischof von Rotbergs schöne Porträtgestalt auf seinem Tischgrab im Münster ist erhalten.

[4]) Im Inv. 1511. 91 ist die Patene des Tierstein-Kelches (Nr. 67) besonders angeführt, die des Rotberg-Kelches (Inv. 1511. 90) jedoch nicht. Der im Inv. 1827. 45 erwähnte „verzierte und zerbrochene Deckel", der jetzt fehlt, stammte ursprünglich gewiss von einem anderen Gefäss.

Nr. 31. Agnus Dei-Monstranz
mit Bildnis und Wappen Papst Pius II.

Berlin, Schlossmuseum.
Abb. 170 bis 174.

Datiert 1460. Basel. Silber, teilvergoldet. H. 61 cm, Br. des Fusses 22 cm, T. 17 cm. — Inv. 1477. 32, 1511. 11, 1827. 8.

Aus achtblättrigem, beidseitig etwas ausladendem Fuss, dessen Übergang zum hochgetriebenen Sechseck von vergoldetem Laubwerk verschleiert ist, steigt ein durch Rundstäbe verstärkter, von einem Laubwerkknauf unterbrochener Sechseckschaft, der sich in Trichterform verbreitert und einen runden, kapselförmigen, von vergoldeten krausen Blättern umspielten und von einer Turmspitze bekrönten Reliquienbehälter trägt. Seine Blätter züngeln nicht wie bei der spitzovalen Dorotheen-Monstranz Nr. 26 flammenartig empor. Sie biegen sich zurück und steigern dadurch die emporstossende Kraft der in elegantem konkavem Schwung ansteigenden Spitze.

Auf der Vorderseite des Reliquienbehälters hebt sich das silbergetriebene Lamm Gottes von einem vergoldeten, schachbrettartig gemusterten Kapseldeckel ab. Darunter ist, abnehmbar, den Übergang vermittelnd, das getriebene, von den päpstlichen Insignien gekrönte Wappen Pius II. Piccolomini angebracht[1]). Die Rückseite zeigt eingraviert den Papst kniend im Gebet, in vergoldetem Gewand, vor sich wieder sein Wappen, ein von fünf Halbmonden belegtes, durchgehendes Kreuz, und über sich die 1460 datierte Weihe-Inschrift (Abb. 172)[2]):

„Maximus antistes magna pietate secundus
Hunc Pius agnellum dei sacrauerat ipse.
Quem tibi pro magno, celebris Basilea, decore
Mittit, et ex veteri, qua te sub corde benigno
Claudit, amicicia, venias superaddidit ultro
Magnas: ad edem sanctam hanc qui crimine fasso
Accelerat, tristes exponens pectore culpas
Diuis, soluetur celique meabit in ortos.
Dona tibi mandat Pius hec, Basilea, secundus.
M C C C C L X."

[1]) Die Monstranz war seit Jahren in Berlin ohne dieses Papstwappen ausgestellt. Franz Kugler führt es im „Museum" 1838, Nr. 28, noch an. Auf der Lithographie in C. B. 1867, Taf. IV, aber fehlt es. 1931 fand es Herr Dr. Erich Meyer am Schlossmuseum in Berlin unter anderen Sammlungsgegenständen, erkannte, dass es zur Monstranz gehöre und hatte die Freundlichkeit, mich davon in Kenntnis zu setzen.

[2]) Herrn Dr. Alfred Hartmann haben wir diesen, nach der eingravierten Inschrift (Abb. 172) rekonstruierten Text mit moderner Interpunktion nebst der Übersetzung zu verdanken. „Der höchste Priester, der fromme Pius der Zweite, hatte dieses Lamm Gottes selber geweiht. Dir, berühmtes Basel, schickt er es als hohe Auszeichnung, und aus der alten Freundschaft heraus, in der er dich in seinem gütigen Herzen beschlossen hält, hat er grosse Gnaden noch hinzugefügt: wer zu diesem Gotteshause eilt, seine Schuld bekennt und seine hässlichen Sünden offen den Heiligen beichtet, der wird erlöst werden und in die Gärten des Himmels eingehen. Diese Gaben verleiht dir, Basel, Pius der Zweite. 1460."

Abb. 170.
Nr. 31.
Agnus Dei-Monstranz.

Abb. 171.
Nr. 31.
Höhe 61 cm.

Abb. 172. Reliquienbehälter der Agnus Dei-Monstranz. Nr. 31.

Diese Inschrift bekundet, dass Pius II. das Agnus Dei selbst geweiht und Basel geschenkt hat. Es ist deshalb eine italienische Arbeit[1]).

Ein 1460 datierter *Beizettel* (Abb. 174, S. 232) zu dem seit 1835 im Schatz der Basilika zu Mariastein verwahrten, der Monstranz entnommenen

[1]) Vielleicht ist dies auch mit dem päpstlichen Reliefwappen und der silbernen Unterlage des Lamms mit Schachbrettmuster der Fall. Sie könnten zu einer Büchse gehört haben, in der Agnus Dei und Reliquien nach Basel gebracht wurden.

Abb. 173. Reliquienbehälter der Agnus Dei-Monstranz. Nr. 31.

Heiltum der 10000 Märtyrer aus dem in der römischen Campagna gelegenen Kloster „delle tre fontane", aus der Himmelsleiter-Kapelle daselbst, verrät ferner, dass auch diese Reliquie von Pius II. dem Münster verehrt und von Dompropst WERNER VON FLACHSLANDEN nach Basel gebracht worden ist[1]).

Abb. 174. Beizettel zum Heiltum der 10000 Märtyrer.
Im Schatz der Basilika zu Mariastein.

Um nun diese beiden päpstlichen Geschenke würdig auszustellen, liess das Domkapitel — wie uns die Inventare verraten — aus einem Teil des Geldes und der Kleinodien, die in dem in der Weiheinschrift angedeuteten, von Pius II. dem Münster gewährten „Ablasz gesammlet" worden waren, die Monstranz anfertigen[2]). Die dazu gestifteten, völlig ungleichen Steine — darunter ein Rubin, drei wässrig blaue Saphire und ein grosser Kristall — brachte der mit dem Auftrage betraute Goldschmied[3]) auf der Vorderseite an, ohne dadurch die Harmonie des stolz und festlich wirkenden Aufbaus wesentlich zu beeinträchtigen.

Die Gesamtform, die noch etwas an die der Dorotheen-Monstranz Nr. 26 erinnert, war damals allgemein beliebt. Auch auf einem der herrlichen französischen Wandteppiche der Edelfrau mit dem Einhorn aus Schloss Boussac im Cluny Museum zu Paris begegnet sie uns.

Wie schon angedeutet wurde, standen diese Papstgeschenke ans Münster in engstem Zusammenhang mit der 1460 neu gegründeten Universität. Dompropst WERNER VON FLACHSLANDEN, der sich damals als päpstlicher Kammerherr längere Zeit bei PIUS II. in Mantua aufhielt, muss neben seinem Bruder, dem Bürgermeister Hans von Flachslanden, eine wichtige Rolle in dieser Angelegenheit gespielt haben[4]). Die Basler Regierung verehrte ihm 1460 einen Becher, einen sogenannten „Kopf", für den sie 55 Pfund aus-

[1]) Autentik: „Reliquie Decem miliū mr̄m. [martyrum] p[er] Sāssimū dn̄m papā Pium. II. huic ecclesie Basilien̄ assignate. p[er] ven̄[er]abilem dō. Joh'em Wernh de Flaszlanden p̄pos̄t h[uic] ecc[lesiae]. Anno MCCCCLX."

[2]) Über den von Pius II. gewährten Münsterablass vgl. R.W. 2, II, S. 865 und S. 866, Anm. S. 178*.

[3]) Leider fehlen die Einträge von 1449 bis 1467 im „Münsterfabrik-Büchlein". Wahrscheinlich hat der damalige Goldschmied am Münster die Arbeit ausgeführt. Ob Hans Rutenzweig dies schon 1460 war — 1461 wird er zünftig — wissen wir nicht. Erst von 1471 bis 1482 ist er im M.F. I. angeführt. Vgl. Nr. 7, S. 80, Anm. 2, und Nr. 63, S. 331, Anm. 1). War es jedoch 1460 schon der Fall, so dürfen wir ihm zu seinen sicheren Werken (vgl. Nr. 63) noch den Aufsatz von Nr. 8, dann Nr. 31 und — der verwandten Arbeit vor allem in Fuss und Schaft wegen — Nr. 32 vermutungsweise zuschreiben.

[4]) B.Chr. IV, S. 333. — W. Vischer, Geschichte der Universität Basel, 1860, S. 19—33. — R.W. 2, II, S. 829. — Vgl. S. 12, Anm. 1.

legte, nicht viel weniger als sie z. B. für die Gefässe verausgabt hatte, die sie Arnold von Rotberg und Johann von Venningen zu ihrer Bischofswahl schenkte[1]).

Jedenfalls hat das für Reliquie und Agnus Dei geschaffene Schaugerät, das füglich *Universitäts-Monstranz* genannt werden dürfte, eine tiefe Bedeutung für Basel. Denn es hält die Erinnerung an die für die geistige Entwicklung der Stadt so überaus segensvolle Universitätsgründung und an die Beziehungen Pius II. zu Basel lebendig[2]).

Die Monstranz fiel mit Los 1 Baselland zu und wurde 1836 in Liestal für Fr. 1100.— von dem Berliner Antiquar Arnold ersteigert. Arnolds entgegenkommendes Anerbieten, sie nachträglich Basel für 100 Napoléons d'or wieder abzutreten, wurde leider nicht rechtzeitig angenommen[3]), und so kam sie in die kgl. Kunstkammer zu Berlin.

Nr. 32. Astkreuz mit Maria und Johannes.

London, Victoria und Albert Museum.
Abb. 175 bis 177.

Das kleine Kreuz mit Kruzifix wohl Basel, zweite Hälfte des 14. Jahrhunderts. Silbervergoldet mit Tiefschnittschmelz. H. 19 cm, Br. 13,5 cm. Das Übrige: Basel, zwischen 1460 und 1475. Silber, teilvergoldet. Gesamth. 50 cm, Dm. des Fusses 16,5 cm. — Inv. 1477. 33, 1511. 17, 1525. 15, 1827. 21.

Laut Inv. 1477. 33 wurde die Arbeit auf Wunsch des Domkapitels unter dem Kaplan und Bauverwalter HEINRICH GUGELIN aus „Ablassgeldern" ausgeführt. Gewiss bekam der Goldschmied den Auftrag, mit einem vorhandenen hochgotischen Reliquienkreuz[4]) ein eindrucksvolles Schaustück anzufertigen in der Art des Kreuzes mit den Engeln Nr. 17.

Er gibt — vielleicht angeregt durch einen oberrheinischen Einblattdruck der Zeit[5]) — als Träger der derb und gedrungen gebildeten Gestalten von

[1]) Nach B. Harms, Stadthaushalt Basels, Tübingen 1909, I, 2, Ausgaben S. 305, Z. 1, 1460/61: „Item her Hanns Wernheren von Flachslande dem tumdechant eynen kopff geschenkt, kostet 55 lb."; S. 261, Z. 35, 1450/51: „Item geben umb einen Kopff unserem Herren von Basel bischoff Arnolten von Ratsperg etc. 66 lb. 1 s."; S. 297, Z. 87, 1458/59: „Item 58 lb, 6 s., 8 d. umb eynen silbern Kopff unserm herren bischoff Johannsen von Basel geschenkt." Zum Vergleich: Die Kosten für Riss und Ausführung des noch erhaltenen Universitätszepters in Silber betrugen 12 lb., 5 s., laut Harms usw., S. 305, Z. 24, und S. 309, Z. 37, 1460/61. — Die Abbildung der Bulle Pius II. (Mantua, 12. Nov. 1459), einer Medaille Pius II., der Inthronisation des Rektors, des Szepters der Basler Universität, in E. Ruck, Die Universität Basel, 1930.

[2]) Von seinem in die Karthause gestifteten Glasgemälde ist nur noch eine Zeichnung erhalten (vgl. Abb. W. R. Staehelin, Archives héraldiques Suisses, 1916, S. 6, Fig. 9). Seine berühmte Beschreibung von Basel im Brief an den Kardinallegaten Giuliano de Cesarini, Mailand, Juli 1434, in Deutsch: C.W. I, S. 557.

[3]) Vgl. Protokolle d. Akadem. Gesellschaft Basel vom 28. Sept. 1836 und 15. Mai 1837.

[4]) Im M.F.I 1422/23 S. 74 ist z. B. solch ein für den Hochaltar erworbenes Kreuz erwähnt: „do koft ich ein gulden crutz zů dem Fronaltar. . . . uf her Hans ludmans rock. . . . 4 flor."

[5]) Vgl. Einblattdrucke d. 15. Jahrhunderts, P. Heitz, Bd. 73, Strassburg 1930, Abb. 11. 393 × 246 mm, Schweiz, um 1465. Bestes Exemplar in Sammlung Herschel V. Jones, ein zweites Exemplar in Zürich, Sammlung der Eidg. Techn. Hochschule.

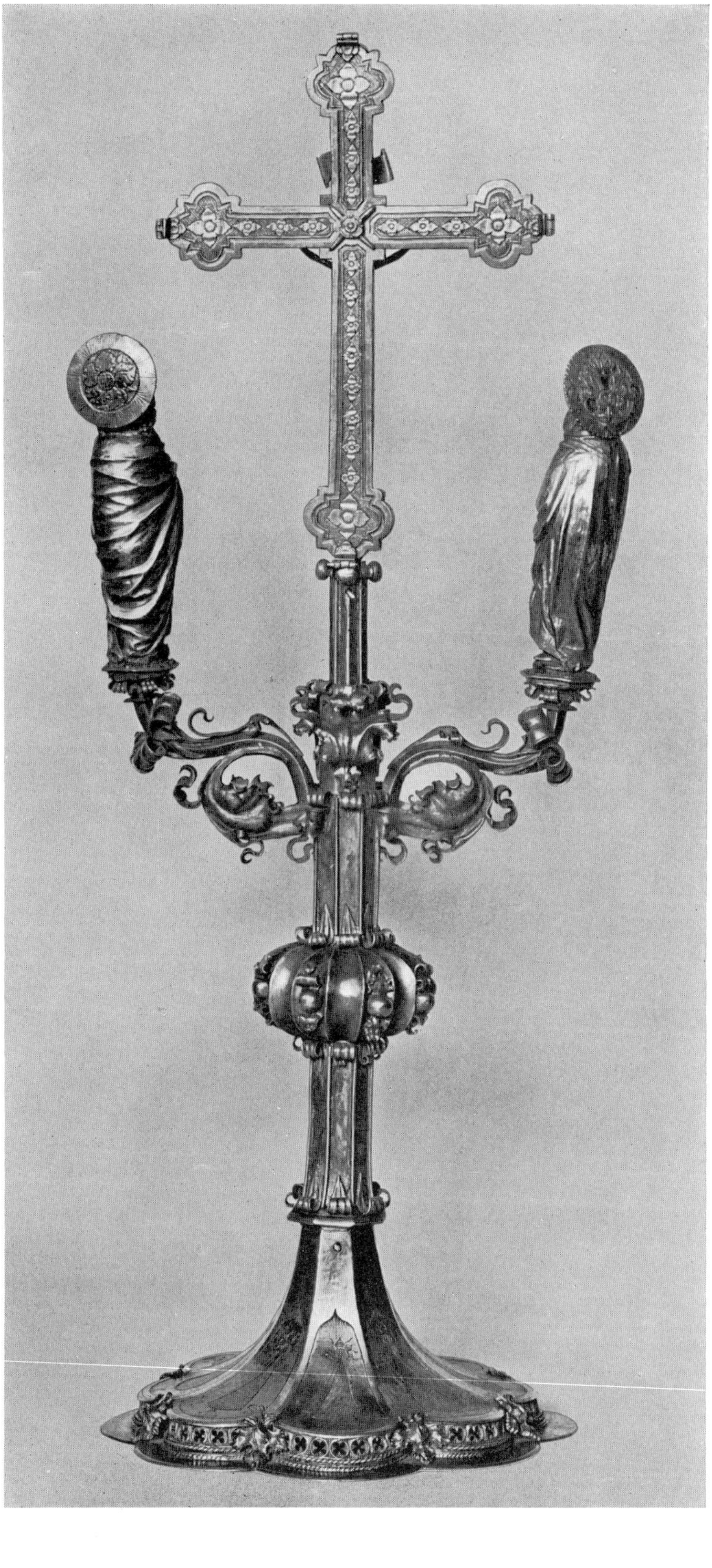

Abb. 175.
Nr. 32.
Astkreuz.

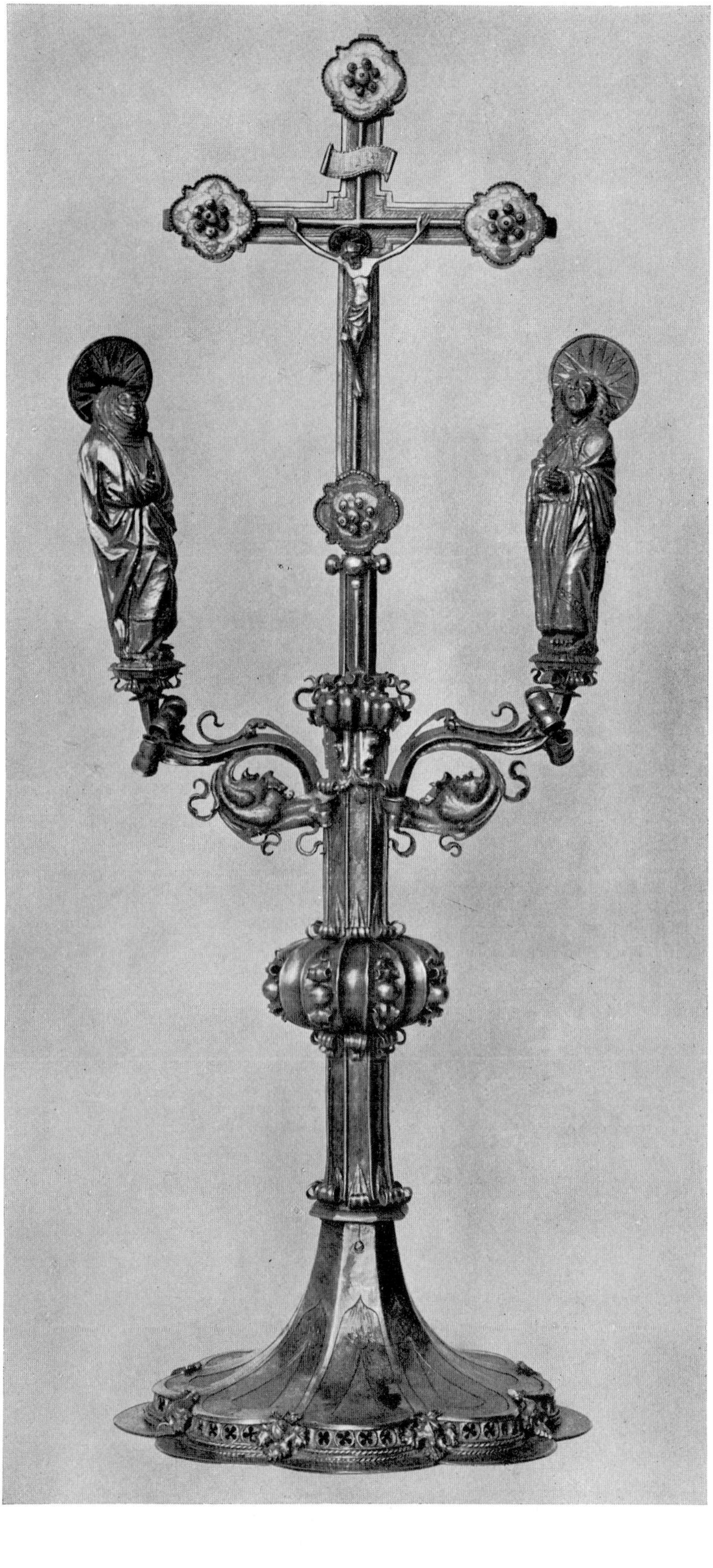

Abb. 176.
Nr. 32.
Höhe 50 cm.

Maria und Johannes an Stelle der hochgotischen Balken vierkantige Stengel mit krausem Blattwerk. Er versucht durch eine geschickt verteilte Vergoldung[1]), ferner durch Anbringen von Perlformen in getriebener Arbeit an Schaftknauf und Schaftendigung, den hohen Unterbau mit dem kleinen Kreuz und seinen echten Perlen harmonisch zu binden und zugleich den Blick auf das Kreuz zu konzentrieren. Es allein ist vollständig vergoldet. In der Seitenwunde Christi glüht ein Rubin, und die Kreuzenden schimmern

[1]) Die dunkeln Partien der Abbildung nach der kolorierten Federzeichnung im Historischen Museum zu Basel geben die Vergoldung wieder. Seit 1931 besitzt das Historische Museum zu Basel eine vom Sohn des Ersteigerers des Kreuzes in Liestal angefertigte Nachbildung in Originalgrösse, die jedoch für den, der das Original kennt, sehr kitschig wirkt.

Abb. 177. Kolorierte Federzeichnung des Astkreuzes.
Historisches Museum Basel.

wie Wunderblumen, deren äussere Blätter mit blauem, die innern mit violettem, die Spitzblättchen mit grünem, durchsichtigem Schmelz überzogen und die Staubfäden durch je sieben Perlen angedeutet sind.

Seines Stiles wegen stammt das Reliquienkreuz aus der zweiten Hälfte des 14. Jahrhunderts, sein Träger aus dem dritten Viertel des 15. Jahrhunderts. Die obere Datierungsgrenze ergibt sich aus dem Todesdatum von Heinrich Gugelin, dem 11. April 1475[1]), die untere aus der Ähnlichkeit von Fuss und Schaft mit denen der Agnus Dei-Monstranz von 1460[2]).

Das Kreuz fiel mit Los 1 Baselland zu und wurde 1836 in Liestal für Fr. 525.— von einem Basler Goldschmied ersteigert. 1911 fand ich es, anhand einer Federzeichnung im Historischen Museum zu Basel (Abb. 177), in London. 1862 war es aus der Sammlung Soltykoff, ohne Herkunftsangabe als „deutsch, um 1400", zum Preis von ca. Fr. 1360.— für das Victoria und Albert Museum zu London erworben worden. 1911 war es dort als norditalienische Arbeit des 15. Jahrhunderts ausgestellt.

Nr. 33. Reliquienkreuz mit Bergkristall.

Basel, Historisches Museum.
Abb. 178 und 179.

Zweites Drittel des 15. Jahrhunderts. Basel. Silber, teilvergoldet. Partien der Kreuzarme aus Bergkristall. H. 37 cm, Br. 26,3 cm. — Inv. 1477. 35, Inv. 1478 mit Zusatz: „cum ymagine salvatoris", 1827. 15.

Auf der Vorderseite des sorgsam gearbeiteten Kreuzes ein Kruzifixus, in den Vierpässen der Kreuzenden bunte Steine, darunter zwei Gemmen mit Frauenköpfen. In der Vierung der Rückseite eine kristallgedeckte Kapsel, darin, laut der Pergamentinschrift, Reliquien der Heiligen Katharina und Jakobus, auf den Kreuzenden die vier gestanzten Evangelistensymbole. Die Kreuzflächen beidseitig mit schönen eingravierten Blattranken verziert.

Das Kreuz fiel 1834 mit Los 3 Basel zu und wurde damals von einem Basler Goldschmied repariert.

Nr. 34. Kupfervergoldetes Kreuz.

Basel, Historisches Museum.
Abb. 180.

Zweites Drittel des 15. Jahrhunderts. Basel. Kupfervergoldet mit Holzkern, die gestanzten Evangelistensymbole kupferversilbert. H. 52 cm.

[1]) Über Heinrich Gugelin vgl. B. Harms, Der Stadthaushalt Basels, I, Tübingen 1909, S. 225: 1466/67, Heinrich Gugelin, bumeister uff Burg. — M. F. I, 1474/75, S. 61: in exequiis domini Heinrici Gugelin. — B. St. A., Jahrzeitenbuch: 11. April Heinricus Gugellin. Domstift Urk. Nr. 319. Er vermachte der Münsterfabrik sein Haus „zum Freiburg" am Spitalsprung. — Über eine Stiftung: M. F. I. u. a. 1472/73, S. 47: in altari ste cruce ex institutione dmi Henrici Güglin capellani eius altaris.

[2]) Über den mutmasslichen Goldschmied vgl. Nr. 31, S. 232, Anm. 3.

Abb. 178. Reliquienkreuz mit Bergkristall. — Höhe 37 cm. Nr. 33.

Abb. 179. Reliquienkreuz mit Bergkristall. — Höhe 37 cm. Nr. 33.

Gewiss das „kupferne, vergoldete Kruzifix, zerbrochen und ohne Wert" des Inv. 1827. 52 und das „kupfervergoldete Kruzifix mit Symbolen der vier Evangelisten in Silber" der Verkaufsanzeige 1836. 8[1]).

Das Kreuz fiel mit Los 2 Baselland zu und wurde 1836 in Liestal von einem Händler aus Allschwil bei Basel für Fr. 66.— ersteigert[2]). Es ist sicherlich das 1893 von der Kirchgemeinde Allschwil dem Historischen Museum zu Basel übergebene Kreuz.

Nr. 35. Fahnenkreuz.

Gegenstück zu Nr. 66.

Basel, St. Klarakirche.
Abb. 181 und 182.

Zweites Viertel des 15. Jahrhunderts. Basel. Silber, teilvergoldet mit Holzkern. H. 47,5 cm, Br. 36,5 cm. — Inv. 1477. 44, 1511. 72, 1525. 82, 1827. 16.

Die Vorderseite mit Kruzifix und den vier Evangelistensymbolen. Die Rückseite mit dem Lamm Gottes und den an Pulten schreibenden Evangelisten. Die Kreuzflächen beidseitig mit zarten Blumenranken geziert. Alles in gestanzter Arbeit.

Dieses Vortragekreuz und sein verschollenes Gegenstück (Nr. 66) gehörten laut Inv. 1477. 44 „uff die guten guldenen fan".

Höchst wahrscheinlich beziehen sich Einträge im Münsterfabrik-Büchlein aus den Jahren 1436 und 1437 auf die Herstellung dieser beiden silbernen, teilvergoldeten Kreuze. Es sind in diesem Fall wohl Arbeiten des Münstergoldschmieds HEINRICH SCHWITZER[3]).

Das Kreuz fiel mit Los 3 Basel zu und wurde am 12. Juni 1834 von der Regierung des Kantons Basel-Stadt der katholischen Gemeinde in Basel überwiesen.

---

[1]) Vgl. B.St.A., Bauakten J J 3.

[2]) Bei A.B. Nr. 13 ist das Kreuz — zwar ohne nähere Begründung — unter die Stücke des Münsterschatzes aufgenommen. Auch die Bezeichnung der Verkaufsanzeige 1836. 8 „mit Evangelistensymbolen in Silber" — obschon es in Wirklichkeit nur kupferversilberte sind — spricht für diese Herkunft. Ob der blaue Glasbesatz mit dem in Gold gemalten INRI ursprünglich dazu gehört hat, oder von der Wiederinstandstellung nach 1836 herrührt, lässt sich nicht feststellen.

[3]) M.F. I, 1436/37, S. 59: „item aurifabro XXIX lb. pro factura crucium pro auro deaurando easdem et pro argento et aliis diversis." — M.F. I, 1437/38 S. 23: „item usz dem bruchsilber de annis (14)34, 35 u. 36 facti sunt duo cantri argentei ad majorem altare... et due cruces nove in toto argentee ad vexilla (Fahnen) majoris altaris...." — M.F. I, 1437/38, S. 42: „aurifabro switzer IIII lb., X s. pro reformatione crucium et vasorum altaris." — M.F. I, 1435/36, S. 76 und 94, ist von Schwitzers Frau namens Greda die Rede. — Laut S.K.Lex. ist Heinrich Schwitzer von 1433 bis 1458 erwähnt.

Vgl. die wohl mit den gleichen Matrizen gestanzten Evangelistenscheiben des silbernen Prozessionskreuzes zu Eichsel, das deshalb wohl auch eine Basler Arbeit ist. Abb. in F. X. Kraus, Die Kunstdenkmäler des Grossherzogtums Baden, Bd. V, Kreis Lörrach, Tübingen und Leipzig 1901, Taf. 24.

Vgl. über eine andere, vielleicht von H. Schwyzer ausgeführte Arbeit: Nr. 30. Der Rotberg-Kelch, S. 225, Anm. 1.

Abb. 180. Kupfervergoldetes Kreuz. — Höhe 52 cm. Nr. 34.

Abb. 181. Fahnenkreuz. — Höhe 47,5 cm. Nr. 35.

Abb. 182. Fahnenkreuz — Höhe 47,5 cm. Nr. 35.

Nr. 36. Das Sonntagskreuz.

Basel, St. Klarakirche.
Abb. 183 bis 188.

Drittes Viertel des 15. Jahrhunderts. Basel. Silbervergoldet. H. 50 cm, Br. 42 cm. — Inv. 1477. 17, 1511. 8, 1525. 7, 1827. 10.

Dieses Kreuz führte den Namen „crux dominicalis", „sonnteglich crútz". Es wurde wohl in erster Linie angefertigt, um das Kaiser Heinrichs-Kreuz Nr. 2, das „guott, koestlich und festlich crútz", zu schonen. Deshalb gab man ihm auch den gleichen, eindrucksvollen Umriss.

Auf der Vorderseite der Gekreuzigte, auf den Erweiterungen der Kreuzarme die vier, in hohem Relief getriebenen Evangelistensymbole, davon das untere des Kruzifixus wegen tiefer angebracht als bei dem Heinrichs-Kreuz. Auf der Rückseite in den mit gewölbten Kristallscheiben gedeckten Reliquienbehältern — den Pergamentinschriften zufolge — Heiltum der Heiligen Paulus, Petrus, Andreas und Thomas.

Der St. Andreas-Reliquie wegen findet sich das Sonntagskreuz bisweilen auch als „crux St. Andree", als Andreas-Kreuz, angeführt[1]).

Um dem Kreuz eine kostbare Wirkung zu geben, ist es beidseitig mit bunten Steinen und Glasflüssen und mit krausblättrig geformten Blumen, die kleine Edelsteine in ihrem Kelch tragen, reich besetzt.

Bei Prozessionen wurde es, laut Inv. 1525. 44, auf einem „rotten stecken mit eynem kupfferin knopff" getragen, das Kaiser Heinrichs-Kreuz dagegen auf einem silbernen Vortragsstab (Abb. 19 und 233). Auf dem Hochaltar kam es als dessen Gegenstück, wohl in dem einfachen bronzevergoldeten Fuss Nr. 4 (Abb. 28), zur Schaustellung[2]).

Schon im Inv. 1511 steht der Vermerk, dass es durch den vielen Gebrauch reparaturbedürftig sei und dass man ein abgebrochenes Blatt der goldenen Rose zu einer neuen Vergoldung verwendet habe[3]).

Die Bildung des Gekreuzigten, der Blumen, der Evangelistensymbole — die zwar nicht auf den 1466 datierten Patenestich des MEISTERS E. S. zurückgehen, aber, etwa im Adler, ihm zeitlich nahe stehen — spricht für eine Entstehung im dritten Viertel des 15. Jahrhunderts[4]).

Das Kreuz fiel mit Los 3 Basel zu. Es wurde repariert und von der Regierung am 12. Juni 1834 der katholischen Gemeinde in Basel überwiesen[5]).

---

[1]) Vgl. Cer., S. 29a „crux ste Andree", S. 31a: „subcustos cum cruce domenica, quam quidam crucem st. Andreae appellant."

[2]) Vgl. S. 357. — Inv. 1525. 54.

[3]) Vgl. Inv. 1511. 8 und 21 (quod venit ad crucem dominicalem deauratam).

[4]) Im M. F. I sind die Ausgaben für dieses, gewiss im Auftrag des Domkapitels angefertigte Kreuz nicht angeführt, aber es fehlen darin auch gerade die Einträge von 1449 bis 1467.

[5]) Das Kreuz wurde zugleich mit einem roten Vortragsstab der katholischen Kirche in Basel überlassen. Vgl. B. St. A. bei den Staatsurkunden: Empfangsbescheingung mit Datum 12. Juni 1834. — Ferner Protokolle des kleinen Rats vom 24. Mai, 4. Juni, 19. Juni 1834.

Abb. 183. Sonntagskreuz. — Höhe 50 cm. Nr. 36.

Abb. 184. Sonntagskreuz. — Höhe 50 cm. Nr. 36.

Abb. 185.
Nr. 36.
Evangelistensymbol
vom Sonntagskreuz.

Abb. 186.
Nr. 36.
Evangelistensymbol
vom Sonntagskreuz.

Abb. 187.
Nr. 36.
Evangelistensymbol
vom Sonntagskreuz.

Abb. 188.
Nr. 36.
Evangelistensymbol
vom Sonntagskreuz.

Nr. 37. Fusskreuz.

Seit 1909 in Basel, Historisches Museum.
Abb. 189 bis 192.

Um 1475. Wohl Basel. Silber, teilvergoldet. H. 27 cm, Br. 11,6 cm. — Inv. 1827. 14.

Der Fuss sechsblättrig, seitlich ausladend und steil hochgezogen. Der Schaft kurz, mit granatapfelförmigem Knauf. Das Kreuz mit Kleeblattenden. Auf der Vorderseite als Hintergrund für den Gekreuzigten Masswerk mit gemasertem Grund, in den Ecken die Evangelistensymbole, auf der Rückseite die Madonna mit Kind im Strahlenkranz, alles in zarter Gravierung.

Neben den oft so überladen reich verzierten spätgotischen Kirchengeräten fesselt dieses Kreuz durch seine Schlichtheit und durch die Anmut seiner Proportionen. Dabei wusste der Goldschmied den Gekreuzigten in feiner Weise hervorzuheben. Den Kreuzfuss lässt er mit Ausnahme seines Horizontalrandes silbern und erst das Kreuz mit seinen der Ausladung des Fusses subtil angepassten Querbalken gibt er ganz vergoldet. Die Kreuzflächen aber wirken durch die deckende Gravierung zurücktretend, gedämpft, so dass der Körper des Heilands in seiner vollen Plastik und in seiner reinen, weichen Goldfarbe mit dem blutrot funkelnden Rubin als Seitenwunde alles beherrscht. Endlich ziert der Goldschmied auch die Kreuzrückseite mit einer Blumenranke von so graziös fliessender Linienführung, dass sie wie natürlich zur Madonna emporzuwachsen scheint (Abb. 192, S. 257).

Madonna und Ranke gemahnen an den Stil des MEISTERS E. S. und die Evangelistensymbole gehen direkt auf seinen 1466 datierten sogenannten Patenenstich zurück[1]).

Ein nur 3 cm höheres *Kreuz zu Wiesenberg* in Württemberg (Abb. 189), das 1475 datiert ist, zeigt so grosse Verwandtschaft mit dem in Basel[2]), dass es vielleicht auch schon aus dieser Zeit stammt. Wäre mir jedoch das Kreuz von 1475 nicht bekannt, so würde ich das unsrige in die Nähe der im ersten Jahrzehnt des 16. Jahrhunderts entstandenen drei Monstranzen Nr. 42 bis 44 einreihen. Denn hier begegnet uns wieder ein dem Aufbau angepasster, beidseitig ausgezogener Fuss und zart gravierte Flächen, kurz, derselbe feine Sinn für Mass und Anmut.

Das Kreuz fiel mit Los 1 Baselland zu und wurde 1836 in Liestal für Fr. 165.— versteigert. Es gelangte in Basler Privatbesitz und 1909 hatte

[1]) Abb. in Meister der Graphik, Bd. X, Max Geisberg der Meister E. S., II. Aufl., Leipzig 1924, S. 51 und Taf. 49.

[2]) G. E. Pazaurek, Alte Goldschmiedearbeiten der schwäb. Kirchenschätze, Leipzig 1912, Taf. 19. Auf S. 7 stellt der Verfasser diese Verwandtschaft fest. — Über weitere Basler Beziehungen zu schwäb. Goldschmiedearbeiten vgl. R. F. B. 1922. Ein mit Basler Beiträgen bezahlter Kelch von 1515 in Strassberg, gefertigt nach einem Goldschmiederiss im Basler Kupferstichkabinett. Mit Abb.

ich die Freude, diese erlesen schöne oberrheinische, wohl baslerische Goldschmiedearbeit für das Historische Museum zu Basel erwerben zu können für den von den Erben des Herrn Carl Bachofen-Burckhardt gestifteten Betrag von Fr. 8000[1]).

Abb. 189.
Kreuz zu Wiesenberg, Württemberg.
Höhe 30 cm.

Nr. 38. Reliquienkästchen.

Basel, Historisches Museum.
Abb. 193.

Drittes Viertel des 15. Jahrhunderts. Wohl Basel. Kupfervergoldet mit Holzeinlage. H. 19,6 cm, Br. 20,5 cm, T. 19,6 cm. — Inv. 1477. 26, 1511. 26, 1827. 53.

Die kräftig profilierten Wandungen dieses Reliquienbehälters in Hausform sind mit durchbrochenem, sich von der mit blauem Papier überzogenen Holzeinlage abhebendem Masswerk verziert. Das Muster der Vorder- und Rückseite ist von besonders reizvoll bewegter, fein der Fläche angepasster

[1]) Vgl. R.F.B. 1909, S. 8, mit Herkunftsnachweis und Tafel in Lichtdruck.

Abb. 190.
Nr. 37.
Fusskreuz.
Höhe 27 cm.

Abb. 191. Fusskreuz. Nr. 37.

Abb. 192. Vorderseite des Fusskreuzes ohne Christusfigur. Nr. 37.

Abb. 193. Reliquienkästchen. Nr. 38.
Höhe 19,6 cm.

Führung. Der dachförmige Deckel zeigt tief eingravierte Ziegel und aufgesetzte Giebelfenster. Die beiden Firstspitzen endigen in flachen Knäufen.

Das „hüpsch übergült küpferin kistlin" barg, laut Inv. 1511. 26, *Reliquien* des Apostels Philippus und der hl. Verena[1]).

Es fiel mit Los 1 Baselland zu und wurde in Liestal 1836 von Herrn Schmid-Ritter in Augst für Fr. 52.— ersteigert und 1894 von dessen Grosstochter, Frau S. von Knosp-Schmid in Stuttgart dem Historischen Museum zu Basel geschenkt.

Nr. 39. Hallwyl-Reliquiar.

Basel, Historisches Museum.
Abb. 194 bis 197.

Drittes Viertel des 15. Jahrhunderts. Vor 1470. Der Schrein mit eingeschlagenem Beschauzeichen der Strassburger Goldschmiedezunft dieser Zeit: einem Schild mit drei Schildchen[2]). Die Kreuzigung wohl auch Strassburger Arbeit. Teils aus Gold, teils silbervergoldet, mit fünf Edelsteinen. Schrein: H. 16 cm, Br. 19 cm, T. 12,6 cm. Kreuz: H. 26,1 cm, Br. 17 cm. Gesamthöhe mit Holzsockel 58,7 cm. — Inv. 1477.5, 1511.15, 1525.14, 1827.13.

Das hl. Grab zeigt die Gestalt einer silbervergoldeten, in den Zierformen der Spätgotik geschmackvoll, nicht überladen ausgeführten Kapelle[3]). Auf den hochgeführten Eckfialen stehen vier Engel mit zierlichen Fittichen, zwei mit Rauchfässern, zwei mit Torschen. Das naturalistisch gebildete Kreuz und die schwarzniellierte Inschrifttafel silbervergoldet. Christus, Maria und Johannes aus purem Gold getrieben; Christi Seitenwunde durch einen Rubin, die drei Nägel, an denen er hängt, durch Diamanten in „Pundtform" hervorgehoben. Am Fuss des Kreuzes ein „köstlicher gemahü", ein Sardonyxkameo mit ruhendem Löwen[4]), auf der Rückseite als Gegenstück ein goldgefasster „Saffyr". Die beiden schwarz niellierten Wappen sind die des 1473 verstorbenen RUDOLF VON HALLWYL, der in zweiter Ehe mit einer Ursula von Hallwyl verheiratet war[5]).

---

[1]) Vgl. Roth, Nr. 20—23, 44. — Auch bei Büstenreliquiar, Nr. 11, S. 92, Anm. 4.

[2]) Nach gütiger Mitteilung von Herrn Dr. E. Major.

[3]) Vgl. etwa den überreich gebildeten Schrein zu Einsiedeln. Abb. in L. Birchler, Die Kunstdenkmäler des Kantons Schwyz, Bd. I, Basel 1927, S. 209. — Jakob Burckhardt in Basler Nachrichten vom 17. Okt. 1862 (S. 1791) urteilt über den Hallwyl-Schrein, „dass er zum geistvollsten und zierlichsten gehört, was in dieser Art aus dem 15. Jahrhundert erhalten ist". — Vgl. auch K. Schnaase im Christl. Kunstblatt 1863, S. 28.

[4]) Der derb geschnittene Löwe, bläulichweiss auf schwärzlichem Grund, ist vielleicht hier nicht, wie bei dem Davidsbild Nr. 19, nach Offenb. Joh. V, 5, sondern als Sinnbild der Auferstehung Christi gewählt, nach der alten Tierfabel als Bild des Löwen, der seine totgeborenen Jungen durch sein Gebrüll zum Leben erweckt. Vgl. E. Stammler, die Pflege der Kunst im Kt. Aargau, Aarau 1903, S. 150.

[5]) Vgl. R. Durrer, Die Kunstdenkmäler des Kantons Unterwalden, Zürich, S. 691. — Über Rudolf v. H. vgl. W. Merz, Die Burgenanlagen des Kantons Aargau, I, S. 224, auch M.F. II, S. 319*b*. — Über Rudolf von Hallwyls erste Ehe mit der Baslerin Ursula von Laufen (1452 als tot erwähnt) vgl. Basler Wappenbuch: Stammtafel „von Laufen" von A. Burckhardt.

Die Gruppe wirkt übermässig gross zum anmutigen Schrein. Beide sind wohl unabhängig voneinander entstanden und, wie die Lage der Wappen verrät, gewiss erst auf Wunsch des Ehepaars zusammengefügt worden. Der Schrein ist durch sein Beschauzeichen als eine Strassburger Arbeit gekennzeichnet. Und auch die bestimmt oberrheinische Gruppe dürfte es sein, obschon Rudolf von Hallwyl von 1443 bis 1470 in Basel im Engelhof gewohnt hat. Denn es scheint mir nicht ausgeschlossen, dass Eindrücke von dem 1467 datierten Kruzifix des NICOLAUS GERHAERT VON LEYEN in dem nicht weit von Strassburg gelegenen Baden-Baden für die Bildung des Gold-Kruzifixes mitbestimmend waren, zwar nur in Einzelheiten[1]), nicht im schöpferisch Neuen des eindrucksvollen monumentalen Werks.

Doch das sind Vermutungen. Sicher ist nur, dass Figuren und Schrein vor 1470 ein Ganzes gebildet haben. Denn aus Einträgen im Münsterfabrik-Büchlein[2]) und aus Inv. 1477. 5 und 57 geht hervor, dass das Domkapitel am 6. April 1470 das hl. Grab mit der Kreuzigungsgruppe für 280 Goldkronen von RUDOLF VON HALLWYL erworben hat[3]). An den Kaufpreis stiftete unter andern AGNES VON EFRINGEN, die Witwe des durch sein 1428 auf dem Münsterplatz mit dem Spanier Merlo bestandenes Turnier bekannten Ritters Heinrich von Ramstein, 100 Gulden[4]).

Im Schrein wurde, den Inventaren zufolge, ,,heyltum vom hl. crutz und vom wunderbarlichen blůt''[5]) neu und nunmehr in verschlossener Form geborgen, da es nicht mehr in dem Masse wie im 14. Jahrhundert einem Bedürfnis entsprach, Reliquien sichtbar auszustellen[6]).

Nach Ankauf des Reliquiars liessen es die Domherren von ,,vertrauenswürdigen'' Goldschmieden schätzen und diese sprachen ihm einen Wert von über 500 Gulden zu.

---

[1]) Abb. in O. Wertheimer, Nicolaus Gerhaert, Berlin 1929, Taf. 20, Abb. 15. Vom Badener Christus (Abb. 197, S. 266) scheinen mir angeregt: die Haltung der Hände, der Füsse mit den vierkantigen Nägelköpfen, die langdornige Krone, vor allem die auch in drei Sprachen gegebene Inschrifttafel. Das Kreuz ist nicht nur an seinen Enden, wie in Baden, sondern als Ganzes einem Tannenstamm mit abgehackten Zweigen nachgebildet. Beim Lendentuch ist der Saum gekräuselt, wie es einem Goldschmied gefällt, mit nach rechts hin flatterndem Ende, den Blick dadurch zu Johannes überleitend. Der Oberkörper mit den vorspringenden Rippen etwa wie bei Meister E. S. (L. 31).

[2]) M. F. I, 1470/71, S. 10, 41, 44 ,,item pro nova aurea cruce a domicello Rudolffo de Hallwil hoc anno empta exposui CCLXXX flor" und S. 55. Hier auch Aufzählung der weitern Donatoren an den Kaufpreis. — Vgl. auch M.F. II, S. 149.

[3]) Bei A.B. Nr. 5 ist die Angabe: ,,1477 erworben" gewiss ein Druckfehler.

[4]) R.W. I, S. 463. — B.Chr IV, S. 40. — Vgl. auch Anm. 2.

[5]) Vgl. Roth Nr. 1, ,,Reliq. de Sanguine miraculoso (3 Stück)." Schon Heinrich II. stiftete Heiltum vom ,,wunderbaren Blut" (vgl. Nr. 2, Anm. 1), dann brachte Bischof Ortlieb 1149 in zwei Ampullen ,,mirakulöses Blut" aus Beyruth mit (Abb. 3). — Vgl. Roth, Nr. 2: ,,Reliq. de Ligno St. Crucis." — Vgl. auch Cer. 31a: z. B. ,,in festo venerationis sacri sanguinis miraculosi" — ,,crucem preciosorem in qua sanguinis miraculosi reliquie sunt reconditi."

[6]) Zur Verwahrung des Heiltums in einem Schrein könnte auch die Furcht vor Reliquienraub beigetragen haben. So war einmal ,,ein Splitter vom hl. Kreuz" aus dem Domschatz entwendet worden. Frau Greda zum Goldenen Ring gelang es, ihn wieder einzubringen, und sie erhielt dafür die feierliche Begehung ihrer Anniversarien im Münster (vgl. R.W. 2, II, 772). Dann wurde am Tag des Fronleichnamfestes 1447 eine Hostie vom Hochaltar geraubt und dadurch die Stadt auf lange Zeit in Schrecken gesetzt. (Vgl. B.Chr. V, 398. — R.W. 1, S. 533.)

Abb. 194.
Nr. 39.
Hallwyl-Reliquiar
mit Holzsockel.
Höhe 58,7 cm.

Abb. 195. Goldene Kreuzigungsgruppe vom Hallwyl-Reliquiar. — Höhe 26,1 cm. Nr. 39.

Abb. 196. Reliquienschrein des Hallwyl-Reliquiars. — Höhe 16 cm. Nr. 39.

Zu seiner Ausstellung auf dem Hochaltar verfertigte noch 1470 der Tischmacher MATHIAS FRISCHMUT einen geschnitzten, vergoldeten Fuss[1]), und durch diesen Untersatz dürfte der Missklang im Grössenverhältnis von Gruppe und Schrein etwas gemildert worden sein.

Das Reliquiar fiel 1834 mit Los 3 Basel zu. Wie wenig die drei „sachverständigen“ Goldschmiede 1834 vom Kunstwert einer mittelalterlichen Goldschmiedearbeit verstanden, beweist die Tatsache, dass sie für das Hallwyl-Reliquiar einen Wert von Fr. 1040.—, für das herrliche hochgotische Kreuz mit den Engeln Nr. 17 nur einen von Fr. 745.— ansetzten.

[1]) M.F. I, 1470/71, S. 40: „Mathias frischmut, der Tischmacher hat gemacht einen geschnitten fuss under das guldin crütz.“ — M. Frischmut „der tischmacher und schriner“ am Münster ist von 1470 bis 1479 im M.F. I angeführt.

Abb. 197. Das Stein-Kruzifix in Baden-Baden
des Nicolaus Gerhaert von Leyen, datiert 1467.
Vgl. S. 260 und Anm. 1.

SECHS SPÄTGOTISCHE MONSTRANZEN
ZWISCHEN 1471 UND 1511 IN BASEL ANGEFERTIGT.

Nr. 40. Münch-Monstranz.

Basel, Historisches Museum.
Abb. 198 bis 206.

Aus den 1490er Jahren. Basel. Silber, mit Diamant und Rubin in vergoldeter Fassung. Glaszylinder fehlt. H. 109,8 cm; Dm. des Fusses 21,9 cm; Aufsatzbasis: Br. 21,4 cm, T. 12,2 cm. — Inv. 1511. 5, 1525. 4, 1827. 3.

Der sechsblättrige, reichprofilierte, gekehlte Fuss mit dem schwarz niellierten *Wappen der Münch von Basel* belegt.

Am Architekturknauf, der von MARTIN SCHONGAUER's Stich mit dem Bischofsstab angeregt zu sein scheint, sechs Figürchen (Abb. 206, S. 277; H. 4 cm), von denen Christus, St. Stephanus und die Heilige mit Palme direkt auf Vorlagen dieses Meisters zurückgehen[1]).

Aus der sechsseitigen Turmbasis steigen zu beiden Seiten des Schaugefässes Doppelpfeiler empor, die in einen reichen Wimpergenkranz übergehen. Darüber in der untern Laube des luftig durchbrochenen, zweigeschossigen Turmhelms steht, von einer Säule hochgehoben, die Madonna mit Kind, lebendig bewegt (Abb. 203 u. 204, H. 10 cm). Auf der beidseitigen Ausladung der Turmbasis je ein Pfeiler von durchbrochenem Fenster flankiert, beide mit Fialen gekrönt. Daran gelehnt, auf kleinen Säulen unter Baldachinen, die Figürchen des hl. Kaiserpaars (Abb. 205, oben, H. 5,7 und 5,2 cm). Heinrich, wieder bärtig gegeben wie vor dem 14. Jahrhundert, und mit spätgotischer Bügelkrone, wie zuerst auf den Siegeln der Basler Dompröpste aus der ersten Hälfte des 15. Jahrhunderts.

Laut Inv. 1511. 5 wurde die Monstranz hergestellt, um die 1347 empfangene Kaiser Heinrichs-Reliquie — die Inv. 1477 zufolge nicht mehr mit der Kunigunden-Reliquie[2]) in Nr. 15 lag — in einer den neuen Geschmack befriedigenden Zierform auszustellen.

---

[1]) Für die ca. 15 cm hohen Vorlagen vgl. M. Lehrs, Martin Schongauer, Berlin 1914; für den Knauf: Taf. 66 (B. 106); für Christus: Taf. 25 (B. 26); für St. Stephanus: Taf. 38 (B. 49); für die Heilige mit Buch und Palme: St. Agnes, Taf. 47 (B. 62) im Gegensinn. Nach Roth, Nr. 40 besass der Schatz Heiltum der hl. Agnes, auch hatte sie zwei Altäre im Münster (vgl. Basler Jahrbuch 1887, S. 63. — Die Heilige neben Jakobus ist wegen des Vortragekreuzes und der Frauenhaube gewiss die schwedische Heilige Birgitta, gest. 1372. Der Schatz besass Heiltum von ihr, vgl. Roth, Nr. 41 und 42. Über den Einfluss ihrer Visionen auf die Kunst vgl. Mathias Grünewald von Dr. Heinrich Feurstein, Bonn 1930.

[2]) Dass die Reliquien damals schon in verschiedenen Monstranzen geborgen waren, geht z. B. aus M.F. I, 1467/68, hervor; S. 32: „de pulsu rel. s. Heinrici 18 denar“, S. 33: „de pulsu rel. s. Kunigundis 18 denar“. — Inv. 1511. 5: „Item aber ein gross silbern Monstrantz cum reliquiis S. Henrici Imperatoris, und auf dem Fuss München schilt.“

Abb. 198.
Hostienmonstranz
des J. Rutenzwig
von 1477
in Pruntrut.

Höhe,
ohne den
späteren Ständer,
70 cm.
Vgl. S. 274.

Abb. 199.
Höhe 109,8 cm.

Nr. 40.
Münch-Monstranz.

Abb. 200. Der Ständer der Münch-Monstranz. Nr. 40.

Abb. 201. Das Schaugefäss der Münch-Monstranz. Nr. 40.

Abb. 202. Die Turmlaube der Münch-Monstranz. Nr. 40.

Abb. 203. Der Hostienträger
der Münch-Monstranz, Nr. 40.
Höhe 8,4 cm.

Der *Hostienträger* in Gestalt eines Priesters, der die Lunula, eine doppelte Mondsichel, als Stütze für die Hostie hochhält (Abb. 203, H. 8,4 cm), stammt wohl aus der 1836 in Liestal versteigerten und seither verschollenen Hostienmonstranz Nr. 63[1]).

Diese *Hostienmonstranz* Nr. 63 wurde, wie das Münsterfabrik-Büchlein verrät, 1471 von dem aus Augsburg eingewanderten, 1461 in Basel zünftigen JOHANNES RUTENZWIG, dem damaligen Goldschmied der Münsterfabrik, geschaffen[2]). Bischof JOHANN VON VENNINGEN (1458—1478) muss die Arbeit gefallen haben, denn 1477 liess er für Pruntrut, wo er damals in seinem Schlosse residierte, eine zweite Hostienmonstranz von Rutenzwig anfertigen. Sie ist, bis auf den später ersetzten Ständer, erhalten (Abb. 198,

[1]) Da die Münch- und die Hostienmonstranz Nr. 63 Baselland zufielen, die Landschaft aber nur die Münch-Monstranz behalten wollte, so wurde vielleicht damals die „lunula" der Hostienmonstranz in die Münch-Monstranz versetzt.

[2]) Vgl. über Hans Rutenzwig Nr. 63, S. 331, Anm. 1.

Abb. 204. Die Madonna im Turm der Münch-Monstranz, Nr. 40, Abb. 205.
mit der Befestigungs-Vorrichtung.
Höhe des Figürchens 10 cm.

S. 268), sowie auch ihr Lieferungsvertrag[1]). Laut diesem musste sie in Form, Mass und Proportion nach der vorgelegten Zeichnung im Lauf des dem Vertragsdatum folgenden Jahres ausgeführt werden. Sie soll 12 Mark Silber schwer sein. Weil jedoch das Gewicht nie genau voraus zu berechnen ist, so darf es zwischen einer halben Mark Silber mehr oder weniger schwanken. Als Bezahlung für die Beschaffung des Edelmetalls und für die Arbeit erhält Rutenzwig für jede Mark Silber elfeinhalb Goldgulden. Da für die sechs Monstranzen des Münsterschatzes gewiss ähnliche Abmachungen getroffen wurden, dürfte diese gekürzte Inhaltsangabe des Vertrags interessieren.

Mit dieser Pruntruter Monstranz des Hans Rutenzwig von 1477 (Abb. 197)[2]) zeigt nun die Münch-Monstranz Verwandtes. So sind z. B. die hängenden Lilienkämme der Turmbasis gleich, die krausen Blumen unter den beidseitigen Ausladungen ähnlich geformt. So ist auch das Motiv eines durchbrochenen Fensters, an das sich Heilige schmiegen, bei beiden verwendet. All dies scheint mir auf eine Beziehung der Münch-Monstranz zur Werkstatt Rutenzwigs zu deuten, aber mehr lässt sich daraus nicht folgern.

Die Münch-Monstranz ist zwischen 1479 und 1500 geschaffen worden. Denn im Inv. 1478 fehlt sie noch, und im Jubeljahr 1500 brachte der Basler Kaufmann Hans Baer für sie ein „schön christallen glas" aus Venedig mit[3]). Da sie, verglichen mit der Hallwyl-Monstranz Nr. 41, nur wenig früher gefertigt erscheint, so wird sie, wie diese, im Anfang der 1490er Jahre entstanden sein.

Es ist im Hinblick auf die angedeutete Verwendung von Vorlagen des Martin Schongauer bei der Münch-Monstranz nicht uninteressant, sich zu vergegenwärtigen, dass damals Georg Schongauer, der Bruder Martins, in Basel als Goldschmied tätig war[4]).

Wer von der Familie Münch — die im Münster ihre Kapelle besass und der zwei Basler Bischöfe entstammen — die Monstranz stiftete, wissen wir

---

[1]) H. mit Barock-Ständer 99 cm. Über den Vertrag vgl. Tr. V, p. 524, und Basler Festschrift 1901, S. 355.

[2]) Auf eine zweite, einfacher aufgebaute Monstranz in der St. Peterskirche zu Pruntrut mit gleich geformter Aufsatzbasis können wir hier nicht eingehen; ebensowenig auf eine 1,21 m hohe Monstranz der katholischen Kirche zu Baden (Kt. Aargau) (Abb. in J. Stammler: Die Pflege der Kunst im Kanton Aargau, Aarau 1903, Taf. 61) mit ähnlichem Fussprofil und Knauf wie Nr. 40 und 41 und fast gleicher Aufsatzbasis wie die Pruntruter Monstranz.

[3]) C.W. II, S. 417: „Umb das jar 1500, bracht Hans Bär ein kauffmann zu der monstrantz, darinn keiser Henrichs heilthumb ligt ein schön christallin glasz kostet 2 pfund." Wegen der Herkunft „aus Venedig" vgl. Nr. 41, S. 282, Anm. 1. Über Beiträge des Hans Baer an die Münsterfabrik, 1492 und 1501, vgl. M.F. II, S. 313b und 314a. Gestorben 1502, sein Grabstein im Münster-Kreuzgang. Über das „rot gulden tuch mit synen schiltten", das er zur Verwendung an seiner jährlichen Seelenmesse gab, vgl. Inv. 1525. 120. — Über sein Leben vgl. A. Burckhardt, Basler Biographien I, Basel 1900, S. 59.

[4]) Ein schönes Scheibenreliquiar mit den eingravierten Szenen von Gethsemane und Gefangennahme nach Stichen Martin Schongauers Nr. 1878. 42 im Historischen Museum zu Basel, darf Georg Schongauer vermutungsweise zugeschrieben werden; 1489 bis 1491 war zwar auch dessen Bruder Paul als Goldschmied in Basel tätig. Es ist im Inventar der Sammlung des Dr. Basilius Amerbach von 1586 angeführt als: „Agnus Dei von Silber, daruf der Oelberg und gefenknis Christi von Martin Schön." Über Georg und Paul Schongauer vgl. S. K. Lex. und Stammtafel der Schongauer von E. Major im Wappenbuch der Stadt Basel. Georg wird 1485 Basler Bürger und zünftig, empfängt 1492 Albrecht Dürer bei sich, siedelt nach 1494 nach Strassburg.

Abb. 206. Figürchen von Knauf und Schaugefäss der Münch-Monstranz. Nr. 40.

nicht. Hans Friedrich Münch, der 1476 bei Murten den Ritterschlag empfing und 1503 als tot erwähnt ist, kommt wohl dafür in Betracht, aber beweisen lässt es sich nicht[1]).

Die Monstranz fiel 1834 mit Los 2 Baselland zu und wurde 1893 von der Regierung des Kantons Baselland in entgegenkommender Weise dem Historischen Museum zu Basel als Leihgabe überwiesen.

Nr. 41. Hallwyl-Monstranz.

Basel, Historisches Museum.
Abb. 207 und 208.

Aus den 1490er Jahren. Silber. H. 113,2 cm; Dm. des Fusses 23,2 cm; Aufsatzbasis: Br. und T. 18,5 cm. Glaszylinder fehlt. — Inv. 1511. 4, 1525. 3, 1827. 2.

Der Fuss achtblättrig, mit schwarz nielliertem, vergoldetem *Wappen Hallwyl* belegt. Der Schaftknauf von verschlungenen Zweigen locker überspannt. Die Turmbasis viereckig, in der Seitenmitte winklig vorspringend. In den vier Ecken, über hängenden Granatäpfeln, steigen vier Fialenstreben empor, die den Baldachinkranz, eine innere vierbüglige Wimpergkrone und einen hoch emporgeführten Turm tragen. In spielerischer Grazie ist der Turmhelm aus locker verschlungenen Ästen gebildet und geht in leichter Drehung um die eigene Achse in die eigentliche Spitze über (Abb. 208)[2]).

Zur Schaustellung von Reliquien der Heiligen Theodul und Moritz, die als Gabe des Domkapitels zu Sitten nach C. Wurstisen im Jahre 1490 Basel verehrt wurden[3]), ist die Monstranz hergestellt worden, wohl bald nachher, zu Beginn der 1490er Jahre. Von den 6 cm hohen Statuetten, die an den Pfeilern auf Säulchen, unter Baldachinen neben der Madonna stehen, dürfen deshalb der Krieger als St. Mauritius, die beiden Bischöfe als die Heiligen Theodul und Pantal gedeutet werden.

---

[1]) W. Merz, Oberrhein. Stammtafeln: Nr. 38. — Bischöfe von Basel waren Konrad Münch von Landskron (1393—1395) und Hartmann Münch von Münchenstein (1418—1423). Von Hartmann besass der Münsterschatz eine Kristallkanne (Inv. 1525. 23). Ein Kelch (Inv. 1478) und ein Ornat (Inv. 1525. 88 und 179) des Schatzes waren mit den Wappen Münch und Grünenberg geziert. Vater und Onkel des Bischofs Konrad Münch waren jeder mit einer Freiin v. Grünenberg verheiratet.

[2]) Auch bei der Pruntruter Monstranz von 1477 (Abb. 197) ist die Turmspitze durchbrochen gebildet, doch noch ohne die Drehung.

[3]) Inv. 1511. 4: „Item ein gross silberin new monstrantz cum reliquiis S. Theodoli et Mauricii, und auf dem Fuss Halweil schilt." — Roth, Nr. 89. — Über Reliquien des hl. Theodul vgl. B. St. A., Domstift Q. Q. 1., 4. März 1489. — C.W. II, S. 417 schreibt: „Anno 1490 ist von Sitten... kommen unnd eingeleutet worden heilthumb von S. Moritzen unnd seinen gsellen, ein schinbein namlich. Item ein stücklin von der glock zu Sitten. Item ein stuck von der casuckel darin S. Theodolus vergraben gwest, ehe er canonisiert worden." — Das aus Sitten verehrte „heilthumb von S. Moritzen" findet sich erst in der mit dem 10. Sept. 1494 datierten Urkunde beglaubigt; vgl. B. St. A. Domstift: Urkunde Nr. 432. — Eine St. Mauritius-Reliquie befand sich schon unter den von Heinrich II. gestifteten Reliquien. Vgl. B. Chr. VII, S. 113, Z. 19.

Abb. 207.
Höhe 113,2 cm.

Nr. 41.
Hallwyl-Monstranz.

Abb. 208. Die Turmspitze

Nr. 41. der Hallwyl-Monstranz.

Auch für diese Monstranz hat HANS BÄR ein Zylinderglas aus Venedig gebracht[1]).

Die Hallwyl-Monstranz zeigt den gleichen durchbrochen verzierten Fusshochrand wie die Münch-Monstranz, nur ohne Kehlung, und in den S-förmig ausgeschwungenen, von der aufsteigenden Turmspitze wie magnetisch angezogenen Wimpergen verraten beide denselben Formgeschmack. Dies sind Eigenheiten, die auf eine gleiche Werkstatt deuten, und die uns bei der zweiten, spätern Monstranzengruppe Nr. 42 bis 44 nicht mehr begegnen.

Derselbe Durchbruchfries wie am Fusshochrand der beiden Monstranzen Nr. 40 und 41 findet sich auch an der Aufsatzbasis der Pruntruter Monstranz von 1477 (Abb. 198) und an Fuss und Aufsatz einer einfacheren Monstranz daselbst[2]). Die Monstranz von 1477 aber ist eine urkundlich bezeugte Arbeit des HANS RUTENZWIG, wie ja auch die verschollene Hostienmonstranz des Schatzes Nr. 63 von 1471. Diese nun soll, wie aus Inv. 1827, Nr. 1 und 2 hervorgeht, gleich wie die Hallwyl-Monstranz aufgebaut sein, auch „mit vier Säulen“[3]). All dieser Gründe wegen scheint mir zwischen dem Meister der Münch- und Hallwyl-Monstranz und den Arbeiten des Hans Rutenzwig ein enger Zusammenhang bestanden zu haben. Wie nahe dieser war, darüber kann erst die Auffindung der verschollenen Hostienmonstranz Nr. 63 Aufklärung bringen.

Der Stifter der Hallwyl-Monstranz war nach meiner Ansicht der 1503 verstorbene Dompropst HARTMANN VON HALLWYL. Auch ein kostbares, nach 1529 versteigertes Hallwyl-Ornat kam durch ihn in den Schatz, denn es trug die Allianzwappen seiner Eltern von Hallwyl-v. Ruseck[4]). Am 23. Juli 1489 legte er zusammen mit dem Vorsteher der Münsterfabrik, KONRAD HÜGLIN, „den ersten Stein zum neuwen schnecken“ des St. Martinsturms[5]). Damals trafen aus Sitten Reliquien ein, und so dürfte der Wunsch in Hallwyl erwacht sein, zur Bergung dieses Heiltums einen Turm aus Edelmetall bilden zu lassen, so zart und luftig, wie er in Stein auszuführen nicht möglich war. Auch Hüglin folgte etwas später, wie wir sehen werden, seinem Beispiel (Nr. 42).

Dass nicht sein Neffe JOH. RUDOLF VON HALLWYL[6]) der Donator war, scheint mir dadurch erwiesen, dass ein nicht auf uns gekommenes kleines

[1]) C.W. II, S. 417,„Das glasz an der selbigen monstrantz [mit Heiltum der Heiligen Theodul und Moritz] hatt auch der Bär von Venedig gebracht, kostet ein pfund, drey schilling.“ Natürlich könnten die Münch- und die Hallwyl-Monstranz auch erst im Hinblick auf das Jubeljahr 1500 geschaffen worden sein, also nicht schon im Anfang der 1490er Jahre. Jedenfalls aber waren sie 1500 vollendet. Die beiden damals von Hans Baer gebrachten Gläser sind nicht mehr erhalten.

[2]) Vgl. unter Nr. 40, S. 276, Anm. 2.

[3]) Die beiden sind somit die einzigen eigentlichen Turmmonstranzen des Schatzes, nicht Retabelmonstranzen wie die vier übrigen, mit beidseitig nebengeordneten, retabelartigen Strebepfeilern. Vgl. Braun II, 371.

[4]) C.W. II, S. 452. — M.F. II, S. 318a. — Cer. 34a. — Inv. 1525. 124.

[5]) C.W. II, S. 423 u. 424. Am 23. Juli 1500 wurde der Martinsturm vollendet.

[6]) C.W. II, S. 511. Gest. 12. Jan. 1527, „were sonst auf den Utenheim bischof worden“. — M.F. II, S. 319a. — R.W. 3, S. 160. — W. Merz, Die Burganlagen des Kantons Aargau, I, S. 224.

Silberkreuz „mit Hallwiler schilt" im Inv. 1511. 71 ausdrücklich als dessen Geschenk angegeben ist. Hätte aber Rudolf auch die prächtige Monstranz gestiftet, so wäre dies gewiss im Inventar vermerkt worden. Zudem wurde Rudolf erst nach dem Tode seines Onkels Hartmann Dompropst.

Die Monstranz fiel mit Los 3 Basel zu.

Nr. 42. Hüglin-Monstranz.

Basel, Historisches Museum.
Abb. 209 bis 211.

Aus dem Anfang des 16. Jahrhunderts, vor 1511. Basel. Silber, teilvergoldet. H. 88,7 cm, ursprünglich 90 cm[1]). Fuss: Br. 22,3 cm, T. 18,8 cm. Aufsatzbasis: Br. 18,7 cm, T. 12,8 cm. Glaszylinder fehlt. — Inv. 1511. 14, 1525. 13, 1827. 4.

Der Fuss achtblättrig, in Harmonie zum ausladenden Schaugehäuse und um seine Standfestigkeit zu heben, beidseitig kielbogenförmig ausgezogen. Am Schaft acht Rautenpasten mit den vergoldeten, auf Maria und Jesus deutenden Buchstaben M A H I R S A I, in einem Grund von abwechselnd grünem und blauem, durchsichtigem Schmelz.

Im Schaugefäss ein aus Blumen und Gräsern gebildetes *Paradiesgärtlein* mit zwei knienden Engeln, die einen Pfeiler stützen, auf dem nach der schwarz niellierten Inschrift DIGIT^{OS} IOHHĀBTIST, Heiltum von einem Finger Johannes des Täufers, ausgestellt war (Abb. 209, S. 287; H. 7 cm)[2]).

Zu beiden Seiten, zwischen zwei durch Schwibbögen und Baldachine verbundenen Fialenpfeilern stehen rechts Johannes der Täufer, links Johannes Evangelist, am Pfeiler der Rückseite St. Barbara mit Turm und Kelch (H. je 5,6 cm), in der Turmlaube die Madonna mit Kind, so wie sie Johannes erschien: auf der Mondsichel im Strahlenglanz (Abb. 209, S. 284; H. 9,5 cm) und im obersten Turmgeschoss St. Andreas (H. 4,5 cm).

Vergoldung hebt die Gestalten und Einzelheiten, wie die Basis des Fusses und die gewunden gerippten Granatäpfel des Aufbaus, etwas hervor.

Laut der auf der Zylinderbasis eingravierten W e i h e i n s c h r i f t[4]) ist die Monstranz eine Gabe des Vorstehers der Münsterbauhütte — des Magister

[1]) Noch bei C.B. 1867. 9: H. 90 cm. Später brach die Kreuzblume ab.

[2]) Roth, Nr. 189 und 192. — Über die mutmasslichen Reliquienstifter vgl. D. Fechter, Basel im 14. Jahrhundert, S. 47, und Vautrey I, p. 189.

[3]) Eine Andreas-Reliquie befand sich schon unter den von Heinrich II. gestifteten Reliquien. Vgl. B. Chr. VII. S. 113, Z. 8.

[4]) ✶ CV̊NRADVS | HÚGLIN | CAPPELLAṄ | HṀ | KAL̄IE | DONARVT

Nach A.B. Nr. 9: „HM" = humillimus; „KALIE" = calicem = Gefäss für die Reliquie. — Ob es donavit oder donarunt heissen soll, ist nicht festzustellen; jedenfalls darf Hüglin als der Hauptstifter der Monstranz gelten. Da wir wissen, wie er sich um die Erhaltung des Schatzes bemüht hat (vgl. bei Nr. 9, S. 87, Anm. 1; bei Nr. 12, S. 102, Anm. 2), so lassen sich diese Unklarheiten in der Weiheinschrift vielleicht damit erklären, dass Hüglin die Fertigstellung der Monstranz nicht mehr erlebt hat.

Abb. 209. Madonna mit Kind
in der Turmlaube der Hüglin-Monstranz, Nr. 42.
Höhe 9,5 cm.

fabricae — Kaplan Konrad Hüglin. Zuerst findet er sich 1489, zuletzt 1502, mit einem Vermächtnis ans Münster erwähnt[1]). Doch erst zwischen 1500 und 1502, vielleicht auch etwas nach dem Tode Hüglins, dürfte die im Inv. 1511 als „neu" bezeichnete Monstranz entstanden sein. Hätte Hans

[1]) Über Konrad Hüglin vgl. zu 1489: C.W. II, S. 423; zu 1502: M.F. II, S. 43b u. C.B. 1867, S. 8.

Abb. 210.
Höhe 88,7 cm.

Nr. 42.
Hüglin-Monstranz.

Abb. 211. Das Schaugefäss der Hüglin-Monstranz. Nr. 42.

Bär vor seiner Reise nach Venedig etwas von ihr gewusst, so würde er 1500 wohl auch für sie ein schönes Kristallglas mitgebracht haben.

Dem Münster Zeremonienbuch zufolge wurde die Monstranz am Fest des Täufers in feierlicher Prozession durch das Atrium des Münsters getragen[1]).

Die Hüglin-Monstranz fiel 1834 mit Los 1 Baselland zu und wurde 1836 in Liestal von einem Basler Goldschmied für Fr. 1201.— ersteigert, der sie in einer bei der damaligen finanziell drückenden Lage höchst generösen Weise zum Ankaufspreis der Akademischen Gesellschaft abtrat. Diese aber tauschte sie der Regierung gegen die goldene Rose, den Walpertarm und die Teklabüste, die Basel mit Los 3 zugefallen waren, um und versteigerte darauf diese drei Stücke 1838, um sich für den Ankauf der Hüglin-Monstranz schadlos zu halten.[2])

Nr. 43 und 44. Die St. Heinrichs- und die St. Kunigunden-Monstranz.

Gegenstücke. Nr. 43 in Berlin, Schlossmuseum (Abb. 212). Nr. 44 in Basel, Historisches Museum (Abb. 213 bis 216).

Aus dem Anfang des 16. Jahrhunderts, vor 1511. Basel. Silber. H. 75,5 cm[3]); Fuss: Br. 18,3 cm, T. 15,35 cm; Aufsatzbasis: Br. 15,7 cm, T. 10,5 cm. Der Glaszylinder der Heinrichs-Monstranz erhalten. — Inv. 1511. 13, 1525. 12, 1827. 49.

Der Fuss sechsblättrig, seitlich kielförmig ausladend. Am Schaftknauf sechs Rautenpasten mit den vergoldeten, in einem abwechselnd grünen und blauen durchsichtigen Schmelzgrund ausgesparten, auf Jesus und Maria deutenden Buchstaben: J H S M A R. Das Schaugefäss ist ähnlich wie bei der Hüglinmonstranz Nr. 42 aufgebaut.

Bei Nr. 43 stehen zwischen den beiden seitlichen Fialenstreben auf hohen Säulchen links St. Christophorus[4]), rechts St. Barbara, oben in der Turmlaube Kaiser Heinrich, ähnlich wie bei der Münch-Monstranz, bärtig, mit spätgotischer Bügelkrone[5]), zu oberst drei Heilige, darunter Sebastian und Georg[6]).

[1]) Cer. S. 31b: „celebrans monstranciam cum digito s. Johannis gestans." — 1. Juli: „Octava S. Joh. baptiste"; 29. August: „Decollatio S. Joh. baptiste". — Vgl. S. 353, Anm. 3.

[2]) B. St. A. Bauakten J J 3: Schreiben vom 22. Juni 1837. — Protokoll der Akad. Gesellschaft 1838 vom 4. und 23. Juli und 18. Oktober. Bei der Versteigerung wurden ca. Fr. 860.— mehr erzielt, als die Kosten der Monstranz betrugen. Vgl. unter Nr. 13, S. 111, wie die heutige Kommission dieser Gesellschaft dies wieder gutzumachen versucht hat.

[3]) Bei der Heinrichs-Monstranz ist die Spitze abgebrochen, deshalb beträgt die Höhe jetzt nur 73,5 cm.

[4]) Ursprünglich stand der hl. Christoph rechts, wo er mit seinem Baumstamm die Zweige nicht überschnitt wie jetzt. Wie bei der Christophorusstatuette Nr. 27 greift die Linke des Heiligen ins Gewand.

[5]) Vgl. R.F.B. 1924, S. 33, mit Abbildung der 20 cm hohen Vorzeichnungen unter den „Goldschmiedrissen" der Kunstsammlung zu den ca. 1 m hohen Rathausfiguren des Kaiserpaares, jetzt im Historischen Museum zu Basel.

[6]) Über die Reliquien von Nr. 43 vgl. Roth, Nr. 38, 79, 81, 82, 86. Eine St. Sebastian-Reliquie war schon unter den von Kaiser Heinrich II. gestifteten. Vgl. B. Chr. VII, S. 113, Z. 19. Wie wir sahen, wurden Reliquien des öftern umgebettet. Vielleicht kamen in diesen beiden Monstranzen die Kaiserpaar-Reliquien neu zur Schaustellung. Vgl. Cer. 32a: „In festo S. Imp. Heinrici": „celebrans... monstranciam cum sacratiss. Heinrici reliquiis baiulans"... „diaconus vero ad latus... monstranciam aliam cum S. Kunigundis reliquiis deferens". (Baiuli reliquiarum = Reliquienträger.)

Bei Nr. 44 finden sich links der hl. Mathias[1]), rechts wohl St. Pantalus, oben im Turm St. Kunigunde und zu oberst die Madonna mit Kind, St. Ägidius[2]) und ein Bischof.

Wie ein Vergleich der drei Monstranzen — Nr. 42 bis 44 — ergibt, sind sie Arbeiten derselben Werkstatt. Für das Mathiasfigürchen der Kunigunden-Monstranz diente das gleiche Modell wie für das des Andreas der Hüglin-Monstranz (H. 4,5 cm). Die Gegenstücke dürften etwas später entstanden sein. Die lebendiger wirkende Profilierung des Fusses, die vereinfachte Form der den Glaszylinder flankierenden Partien sprechen dafür.

Alle drei Monstranzen wurden jedoch bestimmt erst nach der Münch- und Hallwyl-Monstranz (Nr. 40 und 41) angefertigt. Denn im Aufstellungsplan der Hochaltarzierden sind nur diese angeführt[3]). An Stelle von Nr. 43 und 44 figurieren noch zwei Monstranzen von ungleicher Grösse, aus deren Edelmetall sie erst geschaffen worden sind. Das muss vor 1511 erfolgt sein, da das Inventar dieses Jahres sie nennt, doch nach 1500, da HANS BÄR sonst wohl auch für sie die Gläser aus Venedig mitgebracht hätte.

Weil die Hüglin-Monstranz eine Gabe des Magister fabricae ist und die Gegenstücke im Auftrag des Domkapitels ausgeführt wurden — vielleicht einem Wunsch des Bischofs CHRISTOPH VON UTENHEIM (1502—1527) zufolge, da sich sein Namensheiliger auf der einen findet — so sind sie wohl Arbeiten des Goldschmieds am Münster. Wer dies damals war, liess sich leider nicht feststellen. Von den zu dieser Zeit in Basel tätigen Goldschmieden[4]) sind zum Vergleich nur zwei signierte Werke auf uns gekommen: die 1508 von ANDREAS RUTENZWIG, dem Sohn des Münstergoldschmieds Hans Rutenzwig, für Laufen bei Basel[5]), und die 1516 von KASPAR ANGELROT für Sachseln angefertigte Hostienmonstranz (Abb. 212, S. 293; H. 86 cm)[5]).

Mit der Arbeit von 1508 zeigt die Gruppe keinerlei Verwandtschaft, mit der von 1516 dagegen eine so augenfällige, besonders in Form und Gravierung des Ständers, dass ein Werkstatt-Zusammenhang bestehen muss. Da aber der aus Thann eingewanderte KASPAR ANGELROT erst 1511 in Basel zünftig wurde, kommt er als Verfertiger nicht in Betracht, dagegen — wenigstens für die Kaiserpaarmonstranzen — vermutungsweise sein 1507 in Basel eingebürgerter Bruder BALTHASAR ANGELROT. Wie wir wissen, übernahm man damals Goldschmiedwerkstätten zusammen mit den Entwürfen, Modellen und

[1]) Über die Reliquien von Nr. 44 vgl. Roth, Nr. 18 und 19.

[2]) Roth, Nr. 56, 57 und 60.

[3]) Vgl. S. 355 und 357.

[4]) Vgl. R.W. 2, I, S. 465 bis 467. — R.W. 3, Anm. S. 48 und 49. — Auf weithin werden die meisten Goldschmiedearbeiten damals aus Basel geliefert worden sein. Wir können aber nicht darauf eingehen und erwähnen nur die Notiz in J. Stammler, Kunstpflege im Kanton Aargau, Aarau 1903, S. 129, nach der z. B. „in Zurzach im Inventar des Kirchenschatzes von 1474 eine kleine silberne Monstranz, geschenkt von Propst Johann Keller und durch Dekan von Rast in Basel abgeholt mit Reliquien" angeführt wird.

[5]) In der Kirche zu Sachseln. Vgl. R. Durrer, die Kunstdenkmäler des Kantons Unterwalden, Abb. 291 bis 293. Für die Lebensdaten vgl. S.K.Lex. I, S. 38; IV, S. 7.

Abb. 212.
Die St. Heinrichs-
Monstranz.

Nr. 43.
Höhe
73,5 cm.

Abb. 213.
Höhe
75,5 cm.

Nr. 44.
Die St. Kunigunden-
Monstranz.

Werkzeugen. Balthasar Angelrot aber hatte 1507 das Haus zum Tanz samt seiner Goldschmiedwerkstätte von HANS NACHBUR erworben, der wie sein Nachfolger Angelrot für das Münster tätig gewesen sein mochte. Doch nachzuweisen ist dies vorderhand nicht. Fest steht nur die stilistische Verwandtschaft dieser späteren Monstranzengruppe mit der Arbeit des KASPAR ANGELROT von 1516, somit zur Goldschmiedewerkstätte im „Haus zum Tanz". Und diese gehörte von 1487 bis 1494 Martin Schongauers Bruder, GEORG SCHONGAUER, bei dem 1492 Albrecht Dürer wohnte[1]), dann bis 1507 dem aus Ulm eingewanderten HANS NACHBUR und nach ihm BALTHASAR ANGELROT, der seine Hausfassade von Holbein mit Malereien schmükken liess[1]).

Abb. 214. Monstranz in Sachseln. 1516 von Kaspar Angelrot angefertigt.

Die drei Monstranzen sind die letzten für den Hochaltar geschaffenen Arbeiten. Bei ihnen ist, im Gegensatz zu der früheren Münch- und der Hallwyl-Monstranz, zuerst der Fuss feinfühlig dem beidseitig ausladenden Aufsatz angepasst, der Schaftknauf zweckentsprechend einfach gebildet und der plastische Schmuck allein dem Aufsatz vorbehalten, so dass er dort restlos zur Geltung kommt.

Die drei Monstranzen zeichnet eine besondere, heiter beglückende Schönheit aus. Schon durch das Masshalten in der Verwendung spätgotischer Zierformen, dann durch das Feingefühl, mit dem die wagrecht gelagerten und senkrecht aufsteigenden Glieder des Bauwerks zu harmonischer Wirkung gegeneinander ausgewogen sind. Die drei Silbertürme, die zu den edelsten spätgotischen Monstranzen gehören, müssen bei hohen Kirchenfesten auf dem Hochaltar aufgestellt, etwas von Ruhe und Harmonie in die verwirrend prunkvolle Reihe all der verschieden geformten Kreuze und Reliquiare gebracht haben. Diesem Wunsch dürfte die Heinrichs- wie die Kunigunden-Monstranz wohl ihre völlig gleiche Gestalt zu verdanken haben, da die Spätgotik sonst auch für Gegenstücke

[1]) Vgl. bei Nr. 40, S. 276, Anm. 4.

Abb. 215. Das Schaugefäss der St. Kunigunden-Monstranz. Nr. 44.

Kontraste liebt, wie sie etwa der Georgs- und Martinsturm des Basler Münsters zeigen (Abb. 217, S. 296).

Die Heinrichs-Monstranz fiel mit Los 2 Baselland zu und wurde 1836 in Liestal für Fr. 700.— von Antiquar Arnold für Berlin ersteigert. Die Kunigunden-Monstranz fiel mit Los 3 Basel zu.

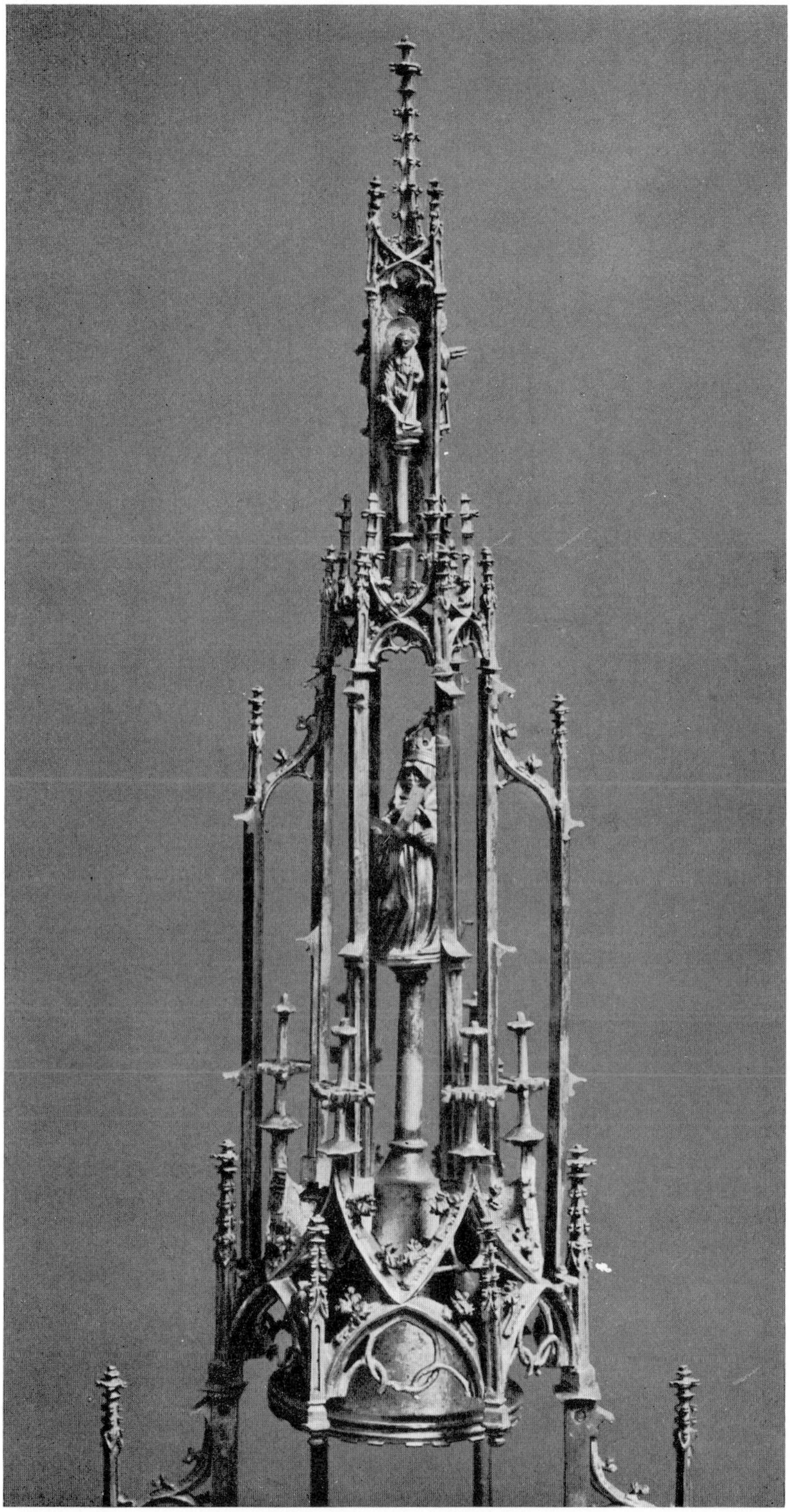

Abb. 216. Die Turmspitze der St. Kunigunden-Monstranz. Nr. 44.

Abb. 217. Die Westtürme
des Münsters zu Basel.

KRÜMMEN VON BISCHOFSSTÄBEN UND ZEREMONIENSTÄBE.

Nr. 45. Krümme eines Bischofsstabs.

Wohl aus einem Bischofsgrab im Münster.

Basel, Historisches Museum.
Abb. 218.

11. bis 12. Jahrhundert. Erzguss. H. 14 cm, Dm. 9 cm.

Die Krümme mit Doppelspirale und Tierkopfendigung wird von vier für den Guss notwendigen, zugleich aber dekorativ verteilten Stäben gestützt, so dass sie wie eine durchbrochen gearbeitete Zierscheibe wirkt. Sie verbreitert sich sechsseitig, hohl, dem granatapfelförmigen Knauf des Halses zu.

Diese Kurvatur ist zuerst im Sammlungs-Katalog von 1859 angeführt, und zwar als alter Bestand, der „öffentlichen Sammlung" ohne jede weitere Herkunftsangabe[1]). Deshalb dürfen wir annehmen, dass sie ein Münstergrabfund sei und somit einem Basler Bischof gedient und zum Münsterschatz gehört habe[2]). Die Krümme kann aus dem 11. oder auch erst aus dem 12. Jahrhundert stammen, denn ganz ähnlich geformte Kurvaturen finden sich z. B. noch an bischöflichen Erzgrabplatten des 12. Jahrhunderts.

Nr. 46 und 47. Krümme eines Bischofsstabs und Pontifikalring.

Aus dem Münstergrab des Bischofs Johann von Venningen (1458—1478).

No. 46. Krümme.

Abb. 219 und 220.

13. Jahrhundert. Frankreich, Limoges. Kupfervergoldet mit Grubenschmelz. H. 17 cm, Dm. 11,5 cm.

Die Krümme umschliesst eine ovale, wellig umsäumte Scheibe mit Christus als Weltenrichter und der thronenden Madonna mit Kind. Die Kurvatur ist wie der eingerollte Schweif eines Fabeltiers geformt und mit Schuppen geziert in Gestalt rautenförmiger, mit blauem, undurchsichtigem Schmelz gefüllter Gruben, die zusammen mit der Vergoldung heiter prächtig wirken.

---

[1]) Neu eingetragen 1870. 186. In den Inventaren des Amerbachkabinetts, der Fäschsammlung und der Grynäischen Stiftung ist das Stück nicht erwähnt.

[2]) In E. A. Stückelberg, Zur 9. Jahrhundertfeier der Basler Münsterweihe, 1919: die Vermutung, dass die Krümme aus dem Grab des Bischofs Adalbero II. († 1025) stamme; in desselben Verfassers, Denkmäler des Königreichs Hochburgund, Zürich 1925, S. 28, kurzweg als Herkunft: „aus dem Grab Adalbero II."; dafür haben wir jedoch keinen Beweis.

Die Krümme ist im 13. Jahrhundert, jedenfalls vor 1261, entstanden, denn im Grab des 1261 verstorbenen Bischofs von Angers, Michel de Villeoiseau, fand sich eine ganz gleich geformte, auch mit dem Dominator mundi[1]).

No. 47. Pontifikalring.

Abb. 221 und 222.

Um 1460. Basel. Bronzevergoldet. Dm. 3,5 cm, Siegelplatte: H. 1,7, Br. 2 cm.

Auf der Siegelplatte über einer Blume eingegraben die Minuskelinitialen von Johann von Venningen: „i. o. v. v."

Krümme und Ring stammen aus dem Grab des Bischofs JOHANN VON VENNINGEN[2]), einer Persönlichkeit, die energisch und zielbewusst ihre Machtstellung gefestigt und ihre Liebe zum Bistum u. a. auch durch eine ansehnliche Vermehrung des Münsterschatzes bewiesen hat[3]). Er war eine Erscheinung von kraftvoller Schönheit, denn als er 1471 am Konzil in Regensburg weilte, wurde er allgemein als die geeignetste Persönlichkeit bezeichnet, die Reichsfahne gegen die Türken zu führen. Seit den Burgunderkriegen residierte er auf seinem Schloss zu Pruntrut. Dort starb er am 20. Dezember 1478. Für die eines Basler Bischofs würdige Repräsentation bei seinem Begräbnis besorgt, hatte er genau festgesetzt, wie er eingesargt, von Pruntrut nach Basel geleitet und in seinem Grab im Münster vor dem Lettner beigesetzt werden wollte. Zwei Angaben über seine Bekleidung in dem in Pruntrut eigenhändig am 15. Dezember 1478 geschriebenen Testament sind hier von Interesse. „..darnach die Henschen und den Pontificalringk an den finger by dem cleyn finger an der rechtten Hand, darnach die Infail uff unser houpt, darnach den Bischoffsstab in die linke Hand, darnach bapst Calixten bullen uffgetan in die recht hand..."[4]). Damit sind gewiss der in einem zu Pruntrut aufgenommenen Inventar vom 15. April

---

[1]) L. de Farcy, Revue de l'art chrétien 1905, S. 190, mit Abbildung.

[2]) Über die Herkunft der Krümme (1870. 330): Verzeichnis der mittelalterlichen Sammlung, Basel 1859, S. 169, Nr. 31: „Aus dem Grab Bischof Johanns v. Venningen"; Verzeichnis .... Basel 1871, S. 21, Nr. 7: „Aus dem 1820 geöffneten Grabe Bischof Johanns v. V."

Über die Herkunft des Rings (1870. 626): Verzeichnis..... 1859, S. 25, Nr. 132, ohne Herkunftsangabe; Verzeichnis..... 1871, S. 36, Nr. 80: „Aus Bischof J. v. Venningens im Jahr 1820 geöffneten Grab". Vgl. ferner B.Chr. III, S. 219, Anm. 2: „Der Ring (aus Eisen und vergoldet) befindet sich jetzt in der mittelalterlichen Sammlung. Er wurde dem Grabe des Bischofs J. v. V. entnommen, als dasselbe aus Anlass einer Reparatur im Münster (schon längere Zeit vor der Restauration der fünfziger Jahre) geöffnet wurde." Die Quelle der erst späteren Angabe, dass das Grab 1820 geöffnet wurde, konnte ich nicht feststellen.

[3]) Unter Venningen wurden Nr. 31, 32, 39, 63 angeschafft. Er vermachte laut Testament ein silbernes Giessfass mit Becken, Nr. 69, dann laut Inv. 1478, Zusatz von 1479, 1511. 6 und 1827. 54 „ein gross barillen kanth mit einem silbernen fuss mit reliquien", endlich laut Inv. 1478, Zusatz von 1479, „fünf goldene Ringe mit Edelsteinen, einem grossen Smaragd, Coreol, Türkis, zwei Saphyren". (Zu vgl. B. St. A., Bischofsarchiv LXVIII, Inv. vom 1. Nov. 1476 im Bischofshof von Notar I. Salzmann aufgenommen; 1478 korrigiert, darin „2 grosse und 6 andere Ringe" angeführt; vgl. ferner E. A. Stückelberg, Anzeiger für schweizer. Altertumskunde, Zürich 1916, S. 165.)

[4]) Jos. Stöcklin, Johann VI. von Venningen, Solothurn 1912, S. 134. — Vgl. ferner Tr. V, p. 523, Testament vom 1. September 1476: „...ciroteca et annulo pontificali ad manum dextram, penultimo digito, deinde infula debet imponi capiti, deinde baculus pastoralis ad manum sinistram..."

Abb. 218. Krümme eines Bischofsstabs. Nr. 45.

1470[1]) vermerkte „Pontifikalring" und „übergüldte Bischofsstab" gemeint, die beide — vom Stab nur die Krümme — in Bischof von Venningens Grab aufgefunden wurden[2]).

[1]) Tr. V, p. 492: „Item ein pontificalring und sust nün ring", anschliessend: „Item ein übergüldter Bischofstab."

[2]) Bisweilen wurden einem Bischof nur wertlose Nachahmungen von Stab und Ring ins Grab gegeben. Vgl. E. A. Stückelberg, Basler Zeitschrift, Bd. VIII, S. 287 ff., mit Abbildungen.

Abb. 219. Nr. 46.
Krümme eines Bischofsstabs.

Abb. 221. Nr. 47.
Pontifikalring, Siegelplatte.

Abb. 220. Nr. 46.
Krümme eines Bischofsstabs.

Abb. 222. Nr. 47.
Pontifikalring.

Nr. 48. Vortragestab für das Kaiser Heinrichs-Kreuz (Nr. 2).

Berlin, Schlossmuseum.
Abb. 223 (oberer Abschnitt).

Wohl 13. Jahrhundert. Basel. Silbervergoldet. H. 1,58 m. — Inv. 1477. 38, 1511. 42, 1525. 42, 1827. 35.

Der Stab mit dem prismatischen Knauf ist der in den Inventaren angeführte „sylberin stecken" für das „festlich crütz".

Er fiel mit Los 2 Baselland zu und wurde 1836 in Liestal mit einem anderen silbernen Stab von dem Berliner Antiquar Arnold ersteigert. Er kam mit dem Heinrichs-Kreuz (Nr. 2) in die Sammlung des Prinzen Karl von Preussen und später ins Schlossmuseum zu Berlin.

Nr. 49. Zeremonienstab des Pedellen.

Basel, Historisches Museum.
Abb. 224 (oberer Abschnitt).

Wohl 14. Jahrhundert. Basel. Holz, schwarz bemalt, mit gestanzten Silberstreifen besetzt. Mit Bergkristallspitze in silbervergoldeter Fassung. H. 1,21 m. — Inv. 1511. 45, 1525. 45. Fehlt im Inv. 1827.

Es ist der in den Inventaren angeführte „stock mit sylberin strychen umbwunden für den pedellen in den grossen umbgengen".

ANHÄNGEKREUZE, RELIQUIENKAPSELN UND KORPORALIENLADEN DES 15. JAHRHUNDERTS.

Nr. 50 bis 56. Zwei Anhängekreuze und fünf Reliquienkapseln

Basel, Historisches Museum.

Von den 15 im Inv. 1827. 46 aufgezählten Anhängekreuzen und Reliquienkapseln, die am Heinrichs-Kreuz, am Sonntagskreuz und an den Büstenreliquiaren der Heiligen Tekla und Ursula Nr. 11 und 12 aufgehängt waren, fielen acht mit Los 3 Basel zu. (Das Brustkreuz des 14. Jahrhunderts siehe unter Nr. 20.)

No. 50. Anhängekreuz mit Perlknöpfen.

Abb. 225 und 226.

15. Jahrhundert. Silbervergoldet, „mit vier berlin knöpffen". H. 6 cm. Mit Kette. Inv. 1827. 46. l.

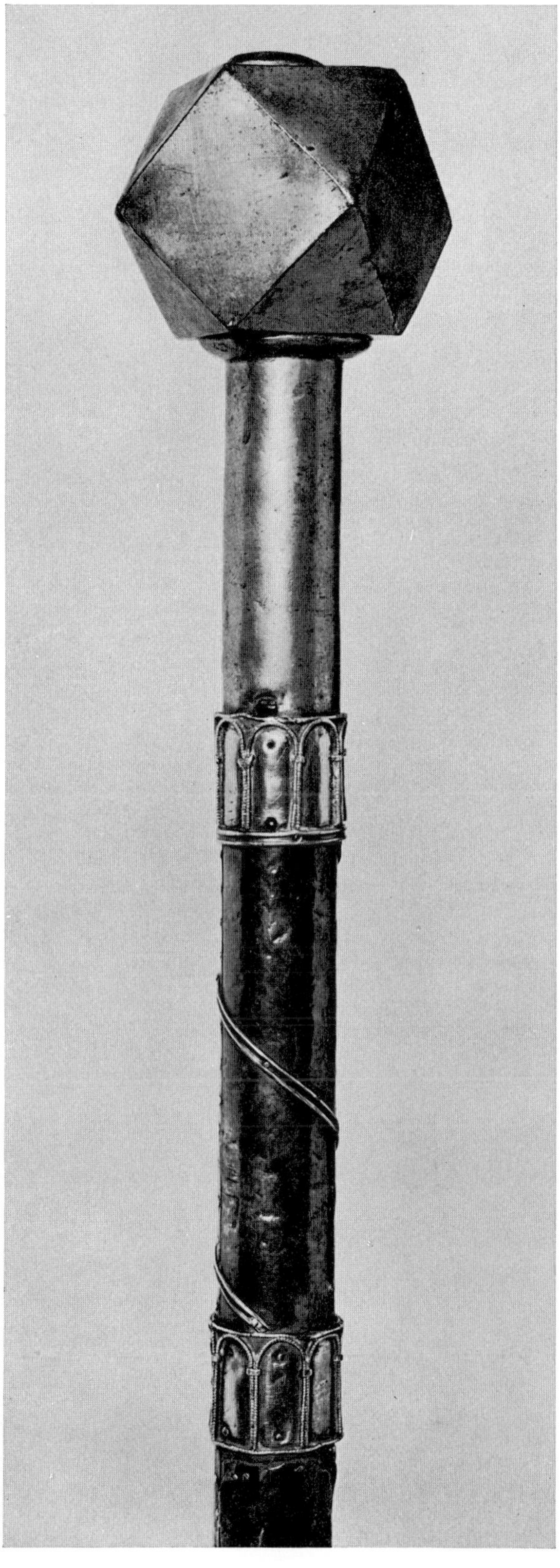

Abb. 223. Vortragestab. Nr. 48.

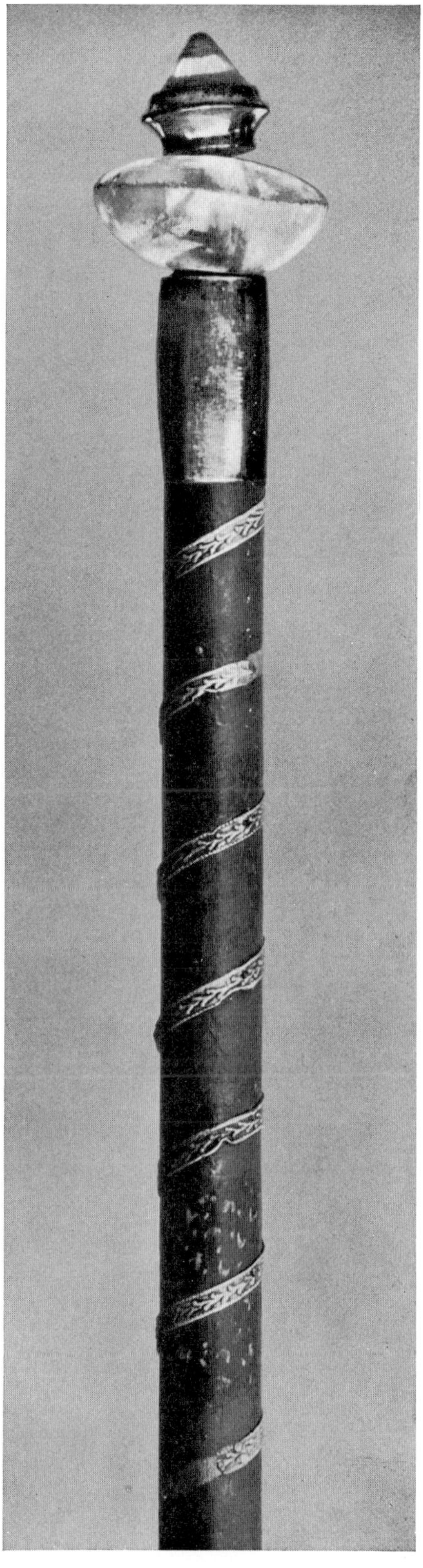

Abb. 224. Zeremonienstab. Nr. 49.

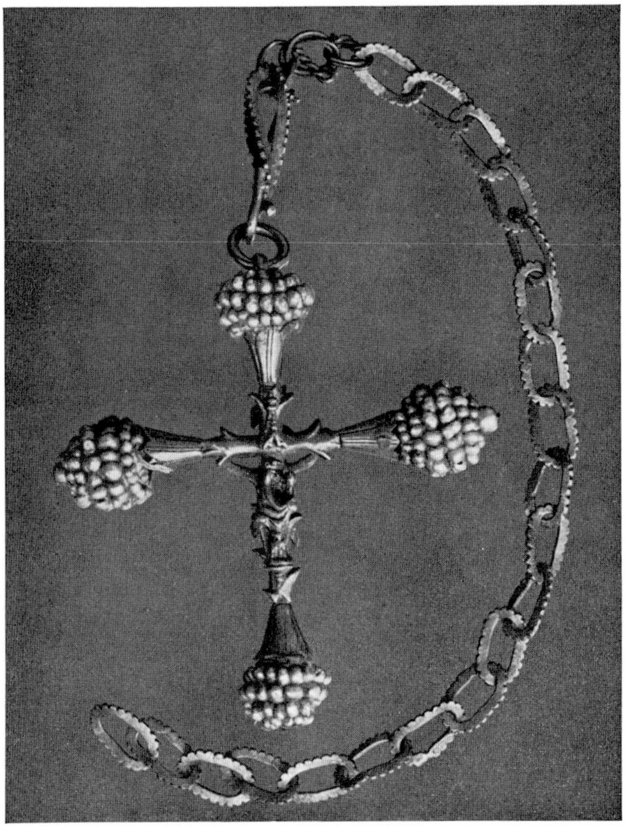

Abb. 225. Anhängekreuz mit Perlknöpfen; Rückseite. Nr. 50.

Auf der Vorderseite der *Gekreuzigte*, auf der Rückseite die *Madonna mit Kind* unter Baldachin, frei plastische Figürchen.

Das Kreuz hing laut Inv. 1477. 24 am Ursulahaupt Nr. 12.

No. 51. Perlmutterkreuz.

Abb. 227.

15. Jahrhundert. Mit silbervergoldeter Öse und Ring. H. 2 cm. Inv. 1827. 46. n.

Wohl das „berlinmutterzeichen“, das laut Inv. 1511. 23 am Ursulahaupt Nr. 12 hing.

No. 52. Reliquienkapsel.

Abb. 228 und 229.

Zweite Hälfte des 15. Jahrhunderts. Wohl Basel. Silbervergoldet. Dm. 6 cm. Mit zwei Anhängeringen. — Inv. 1827. 46 d.

Abb. 226. Anhängekreuz Nr. 50.
mit Perlknöpfen; Vorderseite.

Ab. 227. Nr. 51.
Perlmutterkreuz.

Auf der Vorderseite *die Geburt Christi,* auf der Rückseite *das Lamm Gottes,* beide erhaben getrieben.

Der Kapselrand mit einem in spätgotischer Zeit beliebten Ziermotiv reizvoll belebt: mit freiplastischen, in schräger Lage, abwechselnd nach oben und unten gerichteten Blumenzweigen, die an einen gewundenen Draht gelötet sind.

Auf einem schon beim Walpertarm Nr. 6 erwähnten Villinger Scheibenkreuz von 1268, das 1489 wieder instand gestellt und mit einigen Zierscheiben bereichert wurde[1]), findet sich eine Geburt Christi im Stil des Meisters E. S., die vielleicht mit dem gleichen Model gestanzt worden ist wie die Basler Reliquienkapsel.

No. 53. Reliquienkapsel.

Abb. 230 und 231.

Zweite Hälfte des 15. Jahrhunderts. Wohl Basel. Silbervergoldet. Dm. 4 cm. Mit zwei Anhängeringen. — Inv. 1827. 46 b.

Auf der Vorderseite das *Lamm Gottes,* auf der Rückseite *St. Veronika* — frei nach M. Schongauer (B. 66) —, beide eingraviert. Der Kapselrand mit spiralförmig gedrehtem Silberdraht umgeben.

No. 54. Reliquienkapsel.

Abb. 232 und 233.

Zweite Hälfte des 15. Jahrhunderts. Wohl Basel. Silbervergoldet. Dm. 5,5 cm. Mit zwei Anhängeringen. — Inv. 1827. 46 g.

Auf der Vorderseite die *Verkündigung an Maria* eingraviert. Auf der Rückseite die *Grablegung Christi* kameenartig in Perlmutter geschnitten.

No. 55. Reliquienkapsel.

Abb. 234 und 235.

Zweite Hälfte des 15. Jahrhunderts. Wohl Basel. Silbervergoldet. Dm. 5,5 cm. Mit Anhängering. — Inv. 1827. 46 h.

Auf der Vorderseite die *Krönung der Maria,* auf die Unterseite einer konvex geschliffenen Bergkristallscheibe bunt gemalt. Es ist das früheste, mir in Basel bekannte Beispiel der im 16. Jahrhundert hier beliebten Hinterglasmalerei. Das in der Verkaufsanzeige vom 3. März 1836 unter Nr. 33 angeführte, verschollene „silbervergoldete Gehäng, auf der einen Seite die betende Maria mit Gold auf Glas gemalt" wird auch eine solche Hinterglasmalerei gewesen sein.

Auf der Rückseite die *Madonna mit Kind* im Strahlenkranz eingraviert. Die Bewegung von Mutter und Kind, Mantelgefält und Mondsichel sind dem Rund fein angepasst.

---

[1]) Abb. in F. X. Kraus, Kunstdenkmäler des Grossherzogtums Baden, Bd. II, Die Kunstdenkmäler des Kreises Villingen, Freiburg i. B. 1890, Taf. 17, Text S. 122.

Abb. 228. Vorderseite. Rückseite. Abb. 229.

Nr. 52. Reliquienkapsel.
Durchmesser 6 cm.

Abb. 230. Vorderseite. Rückseite. Abb. 231.

Nr. 53. Reliquienkapsel.
Durchmesser 4 cm.

Des Kristalldeckels wegen vielleicht der im Inv. 1511. 25 angeführte „barillus" der Teklabüste Nr. 11.

No. 56. Reliquienbehälter.

Abb. 236.

15. Jahrhundert. Sechsseitig geschliffenes, durchlochtes Stäbchen aus Bergkristall mit silbergravierter Fassung. H. ohne Anhängering 6,2 cm. — Inv. 1827. 46 m.

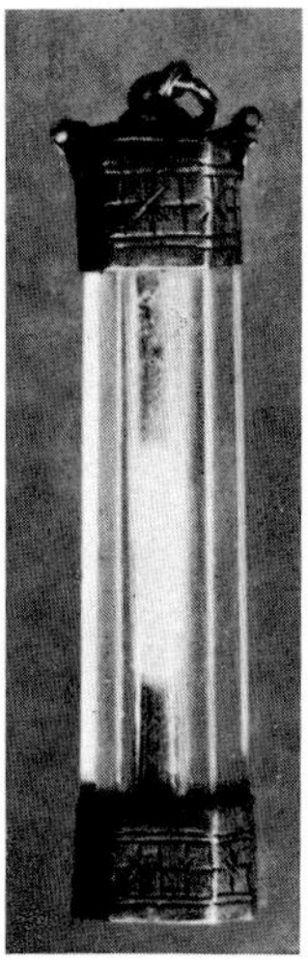

Abb. 236.
Nr. 56.
Reliquienbehälter.
Höhe 6,2 cm.

Nr. 57 und 58. Zwei spätgotische Korporalienladen.

Basel, Historisches Museum.
Abb. 237 und 238.

Zweite Hälfte des 15. Jahrhunderts. Basel. H. 4 cm, Br. 21 cm, T. 21 cm. — Wohl Inv. 1827. 43 und 47.

Der Münsterschatz besass laut den Inventaren kostbare, reichverzierte „Corporalladen"[1]). Diese wurden 1529 versteigert. Zwei einfache blieben erhalten. Sie dienten — den Inventaren zufolge — zur Aufbewahrung der Oblaten, auch zur Bergung bei der Messe gebrauchter feiner Tüchlein[2]). Beide Schachteln sind viereckig und mit rotem Samt überzogen.

Bei der *ersten Lade* Nr. 57 ist der Deckel im Innern mit einem in Temperafarben auf Seide gemalten Bild verziert. Darauf *Christus am Kreuz* zwischen Maria in blauem Rock und weissem Mantel, Maria Magdalena in zinnoberrotem Rock und blauem Mantel, Johannes in grünem Rock, weinrotem

[1]) Vgl. Inv. 1525. 138, 142, 193. — Vgl. J. Braun, Die liturgischen Paramente, Freiburg 1924, S. 216.
[2]) Vgl. Inv. 1525. 138.

Abb. 232. Vorderseite. Rückseite. Abb. 233.

Nr. 54. Reliquienkapsel.
Durchmesser 5,5 cm.

Abb. 234. Vorderseite. Rückseite. Abb. 235.

Nr. 55. Reliquienkapsel.
Durchmesser 5,5 cm.

Mantel mit zinnoberrotem Buch, die Gruppe vor blauem Sternenhimmel. (Abb. 237, H. 17,5 cm, Br. 19,5 cm.)

Es ist nicht die im Inv. 1511. 94 angeführte „Corporallad cum salvatore et Magdalena", eine Gabe des STEPHAN VON UTENHEIM. Aus Inv. 1525. 140 geht hervor, dass die Gestalten darauf gestickt waren[1]).

Die *zweite Lade* Nr. 58 ist am Deckel von einer Goldborte umsäumt und mit fünf über Nußschalen mit Perlen und Goldstickereien gefertigten Knöpfen verziert (Abb. 238).

Es könnte vielleicht die im Inv. 1511. 94 und 1525. 139 erwähnte „rot sammet Corporallad oben umbher mit einem guldinen gewächs von eichlen" sein. Jedenfalls ist es die im Inv. 1827. 47 angeführte.

Nr. 59. Pontifikalkanne.

London, Victoria und Albert Museum.
Abb. 239 und 240.

15. Jahrhundert. Frankreich? Silber, die Verzierungen vergoldet. H. 29 cm. Nach 1836 restauriert. — Inv. 1827. 41.

Von sechs im Inv. 1827. 41 aufgezählten silbernen Messkannen verschiedener Grösse und Gestalt, die mit Los 2 Baselland zufielen, wurden vier von einem Basler Goldschmied 1836 in Liestal für Fr. 145.— ersteigert; zwei kleine, Nr. 21, für Fr. 43.—, eine grössere, Nr. 69, für Fr. 37.—, die grösste, Nr. 59, für Fr. 65.—.

An Hand von Federzeichnungen im Historischen Museum zu Basel liessen sich in Nr. 21 die beiden Messkännchen in London feststellen (vgl. S. 171 ff). In Nr. 59 glaube ich, auch die grösste der vier Kannen im Victoria und Albert Museum aufgefunden zu haben.

Die Londoner Kanne ist zwar in einigen Partien verschieden von der nach 1836 vielleicht nicht bis in alle Einzelheiten genau ausgeführten Federzeichnung (Abb. 239, S. 312), gleichfalls im Historischen Museum zu Basel. Aber diese Unterschiede beruhen nach meiner Ansicht auf einer weitgehenden Reparatur vor allem an Fuss und Deckel, ausgeführt zwischen 1836 und 1862, dem Jahr, in dem die Kanne aus der Sammlung Soltykoff für ca. Fr. 2400.— für London angekauft wurde[2]). Zu den Ergänzungen gehört z. B. die Lilienkrone am Deckel. Das erklärt auch, dass die Höhe der Kanne

[1]) In einer der Laden waren — laut Inv. — zwei Rosenkränze aus Agat und Korallenkugeln geborgen. Beide im Historischen Museum zu Basel. Der aus Korallenkugeln hing früher an der im Inv. 1735. 6 angeführten „kleinen Monstranz mit roten Korallen", im Inv. 1585. 8 genauer als kleine Monstranz mit einem korallenen Paternoster gekennzeichnet, später am Valentinarm Nr. 24. — Über die Händler mit Paternostern in Basel, die sogenannten Paternosterer, vgl. R.W. 2, I, Anm. zu S. 499.

[2]) Zuerst angeführt im Auktionskatalog der Sammlung Sommesson in Paris 1850; dann in jenem der Sammlung Soltykoff, Paris 1862 Nr. 862, mit Angaben: „H. 29 cm, Augsburg, Ende 15. Jahrhundert"; endlich 1911 in London als französische Arbeit des 14. Jahrhunderts.

Abb. 237.
Nr. 57.
Korporalienlade.

Abb. 238.
Nr. 58.
Korporalienlade.

selbst 29 cm, die der Federzeichnung nach ihr nur 28,5 cm beträgt. Dann fehlen zwei Spiralen am untern Henkelansatz. Endlich scheint das Ausgussrohr etwas tiefer wieder angesetzt und oben durch Blattwerk zwecks grösserer Solidität mit der Kanne verbunden worden zu sein. Aber in den für die Gesamtwirkung charakteristischen Teilen stimmt die Kanne so sehr mit der Zeichnung überein, dass ich in ihr wohl die Kanne des Münsterschatzes erblicken darf.

Die Kanne war 1911 in London als französische Arbeit des 14. Jahrhunderts, in der Sammlung Soltykoff als „Augsburg, Ende 15. Jahrhundert", bezeichnet[1]).

Abb. 239.
Federzeichnung.
Historisches Museum Basel.

Völlig ausgeschlossen ist es zwar nicht, dass sie in Basel nach dem Konzil, in der zweiten Hälfte des 15. Jahrhunderts, angefertigt wurde. Die Spiralen am Griff z. B. sind ein Ziermotiv, das wir ähnlich am Astkreuz Nr. 32 und an der Agnus Dei-Monstranz von 1460 Nr. 31 wiederfinden. Eine ähnliche Tierfratze wie die mit den beiden Ausgussröhrchen zeigt ein kostbarer Langdolch im Historischen Museum zu Basel aus dem Besitz des Druckerherrn Johannes Amerbach, den ich anhand gleicher Goldschmiedmodelle der Sammlung als eine Basler Arbeit nachweisen konnte[2]). Natürlich geht die edle, schlanke Form der Kanne mit dem graziös in Doppelschwung dem Gefäss angepassten Henkel und Ausgussrohr auf ein orientalisches oder venezianisches Vorbild zurück[3]). Aber während des Konzils sind gewiss

[1]) Vgl. R.F.B. 1912, S. 13, Tafel in Lichtdruck. Dort irrtümlich 25 statt 29 cm Höhe.

[2]) Vgl. R.F.B. 1908, S. 5, mit Tafel in Lichtdruck. Ähnlicher Ausguss auch an zwei spätgotischen Messkännchen der Kirche zu Horb. Ende 15. Jahrhundert, Abb. in C. E. Pazaurek, Goldschmiedearbeiten in schwäbischen Kirchenschätzen, Leipzig 1912, Nr. 192, Taf. 29.

[3]) Vgl. z. B. Braun II, Taf. 81, Nr. 307, Taf. 85, Nr. 325. Diese Form wurde wohl durch venezianische Glaskännchen in dieser Gestalt überallhin verbreitet.

Abb. 240. Pontifikalkanne. — Höhe 29 cm. Nr. 59.

derartige Gefässe, die als Vorbild hätten dienen können, nach Basel gelangt. So wurden z. B. im April 1434 Kaiser Sigismund, der damals in Basel weilte, als Gaben von Sultan Murad u. a. zwölf silberne Krüge übergeben[1]). Und Goldschmiede, die für solche orientalischen Gefässformen ein offenes Auge hatten, waren in Basel ja vorhanden.

Vergleichen wir jedoch die Kanne in London mit bestimmt am Oberrhein gefertigten Gefässen, etwa den Zinnkannen für das hl. Öl Nr. 22 oder der silbernen Giesskanne Nr. 69, so wirkt sie in Form und Aufbau so erlesen elegant, dass sie doch wohl in Burgund oder Frankreich — der Verzierungen wegen erst im 15. Jahrhundert — nach einem orientalischen Vorbild angefertigt sein dürfte und als Gabe in den Schatz gelangt ist. Mit dieser Herkunft stimmt auch ihre überaus dünn ausgeschlagene Wandung.

DREI PROFANE GOLDSCHMIEDEARBEITEN.

Gaben an den Schatz zwischen 1478 und 1511.

Nr. 60. Deckelbecher des Domkaplans Eucharius Vol.

London, Victoria und Albert Museum.
Abb. 241 bis 243.

Zweite Hälfte des 15. Jahrhunderts. Wohl Basel. Silber, alle Verzierungen ausser der eingravierten Laubranke und dem Flammenmuster am Deckel vergoldet. H. 30 cm. — Inv. 1511. 38, 1527. 37, 1827. 33.

Drei kniende wilde Männer mit Schlapphüten und Keulen auf zinnenumzogenen Architektursockeln stützen den Becher. Ein vierter, barhaupt, ragt aus dem Laubwerk der Deckelbekrönung hervor und hält ein flatterndes Band, dessen eingravierte Buchstaben h. d. g. vielleicht den Wunsch „helf dir Gott" andeuten.

Die erlesene Schönheit des Trinkgefässes beruht nach meinem Gefühl vor allem in dem stolzen, rassigen Aufbau, mit dem Deckel, der so schwungvoll ansteigt und in einer doppelten Kreuzblume festlich ausblüht. Viel trägt auch zu seinem Reize bei der Gegensatz zwischen den durch die Spuren des Hammerschlags leicht belebten, blinkenden Silberflächen und den licht- und schattenreichen vergoldeten Verzierungen. Diese sind da, wo sie der Hand beim Umspannen des Bechers einen Halt bieten, einfach und solid, dagegen an Fuss und Deckel frei abstehend und zierlich durchbrochen gebildet.

[1]) Vgl. R.W. I, S. 505: „12 Pferde von schönster grauer Farbe, 12 goldgewirkte Tücher, 12 Wurfmaschinen, 12 reichgekleidete Jünglinge, 12 silberne Krüge" usw.

Laut Inv. 1511. 38 ist das schöne Trinkgefäss eine Gabe des 1502 verstorbenen, im Münsterkreuzgang begrabenen Domkaplans EUCHARIUS VOL[1]).

Solche Deckelbecher ,,uff dryen mendlin" finden sich in Basler Inventaren häufig angeführt. Auch diese Gabe ans Münster dürfte eine Basler Arbeit sein; beweisen aber lässt es sich nicht. Wohl ist ihre doppelte, laubige Kreuzblume wie die der Dorotheenmonstranz Nr. 26 gebildet, der Lilien-

Abb. 241. Nr. 60. Wilder Mann vom Deckelbecher des Eckhard Voll.

kranz ähnlich wie am Fussreliquiar von 1450 (Nr. 28), aber Aufbau und Zierformen des Gefässes sind damals allgemein beliebte. Nur der aus verschlungenen Zweigen mit Sechspassfüllung eigenartig geformte Deckelkranz und der Fries darunter mit kleinen Herzen auf gepunztem Grund, ein originelles Ziermotiv, das ich sonst nicht getroffen habe, könnten gelegentlich zu einer überzeugenden Herkunftsbestimmung führen.

[1]) Über Eckhard Voll oder ,,dominus Eucharius Vol" vgl. M.F. II, S. 315a und 318b. 100 Pfund Geld mit Vorschrift für eine Grabinschrift. — B.St.A. Domstift. U a: Gräberbuch S. 56, ,,in ambitu ante imaginem beate Marie" ,,mit möschin geschrifft uff dem stein und ein kelch und Hand dorob alles möschen." — B.St.A. Domstift A, Jahrzeitenbuch, 1502, 22. Aug.

Abb. 242. Deckelbecher des Eckhard Voll. Nr. 60.
Höhe 30 cm.

Abb. 243. Bekrönung vom Deckelbecher des Eckhard Voll. Nr. 60.

Anhand einer Federzeichnung im Historischen Museum zu Basel konnte ich den Becher 1911 in London feststellen[1]). Er war mit Los 1 Baselland zugefallen und 1836 in Liestal von einem Basler Goldschmied für Fr. 180.— ersteigert worden. Er gelangte in die Sammlung Sommesson in Paris, an deren Versteigerung 1850 er zusammen mit der Schenkkanne Nr. 59 für Fr. 2570.—, beide als Augsburger Arbeiten aus dem Ende des 15. Jahrhunderts, von Prinz Peter Soltykoff angekauft wurde. An der Auktion der Sammlung Soltykoff 1878 erzielte der Becher Fr. 2540.— und gelangte für Fr. 3050.— nach London[2]).

Nr. 61. Deckelbecher des Ratsherrn Ulrich zem Luft-Eberler.

London, Victoria und Albert Museum.
Abb. 244 und 245.

Zweite Hälfte des 15. Jahrhunderts. Basel. Silbervergoldet. H. 22,5 cm. — Inv. 1511. 39, 1525. 38, 1585. 7 (auf einem hölzernen Fuss), 1827. 32.

Auf drei Kugeln sitzt der ringförmige, von einem Raupendraht umsäumte, abnehmbare, durch einen sogenannten Bajonettverschluss mit dem Gefäss verbundene Fuss. Die Becherwandung springt in zwei Buckelreihen mit fischblasenartig ausgezogenen, ineinandergreifenden Spitzen kräftig vor. Auch der vierfach profilierte Deckel ist gebuckelt und trägt als Griff eine erdbeerähnliche Frucht mit Blattkelch und den in ihren Farben niellierten Wappenschilden des Basler Ratsherrn Ulrich zem Luft (1429—1490) und seiner Frau Anna Magdalena Eberler zum Grünenzwig.

Der Becher ist gewiss eine Basler Arbeit. Als Becher „uff drygen bollen mit usgeschlagenen bucklenn" finden sich in Basler Inventaren Gefässe dieser Zierform angeführt.

Zwar wirkt das Trinkgefäss mit den drei wilden Männern vornehmer, eleganter, dieses aber handfester, und weil es von jeder architektonischen Zierform frei ist, eigentlich origineller. Denn jede seiner Verzierungen ist durch Treibarbeit, die seinem Material entsprechendste, stilgerechteste Dekorationstechnik, erzielt. Zu Buckeln ausgeschlagen, wird das Silber widerstandsfähiger und bietet zugleich dem Licht mannigfaltige Spiegelungsflächen. So dürfte die Schönheit und Eigenart dieses Bechers vor allem auf dem weichen An- und Abschwellen seiner Formen und dem reizvollen Lichtspiel seiner Buckeln beruhen.

Laut Inv. 1511. 39 ist der Becher ein Geschenk von Dr. Arnold zem Luft, dem Sohn des Ratsherrn Ulrich zem Luft-Eberler. Dr. Arnold zem

[1]) Vgl. R.F.B. 1911, S. 31, Tafel in Lichtdruck.

[2]) Vgl. J. Hungerford Pollen, Ancient and modern gold- and silversmithwork in the South Kensington Museum, 1878, Nr. 7941, S. 115, als Augsburg, 15. oder 16. Jahrhundert, aus Sammlung Soltykoff für 122 Pfund angekauft. Vorher in der Sammlung Sommesson in Paris, Auktionskatalog 1850.

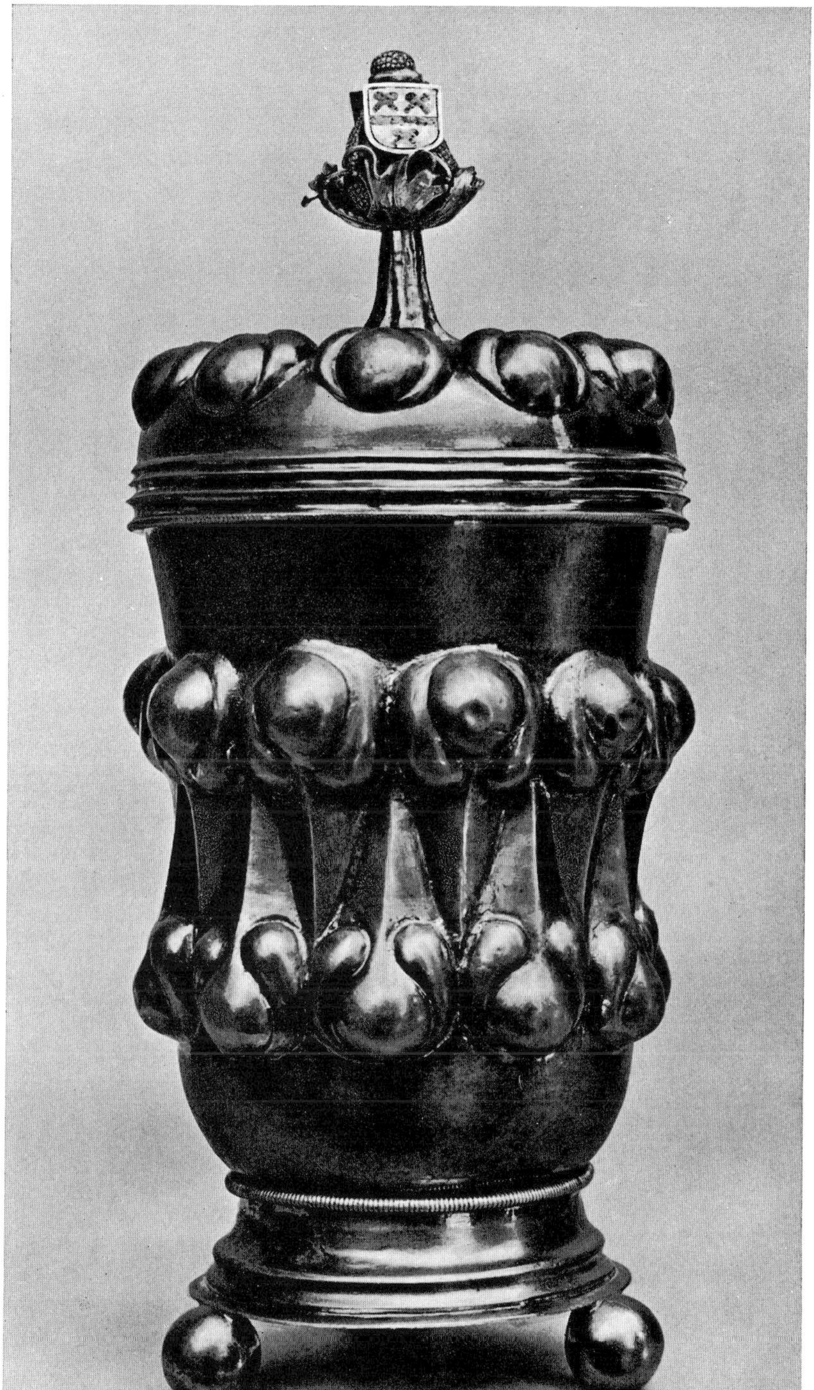

Abb. 244. Deckelbecher Nr. 61.
des Ulrich zem Luft-Eberler. — Höhe 22,5 cm.

Abb. 245. Deckel vom Becher des Ulrich zem Luft-Eberler. Nr. 61.

Luft war der erste Domherr am Münster nicht ritterlicher Herkunft. Er wurde später Rektor und Vizekanzler der Universität und vermachte seine, etwa 120 Bände umfassende Bibliothek juristischer Werke dem Barfüsserkloster. Mit ihm ist 1517 sein Geschlecht im Mannesstamm „tötlich verblichen"[1]).

Die beiden Deckelbecher, Nr. 60 und 61, kamen wohl, laut Inventar von 1585, auf holzgeschnitzten vergoldeten Sockeln, gewiss mit Reliquien, auf dem Hochaltar zur Aufstellung.

Der Becher von Dr. Arnold zem Luft wurde 1836 in Liestal für Fr. 215.— versteigert und 1855 an der Auktion der Sammlung Ralph Bernal für Fr. 400.— für London gekauft[2]). Anhand einer Federzeichnung im Historischen Museum zu Basel konnte er in London aufgefunden werden. Als Dank für die Herkunftsbestimmung schenkte die Direktion des Victoria und Albert Museums auf Anregung von Herrn W. W. Watts dem Historischen Museum zu Basel[3]) eine vergoldete galvanoplastische Nachbildung des Bechers mit den Wappen in Email und von den übrigen dort festgestellten Stücken des Basler Münsterschatzes Photographien in Originalgrösse.

[1]) K. Escher, Die Miniaturen in den Basler Bibliotheken, Basel 1917, S. 8.

[2]) Vgl. Auktionskatalog der Sammlung R. Bernal, London, bei Christie 1855, Nr. 1393. Vgl. auch S. 320, Anm. 2, J. Hungerford a. a. O., Nr. 2112, S. 116, „deutsch, 15. oder 16. Jahrhundert, aus Sammlung Bernal für 16 Pfund angekauft".

[3]) Vgl. R.F.B. 1911, S. 30, mit Tafel in Lichtdruck.

Nr. 62. Kette des Brandenburger Schwanenordens.

Berlin, Hohenzollern-Museum.
Abb. 246 und 247.

Zwischen 1440 und 1464. Silbervergoldet. Der Anhänger mit Schwan von 3,5 cm Dm. — Inv. 1511. 23, 1827. 23.

Die Halskette des 1440 von Markgraf Friedrich II. von Brandenburg gestifteten Ordens ,,unserer lieben Frauen zum Schwan" besteht aus achtzehn Gliedern mit zwischen Zacken zusammengepressten Herzen, die die ,,vielen Gebresten des menschlichen Lebens andeuten". An ihr hängt, durch ein dreipassförmiges Glied verbunden, die Madonna mit Kind in Halbfigur auf der Mondsichel, ein vom Strahlenkranz umgebenes Relief und als Anhänger daran ein grösser gebildeter flügelschlagender Schwan von einer verschlungenen Schärpe umrahmt.

Die Kette hing laut Inv. 1511. 23 am *Ursulahaupt* Nr. 12 als ,,Gabe der Rötin". Dank diesem Vermerk lässt sich die für Basel interessante Herkunft der Ordenskette feststellen. Sie stammt zwar nicht von dem 1452 verstorbenen Ritter HANS ROT, dem zweiten Bürgermeister dieser Familie, der 1440 eine Pilgerfahrt ins gelobte Land machte, 1444 durch seine Klugheit Basel vor der Einnahme und Plünderung durch die Armagnaken bewahrte und 1446 von Papst Felix V. im Münster nach der Christmesse das geweihte Schwert samt Hut empfing, sondern von dessen Sohn PETER ROT[1]). Dieser wurde im Jahre 1455 Bürgermeister, führte 1476 bei Grandson und Murten das Basler Fähnlein gegen Karl den Kühnen und starb 1487. Er war im Jahre 1453 nach Jerusalem gepilgert und hatte in Venedig den Markgrafen Friedrich II. von Brandenburg getroffen, der 1434, als Protektor des Konzils, Basel kennen gelernt hatte. In dieses Fürsten Gefolge führte Rot seine Reise aus[2]). Bei dieser Gelegenheit wird ihm der Schwanenorden verliehen worden sein; jedenfalls ist Peter Rot im Verzeichnis der Ordensmitglieder von 1464 aufgezählt[3]).

Im Jahre 1506 stiftete seine zweite Gemahlin URSULA VON EFRINGEN — wie ich in dem von J. David 1496 angelegten ,,Fabrikbuch des Münsters" fand[4]) — wohl zugleich mit dem im Inv. 1525. 60 angeführten ,,langen heidischwerktuch mit Tieren und Frowlerschilden" — die Ordenskette ihres

[1]) W. Merz, Oberrheinische Stammtafeln, Nr. 11.

[2]) Über die Reiseberichte von Vater und Sohn vgl. Beiträge für vaterländische Geschichte, 1882, S. 413. Ein von P. Rot in die Barfüsserkirche gestifteter Altar in Basler Privatbesitz.

[3]) Urkunden zur Geschichte des Schwanenordens, im 39. Jahresbericht des Historischen Vereins für Mittelfranken, S. 36. — Vgl. auch R. Graf Stillfried und F. Hänle, Das Buch vom Schwanenorden, Berlin 1881.

[4]) M.F. II, S. 322, ,,anno quingentesimo sexto in festo sti palmarum honesta domina ursula roetin dedit pro decore summi altaris unum clenodium videlicet ein silberin vergult geselschafftketten cum tali pacto pro filio ejus domicello petro rot... infra quatuor annos huius modi cathenam habere et reluere desiderat magistro fabrice pro tempore pro cathenam dabit X florenas renenses quo facto magister fabrice eidem restituat cathenam praescriptam."

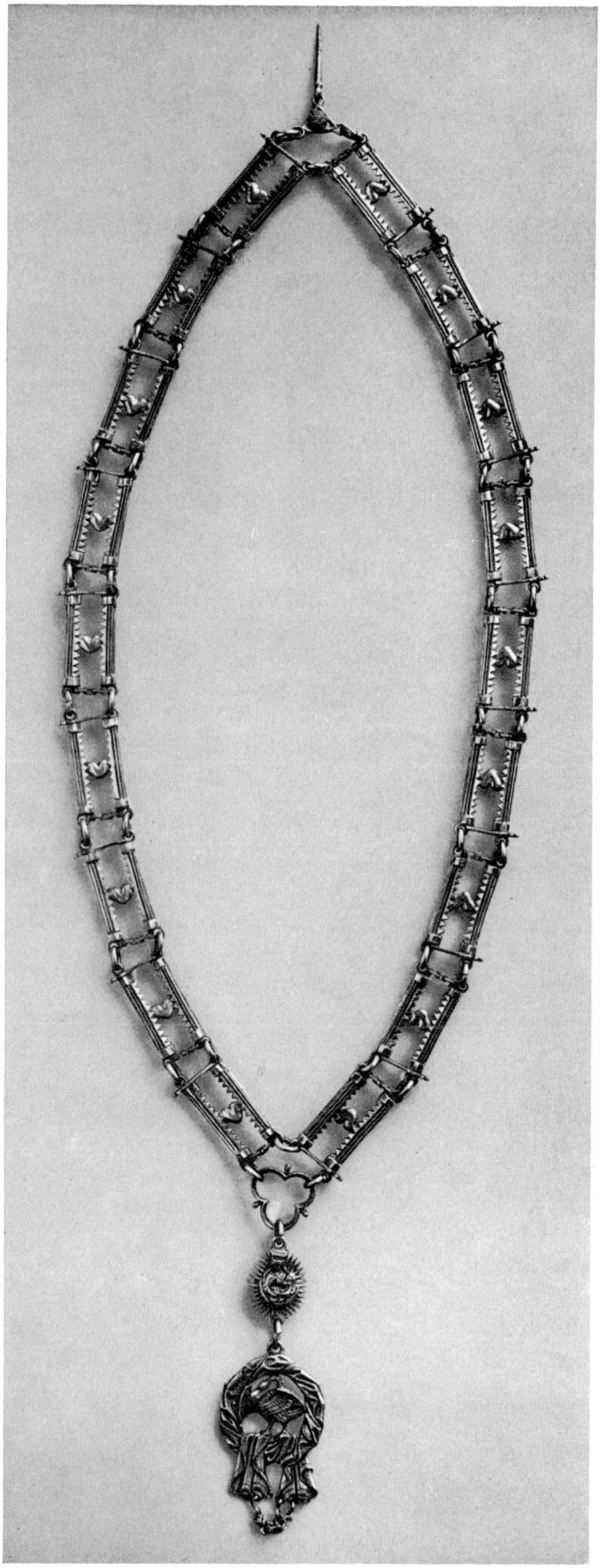

Abb. 246.
Kette des
Brandenburger

Nr. 62.
Ordens U. L.
Frau zum Schwan.

Abb. 247. Anhänger des Brandenburger Schwanenordens. Nr. 62.

Gatten ins Münster, ausdrücklich „zum Schmucke des Hochaltars" und gewiss mit der Bitte, sie der Reliquienbüste ihrer Namensheiligen, der St. Ursula (Nr. 12), um den Hals zu legen. Denn 1511 hing sie, laut dem Inventar dieses Jahres, daran[1]). Zugleich aber hatte sie an die Gabe die mütterlich vorsorgliche Bedingung geknüpft, dass ihrem jungen Sohne PETER während vier Jahren das Recht zustehe, die „silberin vergult gesellschafftketten" gegen zehn rheinische Goldgulden wieder einzulösen. Dies geschah nicht. Ihr Sohn Peter starb 1515. So verblieb die Kette dem Schatz und ist für Basel eine Erinnerung an ein um seine Vaterstadt hochverdientes Geschlecht, das 1532 mit „Stoffel, dem grossen Unflat" ausstarb.

Aber auch für die Hohenzollern hat die Kette eine besondere Bedeutung, denn im Original soll sie merkwürdigerweise nur in diesem, vom Ordensgründer einst dem Basler Bürgermeister Peter Rot verliehenen Exemplar erhalten geblieben sein.

Sie fiel mit Los 2 Baselland zu und wurde 1836 in Liestal von Antiquar Oppenheim für Fr. 331.— im Auftrag von König Friedrich Wilhelm IV. von Preussen ersteigert.

---

[1]) Inv. 1511: „Caput sancte Ursule virginis, daran hanget ein berlinmutter zeichen, in silber gefasset, und ein Kreützlin mit berlin knöpffen gefasset, und ein Ketten, gab die Rötin. Ist silber vergült, und ein agnus dei auch silber vergült."

ZEHN VERSCHOLLENE,
WIEDER AUFFINDBARE
WERKE DES SCHATZES
UND SECHS ARBEITEN, DIE FÄLSCHLICH DEM BASLER MÜNSTERSCHATZ ZUGEZÄHLT WERDEN

ZEHN VERSCHOLLENE, WIEDER AUFFINDBARE WERKE DES SCHATZES.

Diese zehn seit der Versteigerung in Liestal 1836 verschollenen Werke des Schatzes, Nr. 63 bis 72, können anhand folgender Zeichnungen, Beschreibungen oder besonderen Kennzeichen wieder aufgefunden werden.

Nr. 63. Spätgotische Hostienmonstranz von 1471.

Inv. 1477. 2, 1511. 3, 1525. 2, 1585. 3, 1827. 1.

Im Münsterfabrik-Büchlein liess sich feststellen, dass die im Inventar von 1477 als „núwe und gross", im Inventar von 1511 als „newe und hoch" bezeichnete Monstranz 1471 von HANS RUTENZWIG, Goldschmied am Münster, ausgeführt worden ist[1]), und dass der Tischmacher MATHIAS FRISCHMUT in der alten Sakristei ein „reservaculum", einen besonderen Schrank für sie angefertigt hat[2]).

Aus Inv. 1477. 2 geht hervor, dass sie zur Ausstellung der Hostie am Fronleichnamsfest[3]) diente und nach dem Achteck aufgebaut ist, „per totam octavam formata".

Im Inv. 1511. 3 ist sie als „silberin, die vier seul vergült mit vielen hüpschen kleinotten" beschrieben. Aus Inv. 1827. 1 erfahren wir, dass es sich bei den „kleinotter" um Rubinen, Saphiren und Perlen

---

[1]) M.F. I, 1470/71, S. 41: „Computacione facta cum *magistro Johanne Rutenzwig Aurifabro fabrice* compertum est inter nos quod idem aurifaber habet a me in solutionem laborum suorum ex parte *nove monstrancie* factorum et faciendorum xxxiii lb., i s. prout in suo registro idem computus cum solucionibus sibi dictum per me factum specifice conscripta habentur. Acta sunt haec atque inter nos deducta quarta proxima ante epiphaniam domini anno LXXI." — M.F. I, 1471/72, S. 44: „Item ipsa die sancti galli LXXI facta racione cum magistro *Johanne Rutenzwig aurifabro* fabrice racione nove monstrancie pro omnibus suis laboribus et expensis racione eiusdem monstrancie habitis inclusis xx flor. admonitis de cappelana ex gratia sibi proprietatis et remansi sibi finaliter racione omnium quorum supra obligatus summa facit CIII + lb. [= $103^1/_2$ Pfund]. Est sciendum quod nova monstrancia habet in pondere xix markas et xi uncias de quibus aurifaber Rutenzwig promisit facere warandiam." — M.F. I, 1471/72, S. 57: „Item umb ein glass in die núwe monstrantz XII s." — Hans Rutenzwig ist als „aurifaber fabricae ecclesiae Basiliensis" im Münsterfabrikbüchlein von 1471/72 bis 1481/82 erwähnt. Nach S.K.Lex. Bd. II, S. 380 wurde H. Rutenzwig 1461 Basler Bürger und in die Hausgenossenzunft aufgenommen. Bis jetzt war als sein einziges urkundlich beglaubigtes, erhaltenes Werk nur die Pruntrutermonstranz von 1477 (Abb. 198) bekannt. Auch im S.K.Lex. Bd. IV, S. 750 fehlt das zweite Werk, die Hostienmonstranz von 1471. Über rein mutmassliche Arbeiten seiner Werkstatt oder Nachfolger vgl. unter Nr. 40 u. 41, S. 274 u. 282. Sein Todesjahr ist nicht bekannt.

[2]) Vgl. M.F. I, 1471/72, S. 42.

[3]) Vgl. Geschichte, S. 7, Anm. 1. — Im Inventar von 1585 figuriert sie unter Nr. 3 als „neue, hohe Monstranz... ist noch Heiligtum darinnen, wiegt 21 Mark, 2 Loth". — Über Monstranzen für Hostie und Reliquien vgl. Braun II, S. 352. — Vgl. auch Cer. 2b, 29a, 45a. — Über Hostieneisen im Münster vgl. M.F. I, 1485/86, S. 62: „silberin oflaten zu machen".

handelt und dass die Höhe der Monstranz 1,25 m und das Gewicht 4762 g beträgt[1]).

Da Inv. 1827. 2 angibt, dass sie „gleich wie die Hallwyl-Monstranz" Nr. 41 gebildet sei, somit auch mit achtseitigem Fuss und vier Pfeilern, so kann die Hostienmonstranz mit Hilfe von Nr. 41 (Abb. 207) wieder aufgefunden werden.

Die Hostienmonstranz war mit Los 1 Baselland zugefallen und 1836 in Liestal von Antiquar Oppenheim für Fr. 1799.— ersteigert worden. Da sie sich, Nachforschungen zufolge, kaum in einer öffentlichen Sammlung befindet, so hat sie vielleicht in irgendeiner Kirche wieder Verwendung gefunden.

Nr. 64. Kleine vergoldete Monstranz.

Inv. 1477. 16, 1511. 32, 1525. 31, 1585. 28 („wiegt 13 Loth"), 1827. 31 („wiegt 14 Loth").

Das „kleine ganz vergülte Monstränzlin" barg Heiltum vom Haar der Maria[2]) und war eine Gabe des Basler Domdekans Dr. Johannes Wiler, der am 5. November 1438 nach der Papstwahl im „Haus zur Mücke" die lateinische Rede des Kardinals von Arles der Versammlung ins Deutsche übersetzte und der 1450 im Münsterkreuzgang bestattet wurde[3]).

Vielleicht bezieht sich ein Eintrag im Münsterfabrik-Büchlein von 1444 auf die Anfertigung dieser Monstranz[4]).

Anhand folgender Angaben lässt sie sich wieder auffinden: Wie aus Inv. 1827. 31 und aus der zwar oft ungenauen Verkaufsanzeige von 1836, 5, hervorgeht, handelt es sich um eine silbervergoldete, turmförmige Monstranz von 27,9 cm Höhe und 203,6 g Gewicht[5]) mit einem aus Elfen-

---

[1]) Inv. 1827. 1; Höhe 3 Schuh, 11 Zoll, 6 Linien = 1,248 m; Gewicht 20 Mark 7 Loth = 4762 g. — In dem am 31. Juli 1827 in Gegenwart von Dreyerherr Burckhardt aufgenommenen Inventar (vgl. B. St. A., Bauakten J J 3) ist vermerkt: an die Monstranz war „ein goldener Fingerring mit rotem Stein angehängt, der abgeschnitten und in dem Reliquienkästchen verwahrt wurde". Es ist der im Inv. 1827. 46. o. angeführte, jetzt verschollene Ring; vielleicht einer der von Bischof J. von Venningen vermachten Ringe (vgl. Nr. 47, S. 298, Anm. 3 und S. 299, Anm. 1). Über die Aufstellung der Hostienmonstranz auf dem Hochaltar vgl. die Schemata S. 355 und 357. Im Rekonstruktionsversuch (Abb. 263) sind ihre Umrisse nach Nr. 41 angedeutet; das frei aufgelegte Astwerk der späteren Hallwyl-Monstranz wird dieser verschollenen Monstranz wohl noch fehlen.

[2]) Roth Nr. 10: „Reliq. de capillis Stae Virginis".

[3]) Vgl. R. W. I, S. 527; B. Chr. IV, S. 396, Z. 21—29, mit Lit. Er (oder sein Vater Hans Wiler) stiftete ins Münster, laut Inv. 1511. 89, „eine tafel so uf die bytt gehört", somit auf den Altar vor dem Lettner; näher gekennzeichnet im Inv. 1478, „item facies Veronice cum pede", und im Inventar aus dem Anfang des 16. Jahrhunderts, „Wylers Tafel, ein gemalt Veronicabild"; laut Inv. 1478: „item ein gut wiss siden ornament [d. h. Ornat] mit aller siner zubehörd, genannt Wylers ornament"; genauer beschrieben im Inv. 1525. 147, 218—221. — Über Beiträge des Dr. Wiler an den Bau des Münster-Kreuzgangs vgl. K. Stehlin, Münsterbuch, Basel 1895, S. 235, Anm. 3, S. 236, Anm. 1, S. 268, Nr. 8.

[4]) Vgl. M. F. I, 1444/45, S. 27: „item dem goltschmid von einem monstrenzli ze machen IIII guldin".

[5]) Inv. 1827. 31 H. 9 Zoll, 3 Linien = 27,9 cm. — Gewicht: 14 Loth = 203,6 g. — Diese Höhe muss beliebt gewesen sein: So eine Monstranz von H. 28 cm in Brüssel, Musée du Cinquantenaire, vgl. Braun II. S. 367 (vom Verfasser nicht gesehen); so eine von 27,6 cm in London, British Museum, Nr. 792, aus Sammlung Magniac, 1892 gekauft.

bein geschnittenen Marienbildchen", darüber ein silberner Engel, und als Spitze ein Kruzifix[1]).

Sie fiel mit Los 2 Baselland zu und wurde 1836 in Liestal für Fr. 301.— versteigert.

Nr. 65. Hochgotisches silbernes Fahnenkreuz mit Tiefschnittschmelz.

Gegenstück zu Nr. 18.
Abb. 119.

Inv. 1511. 40, 1525. 40, 1827. 18.

An Hand der Federzeichnung im Historischen Museum zu Basel kann das Kreuz aufgefunden werden. H. der Kreuzarme 27 cm, Br. 24 cm.

Auf der Vorderseite: In der Vierung das Haupt der Maria mit weissem Kopftuch, in den Vierpässen die Evangelisten, ähnlich wie beim Gegenstück Nr. 18, nur mit grün emaillierten Gewändern auf blauem Grund.

Auf der Rückseite: in den Vierpässen zwei männliche und zwei weibliche Heiligenköpfe mit vorwiegend rotvioletten Gewändern auf blauem Grund. Die Vierung silbern ohne Emailbild oder Kristalldeckel. Laut Inv. 1511. 40 wurde damals der „baryllen deckel" entfernt, das „kreutzlin verendert und silberin gemacht". Als „silbernes Kreuz" wird es deshalb im Inv. 1525. 40 von seinem Gegenstück Nr. 18, dem „barillen" Kreuz, unterschieden.

Das Kreuz fiel mit Los 2 Baselland zu und wurde 1836 in Liestal für Fr. 94.— ersteigert. Wie die Abb. 119 (S. 162) zeigt, war es damals in schlechtem Zustand und wird zum Verkauf repariert worden sein. Die Schmelzbildchen ermöglichen jedoch seine Wiederauffindung.

Nr. 66. Spätgotisches silbernes Vortragekreuz.

Gegenstück zu Nr. 35.
Abb. 248 und 249.

Inv. 1477. 44, 1511. 72, 1525. 82, 1827. 16.

Das vielleicht von HANS SCHWITZER um 1438 angefertigte Kreuz[2]) lässt sich an Hand der beiden Abb. 248 und 249, nach Federzeichnungen im Historischen Museum zu Basel, bei der die Vergoldung aus den dunklen

[1]) Im Auktionskatalog der Sammlung A. Seillière 1890, Nr. 347, ist eine kupfervergoldete Hostienmonstranz abgebildet. Sie ist in Einzelheiten den spätgotischen Basler Monstranzen so verwandt, dass sie vielleicht auch eine Basler Arbeit ist. Sie zeigt über dem Hostiengehäuse eine Madonna, darüber einen Engel und zu oberst ein Kruzifix, und es ist nicht ausgeschlossen, dass sie darin vielleicht auf die verschollene Wiler-Monstranz zurückgeht.

[2]) Vgl. unter No. 35, S. 242 und Anm. 3.

Abb. 248. Vortragekreuz, Rückseite. Nr. 66.
Federzeichnung; Historisches Museum Basel

Partien der Abbildungen zu erkennen ist, wieder auffinden. H. der Kreuzarme 46 cm, Br. 36,5 cm. Gewicht: 20 Loth = 290 g.

Das Vortragekreuz fiel mit Los 1 Baselland zu und wurde 1836 in Liestal von einem Basler Goldschmied für Fr. 191.— ersteigert.

Abb. 249. Silbernes Vortragekreuz. Nr. 66.
Federzeichnung; Historisches Museum Basel

Nr. 67. Der goldene Tierstein-Kelch.

Laut Inv. 1477. 37, 1511. 91, 1525. 137, 1585. 52, 1827. 44 handelt es sich um einen goldenen Messekelch mit dem Wappen der Grafen von Tierstein auf dem Fuss.

Im Inv. 1827. 44 ist seine Form genauer beschrieben als ganz goldener Weihrauchkelch von 5 Zoll = 15 cm Höhe, in der Verkaufsanzeige von 1836. 30 als ein „Becher, ganz von pomeranzenfarbigem, gutem weichem Gold, einfach, in frühem mittelaltertümlichem Geschmack gearbeitet". Somit wird es ein Kelch in romanischem Stil sein.

Der Tierstein-Kelch fiel mit Los 2 Baselland zu und wurde 1836 in Liestal von einem Basler Goldschmied für Fr. 956.— ersteigert. Die einst zugehörige Patene ist schon im 16. Jahrhundert vermünzt worden, denn im Inv. 1585 ist zum letztenmal die Rede von ihr.

Abb. 250.
Wappen Tierstein.

An Hand des Wappens Tierstein auf dem Fuss (Abb. 250) ist es möglich, den Kelch wieder aufzufinden[1]). Was aber die Höhenangabe von 15 cm betrifft, so vermute ich, dass sie mit der Höhenangabe der Weihrauchbüchse Nr. 68 von 21 cm verwechselt ist und somit nicht 15 cm, sondern 21 cm (7 Zoll) beträgt.

Nr. 68. Spätgotische silbervergoldete Weihrauchbüchse.

Abb. 251 und 252.

Im Inv. 1827. 34 ist das Gefäss als „silbervergoldete, knorrichte Weihrauchbüchse, obenauf steht das Bild eines Apostels, von 21 cm (7 Zoll) Höhe" angeführt; in der Verkaufsanzeige von 1836. 37 als „silberner vergoldeter Becher mit Deckel, die Seitenrundungen in runde, gewölbte Knoten oder Buckel ausgetrieben. Auf dem Deckel steht des hl. Josephs Bild".

[1]) Als Stifter des Kelchs kommen verschiedene, eng mit dem Münster verbundene Tiersteiner in Betracht. Vgl. Oberrheinische Stammtafeln Nr. 52 von Dr. C. Roth: so Wernher, „canonicus ecclesiae Basil.", 1238; so Hermann, ebenfalls Geistlicher am Münster; so der 1318 bei Sempach gefallene und im Münster bestattete Graf Rudolf. — Über die Stiftung des Strassburger Domherrn Rudolf ans Basler Münster im Jahre 1346 für die Anschaffung der Hostien, die durch das ganze Jahr für alle Altäre zu allen Messen gebraucht wurden vgl. C.W. II, S. 481; Rudolf starb 1351 und ist im Münster beigesetzt, vgl. K. Stehlin, Münsterbuch, Basel 1895, S. 98, Anm. 5. — Ferner besass der Schatz ein „gut rot gulden tuch mit dem Wappen der Herren von Tierstein" und einen „gewirkten Füraltar mit roten gestickten Porten mit den Wappen Tierstein und Röteln", den man „am Tag der Geburt Christi" brauchte. Dieses Antependium aus Heidnischwerk war gewiss von der 1385 verstorbenen, im Münster begrabenen Katharina von Tierstein, Gemahlin des Markgrafen Rudolf von Hochberg, Herrn zu Röteln, gestiftet worden.

Abb. 251. Weihrauchbüchse. Nr. 68.

Nat. Grösse. — Rekonstruktion nach Abb. 252.

Abb. 252.
Nr. 68.
Silbervergoldete Weihrauchbüchse.
Nach Darcel.

Ich glaube, dass dieses Gefäss identisch ist mit einem Deckelbecher der ehemaligen Sammlung Spitzer in Paris (Abb. 252), vorausgesetzt, dass ich mit folgenden Vermutungen richtig fühle: erstens sei im Inv. 1827 die Höhe von Nr. 44 mit der von Nr. 34 verwechselt worden, betrage somit 15 cm; zweitens habe Spitzer — wie er dies ja auch mit dem Basler Armreliquiar Nr. 23 getan hat — die Weihrauchbüchse „bereichert", das heisst durch drei kleinlich wirkende Löwenfüsschen erhöht[1]).

Die Höhe des Gefässes beträgt ohne diese Löwenfüsschen (Abb. 252) genau 15 cm, und auch die Beschreibung mit den Buckeln und dem Heiligen, der in der Verkaufsanzeige seiner Zimmermannsaxt wegen als heiliger Joseph statt als St. Mathias bezeichnet ist, stimmt.

Natürlich gab es damals viele derartige Gefässe. So ist z. B. in einem Verzeichnis von 1531 von Kirchengut aus dem Augustinerkloster in Basel „ein vergülter Kelch mit einem Deckel, daruf St. Johannes" angeführt[2]).

Sind jedoch die obigen Annahmen richtig, so stammt das Deckelgefäss aus dem Münsterschatz, fiel mit Los 2 Baselland zu und wurde 1836 in Liestal von Antiquar Karl Nagel aus Bamberg für Fr. 200.— ersteigert.

[1]) A. Darcel, La collection Spitzer, 1891, Nr. 1701, Taf. 45: „„hannap, argent repoussé et doré, travail allemand, fin du 15ième siècle, h. 17 cm." „Les pieds ont été refaits."

[2]) B. St. A., Finanzakten T 2: „Gold-Silber, 1531 Augustinerkloster."

In diesem Fall haben wir es mit einer originellen spätgotischen Basler Goldschmiedearbeit zu tun, die an Hand von Abb. 251 und 252 wieder aufgefunden werden kann.

Nr. 69. Silberne Giesskanne mit Becken für die Pontifikalmesse.

Abb. 253 und 254.

Kanne und Becken sind ein Legat des Bischofs Johann von Venningen (1458—1478), angeführt in seinem Testament vom 15. April 1470 als „ein silberin hantfass mit einem becken, wigen IIII marck und IIII lot, haben wir geordnet in die custerye unsers tuomstiffts wenn ein Bischoff das ampt uff dem fronaltar haltet daz man die darzuo gebrauche"[1]).

Es ist nicht ausgeschlossen, dass es das Handfass und Becken ist, das sich Bischof von Venningen 1463 von seinem Goldschmied Hans Pfnost anfertigen liess, obschon als Gewicht für dieses vier Pfund und fünf Loth angegeben sind[2]).

Laut Inv. 1525. 149 trägt das silberne Becken zum Auffangen des Wassers die Allianzwappen der Eltern des Bischofs: Venningen und Türkheim[3]) (Abb. 253).

Abb. 253. Die Wappen Türkheim und Venningen.

Mit Los I fiel das Becken Baselland zu und wurde 1836 in Liestal für Fr. 123.— versteigert.

Die zugehörige Wasserkanne ist nach meiner Ansicht die zweitgrösste der bei Nr. 59 angeführten vier von einem Basler Goldschmied 1836 in Liestal ersteigerten Messkannen. Durch ein „A" für aqua an der Daumenruhe des Deckels ist sie als Wasserkanne gekennzeichnet. Sie hat, nach der von dem Ersteigerer 1836 ausgeführten Federzeichnung im Historischen Museum zu Basel (Abb. 254), die gewiss wie seine übrigen Zeichnungen das Stück in Originalgrösse wiedergibt, eine Höhe von 24,5 cm.

[1]) Tr. V, p. 493. — Schon angeführt im Testament vom 19. Mai 1469 (Tr. V, p. 490) als „unser silberin handfass mit dem silberin bechin". — Nach der Aufnahme in den Münsterschatz zuerst vermerkt im Inv. 1478, im Zusatz von 1479.

[2]) Jos. Stöcklin, Johann VI von Venningen, Solothurn 1902, S. 177.

[3]) Aus folgender Bestimmung in Venningens Testament vom 19. Mai 1469 (Tr. V p. 490, Nr. 21) geht hervor, dass Venningens Mutter eine geborene von Türkheim war. Sie lautet: „Item wessen wir in überrocken und kotzhuten lassen, ordenen wir unserm Oheim von Thürigheim etc.". Ob dieser Onkel identisch mit Johann von Türkheim ist, der uns 1475 als Vizedekan am Münster begegnet, konnte ich nicht feststellen.

Abb. 254. Silberne Giesskanne. Nr. 69.

Höhe 24,5 cm. — Federzeichnung; Historisches Museum Basel.

Es ist somit möglich, das Becken[1]) an Hand der beiden Wappen (Abb. 253) und die Kanne mittels der Zeichnung (Abb. 254) wieder aufzufinden.

[1]) Nach Angabe von T. von Liebenau im Anzeiger für schweiz. Altertumskunde, 1888, S. 277, Nr. 13, soll das Gewicht des Beckens 2 Mark 14 Loth = 667 g betragen.

Nr. 70. Kreuzförmige Reliquienkapsel.

Abb. 255.

14. Jahrhundert. Silbervergoldet. Nach der gewiss in Originalgrösse angefertigten Federzeichnung im Historischen Museum zu Basel: von 10 cm. H. und 7,4 cm. Br., mit roten, blauen und grünlichen Edelsteinen in dekorativer Verteilung besetzt. Inv. 1827. 46a zufolge von 16 ½ Loth = 239 g Gewicht.

Die Kapsel ist wohl eine der fünf Kleinodien, die nach Inv. 1511. 7 am Kaiser Heinrichs-Kreuz Nr. 2 aufgehängt waren und Reliquien enthielten.

In der Verkaufsanzeige von 1836. 27 ist sie beschrieben als „eine kreuzförmige silberne Büchse, vergoldet. Auf der vordern Seite ein Kruzifix, Maria und Johannes, auf der Rückseite Gott auf dem Throne, beide Bilder erhaben".

Sie fiel mit Los 2 Baselland zu und wurde 1836 in Liestal von einem Basler Goldschmied für Fr. 65.— ersteigert.

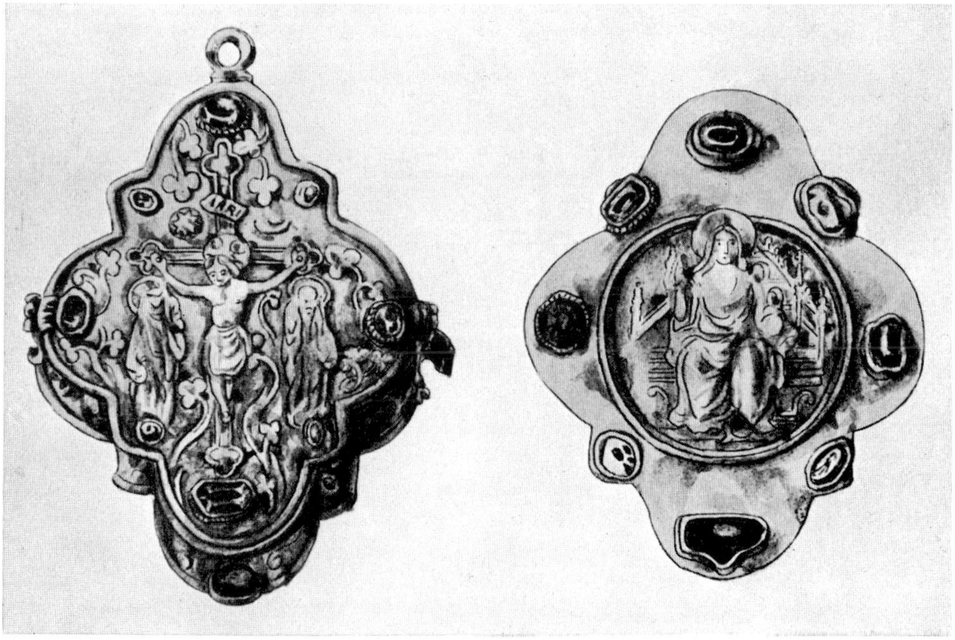

Abb. 255. Kreuzförmige Reliquienkapsel. Nr. 70.

Höhe 10 cm. — Federzeichnung.
Historisches Museum Basel.

Nr. 71. Spätgotisches silbernes Rauchfass.

Das im Inv. 1477. 53 und 1525. 175 erwähnte „guot grosz silberin rouchfasz" taucht im Inv. 1827. 51 wieder auf als „grosses silbernes Rauchfass in gotischer Form" mit 10 Zoll, 6 Linien = 31,8 cm Höhe und 9 Mark = 2088 g Gewicht, sodann in der Verkaufsanzeige von 1836. 9 als „silbernes grosses Rauchfass, einen rundlichen Turm mit gotischen Fenstern vorstellend". Es ist gewiss das im „Münster-Zeremonienbuch" öfters angeführte „kostbarere Rauchfass"[1]).

Es fiel mit Los 1 Baselland zu und wurde 1836 in Liestal von einem Basler für Fr. 580.— ersteigert. Nur an Höhe und Gewicht lässt es sich wieder feststellen.

Nr. 72. Silberner Zeremonienstab.

In der Verkaufsanzeige von 1836. 12 ist der Stab beschrieben als „Szepter mit Silberblech überzogen, oben in getriebener Arbeit die Anbetung des auf den Armen der Maria gehaltenen Christkindes vorstellend, auf einer runden Platte von vergoldetem Silberblech", dann von Franz Kugler als „bischöflicher Gerichtsszepter mit Anbetung der drei Könige auf runder Platte"[2]).

Der Stab fiel mit Los 1 Baselland zu und wurde 1836 von dem Berliner Antiquar Arnold für Fr. 270.— ersteigert[3]). 1862 soll er, wie das Heinrichs-Kreuz, in der Waffenhalle des Prinzen Karl von Preussen ausgestellt gewesen sein[4]). Meine Nachforschungen blieben jedoch bis jetzt erfolglos.

Bei welchen Anlässen wurde der Stab wohl gebraucht? Den Einträgen im Münster-Zeremonienbuch „cum baculo feriali, — sacramenti, — solemni" zufolge fanden verschiedene Zeremonienstäbe Verwendung[5]). So begegnet uns z. B. im Inv. 1525. 177 neben dem hölzernen Stab des Pedellen Nr. 49 ein „silberin stecken für den dormentarius". Nun aber ist im Inv. 1478 auch „ein steck pro domino cantore" angeführt. Und in der Schatzkammer des Kölner Doms wird ein Vorsängerstab aufbewahrt, der mit der

[1]) Vgl. Cer. z. B.: 2a und 5a: „cum pretiosore thuribulo". — Die Notiz im Münsterfabrik-Büchlein M. F. I, 1445/46, S. 19: „item II s. umb ein kuphrin tegel ad thuribulum argenteum" bezieht sich vielleicht auf dieses Rauchfass. Es wäre somit 1446 schon angefertigt gewesen. M. F. I, 1470/71, S. 55, „item von einem grossen rouchvass ze lôthen III s" könnte sich auch auf das verschollene Rauchfass beziehen. Dagegen dürfte es sich bei der Notiz M. F. I 1441/42, S. 16, „item aurifabro VI s. von den rochfassen ze machen" nicht um silberne, sondern um eherne Rauchfässer oder um eine Reparatur an den romanischen silbernen Rauchfässern handeln. — Bei Braun II, Taf. 134, Nr. 534, ist ein Rauchfass in der ehemaligen Sammlung des Prinzen Karl von Preussen abgebildet. Es sieht wie eine spätgotische Umformung eines der Basler romanischen Rauchfässer aus, der Halter auch blumenförmig, nur sechsseitig. Nachforschungen über Material, Höhe und Gewicht waren zur Zeit nicht möglich, vgl. S. 349, Anm. 2.

[2]) F. Kugler, Kleine Schriften, Stuttgart 1853/1854, Bd. I, S. 435.

[3]) Vgl. Inv. 1827. 35: gewiss der für Fr. 270.— ersteigerte Stab.

[4]) Laut Auszug eines Briefes des Herrn von Olfers in Berlin vom 10. Dezember 1862 im Historischen Museum zu Basel: „wahrscheinlich in der Waffenhalle des Prinzen Karl von Preussen".

[5]) Vgl. Cer. 11a, 16b, 24a, 30b.

Anbetung der hl. Drei Könige bekrönt ist[1]). Sollte diese Verzierung nicht wegen des „Dreikönigheiltums" in Köln angebracht sein, sondern weil sie damals als Schmuck für Vorsängerstäbe gebräuchlich war, so könnte der an Hand der Beschreibung wieder auffindbare Zeremonienstab der des Vorsängers am Basler Münster gewesen sein.

SECHS ARBEITEN, DIE FÄLSCHLICH DEM BASLER MÜNSTERSCHATZ ZUGEZÄHLT WERDEN.

Es gibt verschiedene kostbare Messgeräte und Altarzierden, die aus dem Münsterschatz stammen sollen, ohne dass sich ein Nachweis über die Richtigkeit dieser Aussage erbringen lässt. Bei einigen handelt es sich um oberrheinische Goldschmiedarbeiten, die vielleicht aus dem Münster oder aus einer Kirche des Basler Bistums stammen. Bei anderen jedoch diente die Angabe einer Herkunft aus dem berühmten, 1836 versteigerten Basler Münsterschatz dem Verkäufer offensichtlich nur als Verkaufsreklame.

A. Frühmittelalterliche Elfenbeinkrümme eines Bischofsstabs.

Abb. 256.

Diese 20 cm hohe Elfenbeinkrümme des 11. Jahrhunderts mit Lamm Gottes und Drachen wurde meines Wissens zuerst 1856 in den „Mélanges d'archéologie" (p. 196) ohne Herkunftsnachweis als „Crosse de Bâle" veröffentlicht. 1861 taucht sie in der Sammlung Soltykoff (Nr. 188) auf, hier ohne Herkunftsangabe. Dann aber figuriert sie wieder 1883 in der „Revue de l'art chrétien" (p. 165) und 1889 in dem bekannten Werk „La messe" von Ch. Rohault de Fleury (Bd. VIII, S. 87), stets als „crosse de Bâle". Die schöne Krümme, deren jetziger Besitzer sich nicht feststellen liess, ist jedoch in keinem Inventar des Schatzes nachweisbar.

B. Spätgotisches Vortragekreuz.

Chantilly, Condé Museum.
Abb. 257.

Dieses prunkvolle silbervergoldete spätgotische Kreuz von 1,065 m Höhe und 0,57 m Breite wurde 1861 an der Auktion der Sammlung Soltykoff (Nr. 103) im Auftrage des Herzogs von Aumale als „Vortragekreuz der Basler Domkirche" für Fr. 17,955.— ersteigert. Mit dieser Herkunft publizierte es

[1]) F. Witte, Die Schatzkammer des Domes zu Köln, Augsburg 1927, Abb. 53.

1861 A. Darcel und 1864 J. Labarte, erwähnte es 1883 E. Du Sommerard im Katalog des Cluny Museums und 1886 Mgr. Vautrey in seiner Geschichte der Bischöfe von Basel[1]).

Das überreich verzierte Kreuz scheint mir eine spanische Arbeit, sicher keine oberrheinische, zu sein. Auch findet es sich in keinem der Inventare.

C und D. Zwei spätgotische silberne Reliquienschreine in Kapellenform

in Paris, im Cluny Museum.
Abb. 258 und 259.

Beide Silberschreine wurden 1861 an der Auktion der Sammlung Soltykoff (Nr. 176 und 177) als Stücke des Basler Münsterschatzes für Fr. 4600.— versteigert[2]).

[1]) A. Darcel, Gazette des Beaux-Arts, 1861, p. 221. — J. Labarte, Histoire des arts industriels, Paris 1864, Album I, Taf. 53, Text I, p. 58. — Vautrey II, p. 87.

[2]) Vgl. Katalog des Cluny Museums von 1883, Nr. 5016 und Nr. 5017. — Vgl. ferner Gazette des Beaux-Arts, Paris 1861, p. 216 (für 4600 Fr. vom Cluny Museum erworben) und Tr. V, p. 517.

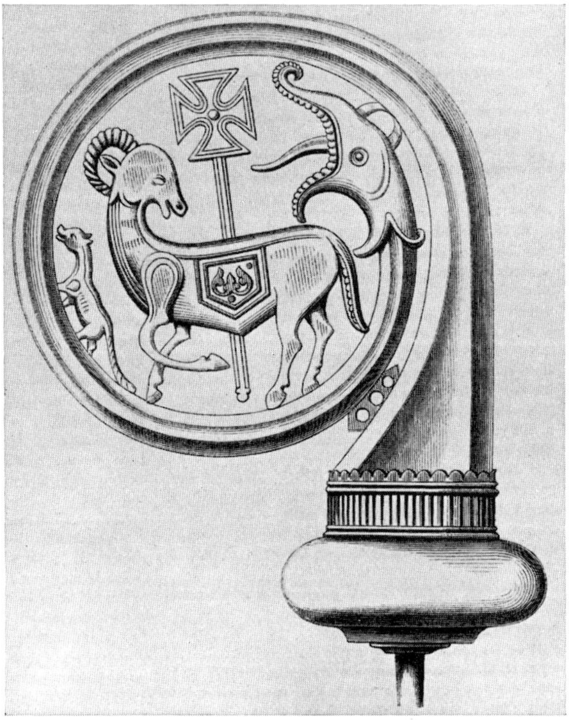

Abb. 256. Elfenbeinkrümme eines Bischofsstabes. Nr. A.

Abb. 257. Spätgotisches Vortragekreuz. Nr. B.
Chantilly, Condé Museum.

Nun finden sich zwar im Inventar dieses Schatzes von 1585. 44 „zwci silberne Sakramenthäuslein" mit einem Gewicht von zusammen 13 Mark, somit 3029 g, angeführt. Auch der Stil der Reliquiare in Paris ist oberrheinisch. Ihr Gewicht beträgt jedoch laut gütiger Mitteilung 3860 g.

Abb. 258. Silberner Reliquienschrein. — Höhe 44,3 cm. Nr. C.
Paris, Cluny Museum.

Dieser Gewichtsunterschied könnte wohl auf einer weitgehenden, später erfolgten Bereicherung beruhen. Beweisen aber lässt sich die Basler Herkunft nicht. Sollten die Schreine jedoch mit den beiden im Inv. 1585 zuerst erwähnten identisch sein, so gehörten sie, wie der Reliquienschrein Nr. 25, nicht zum eigentlichen Schatz des Hochaltars.

E. Ein Paar spätgotische silberne Rauchfässer.

Abb. 260 und 261.

1842 bildete Oberst Theubet in der Verkaufsanzeige der goldenen Altartafel das eine von zwei gleichen silbernen Rauchfässern ab, mit Herkunfts-

Abb. 259. Silberner Reliquienschrein. — Höhe 52,5 cm. Nr. D.
Paris, Cluny Museum.

angabe „Basler Münsterschatz" (Abb. 260)[1]). 1861 tauchen sie im Auktionskatalog der Sammlung Soltykoff unter Nr. 218 und 219 wieder auf, dann 1890 in der Sammlung A. Seillière unter Nr. 345 und 346[2]). Im Katalog sind beide Rauchfässer abgebildet. Nr. 346 aber ist als eine spätere Kopie von 345

[1]) Anonym, Description of the golden altar-piece etc., Paris 1842, mit Abb. — Ebenso in E. Du Sommerard, Arts au moyen-âge, Paris 1840, Nr. 23 und 24, und im Katalog des Cluny Museums 1883, Nrn. 5016 und 5017, angeführt. Auch in La Croix et Céré, Le Moyen-Age et la Renaissance, Paris 1848, abgebildet. Unter der Farbentafel steht als Höhenangabe: „²/₃ de l'exécution". Dieses Rauchfass wäre demnach ca. 28,5 cm hoch. — Auch bei Tr. V, p. 517 und Vautrey II, p. 87 mit Herkunft „Basler Kirchenschatz" erwähnt.

[2]) Da das eine Rauchfass im Katalog der Sammlung Seillière Nr. 346, gewiss nicht irrtümlich, als spätere Kopie bezeichnet worden ist, so muss schon unter Theubet dieses Gegenstück angefertigt worden sein. Vgl. auch Nr. 71, S. 342, Anm. 1.

Abb. 260.
Nr. E.
Silbernes Rauchfass
nach Theubet 1842.
Vgl. S. 347, Anm. 1.

Abb. 261.
Nr. E.
Silbernes Rauchfass
nach Katalog der Sammlung Seillière.

Abb. 262. Nr. F.
Silberne Madonnenstatuette.
Berlin, Kaiser Friedrich Museum.

bezeichnet. Beide erzielten zusammen Fr. 3800.—. In welcher Sammlung sie sich jetzt befinden, habe ich nicht feststellen können.

Seinem Stil nach kann das echte der beiden Rauchfässer wohl eine oberrheinische Arbeit sein. Als Höhe ist jedoch 25 cm angegeben, während Inv. 1827. 51 zufolge die des verschollenen, unter Nr. 71 angeführten gotischen Münsterrauchfasses 31,8 cm beträgt. Dieser Unterschied könnte unter Umständen auf einem Messen bald mit aufgesetztem Ringhalter, bald ohne denselben oder auf einer späteren Reparatur beruhen[1]), aber beweisen lässt sich die Basler Herkunft dieses wiederholt abgebildeten Rauchfasses nicht.

F. Silberne Madonnenstatuette.

Berlin, Kaiser Friedrich Museum.
Abb. 262.

Die 1482 von dem Augsburger Goldschmied HEINRICH HUFNAGEL angefertigte, 54 cm hohe silberne Madonnenstatuette in Berlin, zu der neuerdings Herr Dr. F. Kieslinger das Holzmodell entdeckt hat[2]), trägt auf der Unterseite die gedruckte Etikette: „Aus dem Domschatz in Basel“[3]).

Im Inv. 1477. 53 ist zwar nur „ein Marienbild aus Alabaster“ angeführt. Im Inv. 1735 tauchen jedoch „ein silber Marienbild auf einem hölzernen Fuss“ und „ein ander silber Marienbild“ auf. Im Inv. 1827. 37 ist noch vermerkt: „ein silbernes Marienbild: fehlt“.

Die künstlerischen Beziehungen zwischen Basel und Augsburg waren besonders in spätgotischer Zeit so rege, dass das Vorhandensein einer Augsburger Madonna im Basler Münsterschatz nichts Erstaunliches wäre. Seltsam ist es nur, dass eine Silberstatuette weder im Inventar von 1511, noch von 1525 oder in dem von 1585 erwähnt ist.

Die Statuette gelangte aus der Königlichen Kunstkammer in die heutige Sammlung. Die Angabe ihrer Herkunft aus dem ehrwürdigen Basler Münsterschatz dürfte dem Händler als eine Ermunterung zum Ankauf gedient haben.

[1]) 1922 waren in London im Victoria und Albert Museum aus Privatbesitz ein Paar silberne, spätgotische Rauchfässer von 26,4 cm Höhe ausgestellt mit der Herkunftsangabe: „Basler Münsterschatz“. Nach meiner Ansicht diente ein Rauchfass der 1884 in München versteigerten Sammlung Lorenz Gedon Nr. 168 von 27 cm Höhe dem einen Stück als Vorbild. Nur wurde es mit einem neuen Fuss versehen und beide durch einen Lilienkamm bereichert. Der verstorbene Goldschmied Bossard in Luzern, der das Paar nach England geliefert hat, könnte das Rätsel lösen. Obgleich solche Lilienkämme damals ganz allgemein verwendet wurden, so scheinen mir die der beiden Rauchfässer dennoch auf ein Bleimodell der Amerbachsammlung im Historischen Museum zurückzugehen. Denn die frühere Verwaltung hatte Herrn Bossard erlaubt, Abgüsse verschiedener Goldschmiedmodelle zu machen.

[2]) Abb. Pantheon, 1930, S. 389.

[3]) Abb. W. Voege, Katalog der deutschen Plastik im Kaiser Friedrich-Museum, Berlin 1910, Nr. 11, mit Abb. der Goldschmied und Stifter betreffenden Inschriften.

DIE SCHAUSTELLUNG DES SCHATZES UND SEINE INVENTARE

ÜBER DIE SCHAUSTELLUNG DES SCHATZES AUF DEM HOCHALTAR DES MÜNSTERS.

Über die Art und Weise, wie Tafel und Reliquiare auf dem Hochaltar zur Schau gestellt wurden, wüssten wir nichts, wenn uns nicht glücklicherweise zwei nur wie Entwürfe flüchtig niedergeschriebene, lateinische Pläne darüber[1]) erhalten geblieben wären.

Diese Schemata dürften um 1500 entstanden sein. Die untere Zeitgrenze ihrer Abfassung ist durch das Vorkommen der zu Beginn der 1490er Jahre gefertigten Münch- und Hallwyl-Monstranzen Nr. 40 und 41 gegeben, falls ich mit der Deutung recht habe, damit seien „die kleiner nüw monstrantz" und „die nüw grösser monstrantz" der Aufstellungspläne gemeint. Die obere Grenze ergibt sich daraus, dass die Hüglin-Monstranz Nr. 42, deren Stifter 1502 starb, darin noch fehlt. Wäre sie jedoch erst nach dem Tode Hüglins angefertigt worden, was mir nicht ausgeschlossen scheint, so sind die Schemata doch bestimmt vor 1511 geschrieben worden. Denn die „grösser und die klein barillen monstrantz" sind darin noch angeführt, während sie im Inv. 1511. 13 schon als „eingeschmolzen" figurieren.

In den beiden auf den Seiten 355 und 357 folgenden Aufstellungsplänen kommen zwei sehr verschiedene Stufen der Feierlichkeit zum Ausdruck.

Für die erste Stufe ist entscheidend, dass Goldtafel, Fest-, Sonntags- und Kapellenkreuz Nr. 1, 2, 36 und 17 fehlen; für die zweite, dass vor allem die Goldtafel, ferner — als Ersatz für die Dorotheen- und Agnus Dei-Monstranz Nr. 26 und 31 des ersten Plans[2]) — das Fest- und Sonntagskreuz zur Aufstellung kommen, und dass an die Stelle des spätgotischen Astkreuzes Nr. 32 nun das herrliche hochgotische Kreuz mit den Engeln Nr. 17 tritt.

Wollen wir uns jedoch die Gesamtwirkung vergegenwärtigen, zur Zeit, als unter Bischof CHRISTOPH VON UTENHEIM (1502—1527) der ganze Schatz beisammen war, so haben wir uns noch die Hüglin-Monstranz Nr. 42[3]) und die Heinrichs- und Kunigunden-Monstranz Nr. 43 und 44 hinzuzudenken.

---

[1]) B. St.A., Bauakten J J 3. Ein stark beschädigtes, neuerdings ausgeflicktes Papierdoppelblatt. Auf S. 1 steht ein Schema nur mit Goldtafel und Bildwerkgruppe. Es dürfte wohl eher ein Entwurf für den Aufstellungsplan auf S. 3 sein, als das Schema für eine Stufe der Feierlichkeit, die zwischen der des ersten und jener des zweiten Plans lag. Auf S. 2 folgt der hier abgedruckte erste Plan ohne Goldtafel; auf S. 3 der zweite mit Goldtafel.

[2]) Beide Reliquiare bergen aus Rom empfangenes Heiltum. Vgl. über Ablass bei Verehrung römischer Reliquien M.F. II, 293a oder 303b: „ein zan st. Pauls des zwölffbotten, Reliquien von den Hlg. Pancratien, Fabian, Sebastian, von den unschuldigen Kindlein, von den 10000 Martirern, von den Hlg. Urban, Jergen, Lucien, Cecilien, Agnesen und Dorotheen."

[3]) Die Hüglin-Monstranz Nr. 42 kam vielleicht auf dem Hochaltar nur bei Verwendung des ersten Plans und zwar „inferius" unter der Hostien-Monstranz Nr. 63 zur Aufstellung.

Letztere waren Ersatz für zwei eingeschmolzene, ungleich grosse, wohl hochgotische Monstranzen, und bildeten als gleichgeformte Gegenstücke, an den beiden Enden der unteren Reihe aufgestellt, einen gewiss weit harmonischer wirkenden Abschluss als bisher (vgl. Abb. 263).

Wie ich schon früher erwähnte, wissen wir zwar, an welchen Festen die goldene Altartafel und somit wohl alle, im zweiten Plan angegebenen Reliquiare zur Aufstellung kamen[1]). Wann aber nach dem ersten, einfacheren Plan die Auswahl getroffen wurde, darüber sind wir im Dunkel gelassen. Mit solchen Fragen war man am Münster viel zu vertraut, als dass es irgendeiner schriftlichen Anordnung bedurft hätte.

Jedenfalls aber beweisen die beiden Pläne, und der Rekonstruktionsversuch nach dem zweiten dürfte es besonders klar veranschaulichen, dass ein feines architektonisches Verständnis zu diesem wohl eigenartig, aber ungeachtet seiner so verschieden geformten Teile, doch harmonisch wirkenden Gesamtaufbau geführt hat[2]). Und zugleich lässt sich erkennen, dass manche Reliquiare diesem Zwecke ihre besondere künstlerische Form verdanken.

Wohl wird es vielleicht manchen befremden, dass bei der Anordnung, wie sie der Rekonstruktionsversuch Abb. 263 (nach S. 358) veranschaulicht, das grösste und gewichtigste Stück, die Tafel, nicht in der unteren Reihe die Mitte einnimmt. Nach meiner Ansicht aber hat, neben Rücksichten, die wir nicht kennen, gerade gotisches Feingefühl dies veranlasst. Denn die aufstossende Vertikalkraft der drei mächtigen Silbertürme dürfte der über ihnen aufgestellten goldschimmernden oblongen Tafel etwas von ihrer blockhaften Schwere genommen und ihr etwas Schwebendes verliehen haben[3]).

Wenn wir uns jedoch im Münster selbst oder an Hand alter Abbildungen von Lettner, Vierung und Chor, vor der Münsterrestauration in den 1850er Jahren (vgl. Abb. 6), in der Vorstellung ein Bild vom Hochaltar im Schmuck seiner Altarzierden schaffen wollen, so sind uns diese Aufstellungspläne, die allein den Rekonstruktionsversuch auf Abb. 263 ermöglichten, von unschätzbarem Wert.

---

[1]) Vgl. S. 18 und S. 43, Anm. 1.

[2]) Da ich mit dem auf uralter Tradition fussenden Zeremoniell der katholischen Kirche nicht vertraut bin und da uns die Pläne über viele die Aufstellung betreffende Fragen im Unklaren lassen, so erlaubte ich mir, meine Ansicht über die Schaustellung des Schatzes dem auf diesem Gebiete sachkundigen Herrn Dr. Heinrich Feurstein, Stadtpfarrer zu Donaueschingen, vorzulegen. Er gab mir die Befugnis, hier mitzuteilen, dass er sich mit meiner Deutung der Aufstellungspläne völlig einverstanden erkläre.

[3]) Beim gotischen Dogenpalast zu Venedig z. B. folgt der geschlossene Baukörper auch auf die durchbrochenen Architekturteile ohne erdrückend schwer zu wirken. Trotz aller Verschiedenheit der beiden Lösungen, scheint mir doch ein verwandtes gotisches Empfinden dazu geführt zu haben.

Aufstellungsschema für die einfachere Stufe der Feierlichkeit.

Z = Zusätze des Verfassers.

- In summis festiuitatibus quando tabula aurea non ponitur ad altare tunc ponitur primo
  - Superius ad medium alta magna noua monstrancia [Z: Nr. 63] et versus
    - Sacramentale [Z: nach Norden, nach links] ponitur primo
      - Crucem totam auream stantem in pede ligneo videlicet Halwiler. – Z: Nr. 39.
      - Caput S. pantali. – Z: Nr. 9.
      - Johannem baptistam. – Z: Nr. 24.
      - Caput. – Z: Nr. 11 oder 12, St. Tecla- oder Ursulahaupt.
      - brachium s. valentini. – Z: Nr. 23.
    - prespiterium [Z: nach Süden, nach rechts]
      - Crucem domini prepositi. – Z: Wohl das Kreuz, das dem Domprobst vorgetragen wurde. Es war vielleicht das verlorene, im Inv. 1511. 71 angeführte „silberin kreüzlin mit Hallwyler schilt", eine Gabe Joh. Rud. v. H., 1503 Domprobst, vgl. unter Nr. 41, S. 282, Anm. 6.
      - Caput. – Z: Nr. 5, St. Eustachius, als Gegenstück zum hl. Pantalhaupt.
      - Christoferum. – Z: Nr. 27.
      - Caput. – Z: Nr. 11 oder 12, St. Tecla- oder Ursulahaupt.
      - brachium. – Z: Nr. 6, der hl. Walpertarm.
  - Z: vielleicht zu ergänzen: Inferius ad medium [Nr. 42, vgl. S. 353, Anm. 3] versus
    - Sacramentale [Z: nach Norden, nach links]
      - Ein klein barillen kentlin. – Z: verloren, vgl. Inv. 1827. 54.
      - die kleiner nüw monstrantz. – Z: wohl Nr. 40, die Münch-Monstranz.
      - daz klein monstrentzlin. – Z: gewiss Nr. 64, verschollen.
      - monstrantiam de apostolis. – Z: Nr. 16.
      - die barillen kant. – Z: verloren.
      - daz agnus dei. – Z: Nr. 31.
      - pes innocentium. – Z: Nr. 28.
      - Crucem cum imaginibus beate marie et johannis. – Z: Nr. 37.
      - ymaginem David gamahü. – Z: Nr. 19.
      - die grösser barill monstrantz. – Z: vor 1511 eingeschmolzen und Nr. 43 oder 44 daraus gefertigt.
    - prespiterium [Z: nach Süden, nach rechts]
      - Ein klein barillen kentli. – Z: verloren, vgl. Inv. 1827. 54.
      - die nüw grösser monstrantz. – Z: wohl Nr. 41, die Hallwyl-Monstranz.
      - ein klein barillen stuof. – Z: verloren, vgl. Inv. 1827. 54.
      - [monst]rantiam künegundis. – Z: Gewiss Nr. 15, auch als Gegenstück von Nr. 16.
      - daz kistlin. – Z: Nr. 38.
      - dorotheam. – Z: Nr. 26, die Dorotheen- oder Offenburg-Monstranz.
      - rosam auream. – Z: Nr. 13.
      - Ein klein silbern kentlin. – Z: verloren
      - daz barillen krützlin. – Z: gewiss Nr. 33.
      - Ein klein silber kentlin. – Z: verloren.
      - die kleiner barillen monstrantz. – Z: vor 1511 eingeschmolzen und Nr. 43 oder 44 daraus gefertigt.

Aufstellungsschema für die höchste Stufe der Feierlichkeit.

Z = Zusätze des Verfassers.

- In summis festiuitatibus ponuntur reliquie super altare.
  - Superius tabula magna aurea [Z: Nr. 1] deposite ad latus [tabulae][1]) versus.
    - Sacramentale [Z: nach Norden, nach links]
      - Crucem totam auream stantem in pede ligneo videlicet Halwiler. – Z: Nr. 39.
      - Caput S. pantali. – Z: Nr. 9.
      - Johannem baptistam. – Z: Nr. 24.
      - Caput. – Z: Nr. 11 oder 12, St. Tecla- oder Ursula-Haupt, mit gleichen Postamenten.
      - brachium S. valentini. – Z: Nr. 23.
    - prespiterium [Z: nach Süden, nach rechts]
      - Crux domini prepositi. – Z: nicht nachweisbar.
      - Caput. – Z: Nr. 5, St. Eustachius-Haupt, als Gegenstück zum hl. Pantal-Haupt.
      - Christoferum. – Z: Nr. 27.
      - Caput. – Z: Nr. 11 oder 12, St. Tecla- oder Ursula-Haupt, mit gleichen Postamenten.
      - brachium. – Z: Nr. 6, der hl. Walpertarm.
  - Inferius ad medium alta longa noua monstrantia [Z: Nr. 63] ad latus versus.
    - Sacramentale [Z: nach Norden, nach links]
      - Ein klein barillen kent[lin]. – Z: verloren, vgl. Inv. 1525. 32, 1827. 54.
      - Crux bona. – Z: Nr. 2.
      - Ein klein barillen kentlin. – Z: verloren, vgl. Inv. 1525. 32, 1827. 54.
      - Die kleiner nüw mon[stranz]. – Z: wohl Nr. 40, die Münch-Monstranz.
      - Die gross barillen[kant]. – Z: verloren, vgl. Inv. 1525. 5.
      - Monstrantz de apostolis. – Z: Nr. 16
      - pes S. innocentium. – Z: Nr. 28.
      - Crux prima cum imaginibus b[eate] m[arie] virg[inis] et jo[hannis]. – Z: Nr. 17.
      - Imaginem Dauit oder gamahü. – Z: Nr. 19
      - die grösser barillen monstrantz. – Z: vor 1511 eingeschmolzen und Nr. 43 oder 44 daraus gefertigt; Nr. 43 die Heinrichs-Monstranz, gewiss links.
    - prespiterium [Z: nach Süden, nach rechts]
      - Das klein guldin monstrentzli. – Z: gewiss Nr. 64, verschollen.
      - Crucem dominicalem. – Z: Nr. 36; über den Kreuzfuss vgl. Inv. 1525. 54.
      - Ein klein barillen stuofly. – Z: verloren. Vgl. Inv. 1525. 35, 1827. 54.
      - die grösser nüw monstrantz. – Z: wohl Nr. 41, die Hallwyl-Monstranz.
      - daz kistlin. – Z: Nr. 38.
      - Monstrantiam küneg[undis]. – Z: gewiss Nr. 15, auch als Gegenstück von Nr. 16.
      - Rosam auream. – Z: Nr. 13.
      - Ein klein silber kent[lin]. – Z: verloren, vgl. Inv. 1525. 34.
      - daz barillen krützlin. – Z: gewiss Nr. 33.
      - Ein klein silber ken[tlin]. – Z: verloren, vgl. Inv. 1525. 34.
      - Die kleiner barillen monstr[antz]. – Z: 1511 eingeschmolzen und Nr. 43 oder 44 daraus gefertigt; Nr. 44 die Kunigunden-Monstranz, gewiss rechts, da ja z. B. auch an Monstranz Nr. 15 die Kaiserin zur Rechten Heinrichs steht.

[1]) Hier ist „tabulae" zu ergänzen, nach dem Entwurf dieses Schemas, vgl. S. 353, Anm. 1.

Abb. 263.

TAFEL UND RELIQUARE DES BASLER MÜNSTERSCHATZES

wie sie nach Schema 2 (S. 357) bei höchsten Feierlichkeiten kredenzartig vor- und übereinander auf dem Hochaltar des Münsters zur Aufstellung gelangt sein dürften.

Rekonstruktionsversuch.

Nach den Angaben des Autors
aufgezeichnet von Joseph Hummel.

DIE INVENTARE DES MÜNSTERSCHATZES.

Verzeichnis der Gaben Kaiser Heinrichs II. 1019.

Die erste auf uns gekommene Aufzählung im ältesten erhaltenen *Basler Brevier*, einer schönen Pergamenthandschrift in der Bibliothek des Kollegiums zu Pruntrut Nr. 71; von J. Trouillat 1840 unter einem Haufen zum Verbrennen bestimmter Papiere im Pruntruter Rathausgewölbe entdeckt; nach Trouillat vor 1461, wohl unter Bischof von Rotberg (1451—1459) geschrieben. Das Gabenverzeichnis veröffentlicht in Tr. I, Nr. 87, p. 142; in Deutsch übertragen von R. Thommen in Beiträge zur vaterländischen Geschichte, N. F. Basel 1901, V. S. 182.

Zuerst gedruckt in dem in Basel bei Michael Wenssler ca. 1478—1480 erschienenen „Breviarium basiliense" (Universitätsbibliothek Basel, A. N. III, 15 und 16), dann in dem schönen, 1515 in Basel bei Jakob von Pforzheim herausgekommenen Brevier (Universitätsbibliothek Basel, A. N. VIII, 22). Nach diesem Druck:

In festo S. Heinrici imperatoris
Lectio V.

(a) Obtulit autem altare aureum ponderis preciosi metalli decoctione. et ymaginum expressione redimitum.

(b) Coronam quoque argenteam auro delinitam: que a facie ipsius altaris eleuata: cum ipso cristata cereis: fronte superba disputat claritate.

(c) Crucem etiam sanctam miro gemmarum scemate. aurique rutilantia fulgurantem addidit: in qua reliquie sacratissimi sanguinis domini nostri Jesu Christi una cum particla ligni crucis dominice sunt recondite[1]).

(d) Examitinam[2]) insuper casulam que simulacris aquilaribus ex auro sibi intextis decorata: in se arguit arcem opulentie maritatam.

(e) Auxit etiam redimiculorum venustatem premissorum: thuribuli aurei: vexillorum[3]): et plenarii sumptuosi addimento: et plerisque praenotatam decoravit ecclesiam ornamentis.

2. Inventar datiert 1477.

Das Original im General-Landes-Archiv Karlsruhe: Akten Ausland, Basel, fasc. 155. Abdruck unter Weglassung der darin verzeichneten, im Inv. 1525 am vollständigsten aufgezählten, nach Einführung der Reformation versteigerten Ornate. — Z = Zusatz des Verfassers 1933.

1. Primo Magna aurea tabula Sancti Heinrici Imperatoris. Et habet eadem tabula propriam clausurum atque proprium conservaculum.
[Späterer Zusatz: Expuro auro. Ponderis 7000 ducatorum.]

[1]) Diese Reliquienangabe fehlt noch im geschriebenen Brevier. Vgl. Nr. 2.
[2]) Im geschriebenen Brevier: „examinitam".
[3]) Über solche Fahnen vgl. J. Sauer, Symbolik des Kirchengebäudes, II. Aufl. 1924, S. 174.

2. Item ein núwe grosse silberin Monstrantz pro conservacione venerabilis Sacramenti Eukaristie in die Corporis Christi, et per totam octavam formata, et habet eadem monstrantia etiam propriam clausuram atque proprium conservaculum.

Item in dem grossen núwen kensterlin das Herr Hans Hanffstengel selig vorziten dem buw unser lieben frowen geben hat. Darinne so vindet man dise nachgeschribne stúck von silber und von gold. — Z: Nr. 29.

3. Item die alte grosse silberin und überguldte monstrantz, do Sant Keyser Heinrichs heyltum inne lyt. — Z: nicht mehr erhalten. Wurde vielleicht eingeschmolzen, als um 1490 für die Kaiser Heinrichs-Reliquie die Münch-Monstranz Nr. 40 angefertigt wurde.
4. Item Sant kúnigunden monstrantz, do ouch ir heyltum inne lit una cum digito sancti Johannis bapt. — Z: Nr. 15, wurde ursprünglich gewiss zur Bergung der Reliquien von Heinrich und von Kunigunde geschaffen.
5. Item ein núwe guldin Crútz cum ymagine Salvatoris et duabus ymaginibus, videlicet beate virginis et sancti johannis una cum stipite, gantz geslagen gold. In qua habentur reliquie de Sancta Cruce et de Sagnome miraculoso. Et sciendum quot pes illius crucis est argenteus et deauratus. In cuius etiam auree crucis emptionis subsidium honesta illa domina Agnetis olim de Ramstein relicta quondam strenui viri domini Heinrici de Ramstein militis contribuit C flor. Includuntur etiam in eadem cruce apparenter lapides nobiles et preciosi valde videlicet drye kostlich Demant und ein Saffyr mit einem kostlichen Gamahu. Et at relationem fidedignorum aurifabrorum et aliorum honestissimorum virorum valorem illius crucis taxantium estimant eandem crucem esse valoris cum sibi inclusis quingentorum florenorum et ultra.
6. Item das crútz mit den Englen ist gantz vergúldet.
7. Item ein grosse monstrantz genannt de apostolis. — Z: Nr. 16.
8. Item zwo monstrantzen mit parillen, ist eine grösser denn die ander. — Z: vor 1511 eingeschmolzen; wohl 14. Jahrhundert, da in M.F.I, dem Münsterfabrik-Büchlein des 15. Jahrhunderts, nie angeführt.
9. Item ein arm mit silber beslagen Sancti ualperti confessoris.
10. Item Sant Valentins arm ist gantz silberin.
11. Item die guldine rose cum quadraginta foliis, quatuor rosis et duobus nodis, ist gantz geslagen gold. — Z: Im Inv. 1478: mit xxxix bletter.
12. Item ein parillen kenlin dedit dominus Hartmannus prepositus. — Z: Gewiss Dompropst Hartmann von Hallwyl, † 1503.
13. Item iterum ein parillen kenlin dedit dominus episcopus Hartmannus Munch.
14. Item ein núwe húbsch silberin fúss sanctorum innocentum, der stat uff einem vergúldtem ledlin, darinne sind ouch certe reliquie.
15. Item monstrantia sancte dorothee.
16. Item ein klein monstrentzlin ist gantz vergúldet, dedit dominus Johannes Wiler olim decanus huius ecclesie.
17. Item crux dominicalis.
18. Item ymago davidis, et est de puro auro formata. — Z: Im Inv. 1478: ist ein gamahú.
19. Item ymago sancti cristofori, ist gantz silberin, quam dedit fabrice dominus Ludwicus Mog olim assisius huius ecclesie.
20. Item ein wiss helffenbeinen búchslin.

21. Item drú kleine búchslin sind mit siden uberzogen. [Beischrift vacat.]
22. Item caput sancti pantali primi episcopi basiliensis.
23. Item caput sancte ursule, und daran so hangt ein Krútzlin mit vier berlechten knôpffen.
24. Item caput sancti Eustachii.
25. Item caput sancte Tecle virginis mit einem parillen. — Z: Im Inv. 1478: in collo eius.
26. Item ein húbsch verguldt kistlin de cupero formatum.
27. Item ein gross ledlin cum certis reliquis. — Z: Im Inv. 1478: höltzin verguldet ledlin.
28. Item ein klein parillen crútzlin uff das klein fenlin.
29. Item ein agnus dei in horn gefasset, hanget in capite sancti pantali.
30. Item ymago sancti Johannis baptiste, ist gantz silberin, procuravit fieri dominus Cûnradus zyfner olim cappellanus huius ecclesie et magister fabrice.
31. Item ein parillen glas in silber gefasset, dedit dominus Wilhelmus Helmsperg, olim custos huius ecclesie.
32. Item ein núwe silberin monstrantz miz einem agnus dei, quam fabricari fecerunt venerabiles domini de capitulo de bonis sive clinodiis tempore indulgentiarum hinc inde collectis cum armis sanctissimi domini pii pape, sub domino Johanne Wernhero de Flachslanden titulo decano ecclesie Basiliensis.
33. Item in húbsch silberin crútzlin cum duabus ymaginibus vid. Marie et Johannis quam fabricari fecerunt venerabiles domini de capitulo de bonis tempore indulgentiarum fabrice donatis ex venditione titulo magistro fabrice olim domino Heinrico gúglin.
34. Item zwey silberin kenlin cum reliquiis quae pertinent ad summum altarem.
35. Item aber ein silberin crútz mit barillen. — Z: Im Inv. 1478: cum ymagine salvatoris.
36. Item calix argenteus et deauratus cum armis illorum de Eptingen et certis reliquiis, licet hoc verum, quot arma illorum de Eptingen in illo non plus appareant.
37. Item in dem grünen kensterlin ein gantzer guldiner kelch una cum patena aurea et armis illorum de Tierstein. [Beischrift: ex auro puro].
38. Item zwen silberin stecken.
39. Item aber ein stecken pro domino cantore.
40. Item aber ein alt stecke pro cruce dominicali.
41. Item ein klein möschin kennlin.
42. Item aber ein klein ledelin, darinn ligend schlüssel zû der grossen núwen monstrantz gehörende.
43. Item ein grosser höltzin verguldet fûss und den bruchet man allein in vigilia et in die Corporis Christi.

in nova custria sive sacristia:

44. Item zwey silberin crútz uff die gûten guldinen fan.
45. Item das gross gût plenarium mit einem syden roten kússen.
46. Item ein gemolet kensterlin darinne ein silberin crutzifix mit vier silberin bilden gehört ad petitionem matricis.
47. Item aber ein kelch cum armis Múnch und Grúnenberg.
48. Item aber ein grosser núwer kelch quem legavit dominus Arnoldus de Ratperg olim episcopus huius ecclesie.

49. Item vier corporal ledlin sint gesticket von berlin und mit bilden und in yeglichem ein corporal.
50. Item aber zwey corporal ledlin von gold gesticket und mit bilden daruff und ouch darinne corporal.
51. Item aber ein gůt corporal hat geben herr Hans Kapler olim plebanus ecclesie argentinensis et postea capellanus ecclesie basiliensis altari Sancte Agnetis, ist gestickt von berlin und gold cum veronica in medio et tribu angelorum in lateribus.
52. Item ymago beate Marie virginis ist alabaster.
53. Item ein gross silberin rouchfass.
54. Item zwey kleine silberin rouchfass.
55. Item zwey silberin liechtstöcklin.
56. Item iii rot glat kappen mit silberin spangen.
57. Et sciendum daz die selben silberin spangen sint verkoufft worden ex commissione domini custodis und sint ze statten kommen an bezalung des guldinen crútzes das man koufft hat von dem von Halwil anno LXX°, sexto die mensis aprilis.
58. Item drye gross zinnen ampellen.
59. Item iii zinnen kannen pro oleo sancto.
60. Item iii erden kachlen pro ampullis olei sacri.
61. Item iiii verguldte stangen zu den fan.
62. Item vi möschin liechtstöcklin.
63. Item ein fuoss zu dem guoten krútz. — Z: Im Inv. 1478: ein vergült fuss pro bona cruce.
64. Item aber zwey moschin fússlin ouch zuo crútzen, eins ist brochen. Et sciendum daz dieselben zwey moschin fússlin vorgeschriben sind gemacht zuo crútzlin das ein uff den altar, das ander uff den osterstock. — Z: Im Inv. 1478: zwei mössen vergúlt füsslin.
65. Item zwen hoch höltzin verguldet liechtstöck.
66. Item vier klein glöcklin.
67. Item ein lang wyss siden tüchlin at[d] baculum episcopi pertinens.
68. Item baculus pastorialis pro scolaribus.

In antiqua custria ante novam.....

69. Item antiquum plenarium dominicale.
70. Item ein grosser úbergulter kelch cum patena und mit einem gantz gulden crútzlin daruff gemacht. — Z: Im Inv. 1478: in cuius pede est tota aurea crux cum salvatore et quatuor lapidibus preciosis.
71. Item ii silberin kenlin und ein silberin buchslin ad summum altarem und ein silberin rouchfass.

3. Inventar datiert 1478.

Das Original im General-Landes-Archiv Karlsruhe: Akten Ausland, Basel, fasc. 155.

Der Text im wesentlichen wie in Inv. datiert 1477. In einem Nachtrag von 1479 jedoch stehen die von Bischof JOHANN VON VENNINGEN 1478 vermachten Stücke; vgl. bei Nr. 69. Hier auch der Eintrag: item zween fligenwedel, vgl. dazu Dr. Jos. Stöcklin: Johann VI. von Venningen, Solothurn 1902,

S. 209: 1 Schilling einem Knaben der zwen Pfauenwedel bringt. Solch ein Pfauenwedel des 15. Jahrhunderts ist abgebildet auf dem 1858 ausgeführten Aquarell von C. Guise, nach dem ehemaligen Wandgemälde mit der St. Brunolegende in der Basler Kartause. Kupferstichkabinett Basel, Z 404. — Vgl. auch Pantheon 1932, Bd. IX, Abb. auf S. 14.

4. Inventar Anfang des 16. Jahrhunderts.

Das Original im General-Landes-Archiv Karlsruhe: Akten Ausland, Basel, fasc. 155.

Betrifft nur die im Inv. 1525. 73 bis 249 abgedruckten Kirchengewänder. Ist nach 1502 verfasst, da das mit dem Utenheimer Wappen gezierte Heidnischwerktuch für den Bischofssitz angeführt wird und Christoph von Utenheim 1502 Bischof wurde. — Vgl. Inventar 1525. 233.

5. Inventar datiert 1511.

Nur in einer Kopie des 18. Jahrhunderts erhalten, im General-Landes-Archiv Karlsruhe, Akten Ausland, Basel, fasc. 138. Abgedruckt, ohne die Kirchengewänder, in C.B. 1863, S. 20.

6. Inventar datiert 1525.

Das Original im Staatsarchiv Basel, Bauakten J. J. 3. Das vollständigste aller Inventare, geht auf das Inventar von 1511 zurück. Abgedruckt in E. Dürr, Aktensammlung zur Geschichte der Basler Reformation, 1921, Bd. I, S. 349—362. — Z: Zusätze des Verfassers 1933.

Inn der sacrasty oder inn dem gewelb
by der kungin grab hinder dem fronaltter:

1. Item die grosz guldin tafel sanct keyser Heinrichs, ist etwas an den ortten von wegen desz, das mann sy uff den alttar und wyder inn den gehaltter tregt, geschedigt worden; stat inn eym sondern gehaltter.
2. Item ein nuwe hohe monstrantz, ist sylberin, unnd die vier sul vergult, mit vyl hupschen cleynattern, brucht mann zů dem sacrament an Unsers herren fronlichnams tag.
3. Item ein grosz sylberin nuwe monstrantz mit sanct Thedels und Mauritzen heiltum und uff dem fůsz Hallwyl schilt.
4. Item aber ein grosz sylberin monstrantz mit sanct keyser Heinrichs heyltum und uff dem fůsz Munchenn schilt.
5. Item ein grosz barillen kant mit eym sylberin fůsz unnd sust inn sylber gefasset mit ettlichem heiltum, gab der hochwirdig bischoff Johans von Veningen.
6. Item ein gůt und kőstlich crútz mit vier cleynattern, daran hangendt an eyner sylbern kettenen, inn wellicher eym, besonder im crutz, sind dise

heyltum: namlich von der milch der seligisten junckfrowen Marie, von dem rogk unsers seligmachers, vom heiligen crutz, von sanct Peter und Pauly, Andres, Laurentz, Niclaus, Cristoffel, Appollonien, Benedicten, Katherinen und Doratheen und agnus dei.

7. Item das sonnenteglich crutz.
8. Item sanct Kungoldten monstrantz, darinn ir heiltumb.
9. Item ein schone monstrantz, genant von den Zwǒlffbotten, mit kǒstlichem heiltum.
10. Item ein nuwe monstrantz, sylberin mit eynem agnus dei, so die herren vom cappittel hand verordnet ze machen usz den guttern und cleynattern, so im ablasz gesamlet worden, mit bapst Pyen schilt; ist gemacht under herr Hans Wernnhern von Flachszlanden.
11. Item ein monstrantz mit sanct Thorotheen bildtnis, mit derselben und anderm heiltum.
12. Item zwo barillen monstrantzen, sind nach anzâig desz alten inventariumbs mit vil heiltumbs und eyne grosser dann die ander gewesen, sind geschweltzet und zwo nuw darusz gemacht.
13. Item ein nuwe monstrantz, liesz herr Conrat Huglin, der buwmeister, machen, darinn sannct Johanns des tǒuffers finger.
14. Item ein gulden crutzlin uff eynem hultzenen fůszlin, da die byldtnissen unsers seligmachers, der heiligisten junckfrowen Marie und sanct Johansen, sampt dem stammen von lutterem gold und der fůsz sylber ubergult sind, darinn heyltum vom heiligen crutz und vom wunderbarlichen blůt. Mann sicht daran disz edel gesteyn, namlich dry kostlich demant, ein saffir mit eynem kostlichen gamahu; kumpt her und ist koufft von den edlen und wolgebornnen lutten von Hallwyl; wurt geschetzet uber die funffhundert gulden wert sin, daran frow Agnes von Ramsteyn, desz strengen herr Heinrich von Ramsteyn rytters verlassen wytwe, hundert gulden ze stur geben hat.
15. Item ein krutz mit zweyen engeln mit den byldtnissen der seligsten junckfrowen Marie und Joannis, gemacht durch die herren vom capittel zů zytten desz ablasz under herr Heinrich Gugelin, buwmeister.
16. Item ein sylberin schlecht und barillen crutzlin, hat ein mǒschin ubergultten fusz, darinn es stat.
17. Item ein sylber vergultter kelch mit ettlichen kostlichen heyltumm.
18. Item ein sylberin crutzlin, hat her Hans Davit machen lassen, hat der bytter am buw.
19. Item die guldine rosen mit xxxvii bletteren und funff cleynen rosen, ist geschlagen gold.
20. Das houpt sanct Panthal, desz ersten bischoffs ze Basel, mit eynem agnus dei am hals, gab die Rychin.
21. Sanct Ursulen houpt, hat an ime ein berlinmutter zeychen, inn sylber gefasset, und ein krutzlin, mit berlin knopffen gefasset, und ein kettenen, gab die Rottin, ist sylber vergult.
22. Sanct Eustachien houpt uff eynem hultzenen fůsz.
23. Item der heiligen junckfrowen Tecle houpt inn eyner hultzenen vergultten buchsen mit ettlichem heiltumb, deszglychen eynem barillen und agnus dei am hals.
24. Item ein hupsch ubergult kystlin, ist kupfferin, mit sanct Philippen desz appostels arm und sanct Verenen heiltumb.
25. Item sanct Johanns desz tǒuffers byldtnis, ist gantz sylberin.

26. Die byldtnis sanct Cristoffels, ist gantz sylberin, gab herr Ludwig Mag selig, ein assisius.
27. Sanct Veltins arm mit ettlichem desselben heiltum, ist gantz sylberin.
28. Item sanct Walpert desz bichters arm, ist mit sylber beschlagen.
29. Item der unschuldigen kyndlin fůsz, ist sylberin gezieret mit vyl kostlichen blumen, stat inn eyner hŏltzenen ubergulten cystel mit vil heiltum, gab sanct Columbanus, ein apt. — Z: Inv. 1511. 30: stans in una cistula lignea deargentata.
30. Item die bildtnis Davids desz propheten, ist ein gamahu, gefasset als sanct Annen byldt in lutter gold uff eynem hultzenen fuszlin.
31. Item ein cleyn gantz sylberin verguldet monstrentzlin mit der seligisten junckfrowen Marie har, gab herr Hans Wyler, etwan dechan der styfft.
32. Item ein cleyn barillen kennlin mit vyl heyltumb, gab herr Hartmann der thumbpropst.
33. Item aber ein barillen kentlin mit vil heiltumb, gab herr Hartmann Munch, ein byschoff ze Basel.
34. Item zwey gantz sylberin kentlin mit ettlichen heiltumben, stand inn zweyen hultzenen buchsen, darinn dann ouch gesamlet heyltumb ist.
35. Item ein barillen glasz, ist inn sylber gefasset, mit heiltumb, gab herr Wilhelm Hemsperg, custor der styfft.
36. Item ein sylberin vergult becherlin, stat uff eynem hultzin vergultten fůsz, gab herr Charius Vol.
37. Item ein sylberer verdeckter becher, gab herr Eckart Vol.
38. Item ein sylber vergultter becher, gab herr doctor Arnolt zum Lufft.
39. Item ein barillen krutz, gehŏrt uff das cleyn fenlin.
40. Item ein sylberin krutz, gehŏrt uff das clein fenlin.
41. Item ein wysz helffenbeynen buchlin. — Z: Inv. 1511. 41: büchsslin.
42. Item ein sylberin stecken fur festlich crutz.
43. Item ein sylberin stecken fur das clein fan.
44. Item ein rotter stecken zů dem sonteglichen crutz mit eynem kupfferin knopff.
45. Item ein stock mit sylberen strychen umbwunden fur den pedellen inn den grossen umbgengen.
46. Item ein ysener ubergultter stecken fur das clein fenlin, so die schuler ein bischoff haben.
47. Item ein buchszlin mit balsam zů dem krysam.
48. Item ein cleyn ladlin, darinn ligent cleyne schlusselin und barillen.
49. Item ettlich berlin und sylber, so hyn und wider von den ornatten abgefallen und wyder funden worden, ligent inn eynem ladlin.
50. Item die kostlich infel der styfft zustendig, hat min her der bischoff.
51. Item drig grosz zynnen amppellen.
52. Item drig grosz zolcket kannen.
53. Item drig irden kachlen, darinn die kannen standt.
54. Item ein vergultter fůsz zů dem sonteglichen crutz.
55. Item vier cleyne glŏcklin und sechs symblen, so mann an Unsers herren fronlichnamstag brucht.
56. Item ein clein leytterlin.
57. Item ein cleyn schemelin.
58. Item ein gestickter aser usz garn.
59. Item ein kupfferin verguldet liechtstocklin.
60. Item ein kupfferin schlechter liechtstock.

61. Item ein gemolet schemelin uff den fronaltter zu hochzytlichen tagen.
62. Item ein cleyn syden fenlin.
63. Item ein cleyn syden fenlin Österrich.
64. Item ein wysz damastin fenlin.
65. Item ein nuw rot syden fenlin mit zweyen berlinen bilden der seligen junckfrowenn und sanct Panthals.
66. Item zwen hultzen gemalet liechtstock.
67. Item xii meerpalmen inn eynem langen secklin.
68. Item vier betstein clein und grosz, ist eyner zu Ougst.
69. Item ein geschir, ist sylberin, zů dem crisam und heiligen oele.
70. Item ein sylber vergultte kronen, ist by der kunigin, so hinder dem fronaltter begraben, inn irem grab befunden worden.
71. *Nachtrag von 1529.* Item me sind in diser sacrasty xxxiiii kelch mit der Tscheggaburlinen kelch, inventiert an hut mitwochen nach esto mihi anno etc. xxix.

Inn der nuwen sacrysty uff
sanct Katherinen cappellen.

72. Item ein spiegel mit funff glesern.

Inn dem grossen langen behaltter
und dem ersten teil
und ersten laden.

73. Item das gut blow samet, genant der von Honburg ornat, nemlich ein meszgewandt, zwen levittenrǒgk mit irem zugehǒrdt und dru cleyne kapplin.

Inn der andern laden.

74. Item drig gut sammet kappen, ouch der von Homburg genant.
75. Item aber ein blower sametter ornat, namlich ein meszgewandt, zwen levittenrogk mit sylberenn schyltten und sust irem zugehordt,hat juncker Hans von Schǒnow geben.

Inn der dritten laden.

76. Item der blow attlassin ornat mit guldin blumen von untz durchweben.
77. Item zwen furåltter unden und oben.
78. Item ein capittelcapp.
79. Item ein casuckel; dise kapp und casuckel ligent zů oberest umb desz gesticks willen und die casuckel hat ir zugehort.
80. Item zwo kappen.
81. Item zwen levittenrogk mit ir zugehǒrt.

Inn dem vorbestimpten behaltter
an dem andern theil
inn der erstenn laden.

82. Item zwey sylberin krutz.
83. Item zwey wysse damastine fan.
84. Item rot samet lysten fur den altar, unden und oben all mit fasen gefasset.
85. Item drig kappen, da ist die capittelcappen gesticket, lyt zů oberest umb desz gesticks willen, alles von wyssem damast, ist genempt der Yselerin ornat.

Inn der anderenn ladenn.

86. Item zwen furåltter unden und obenn und dru cleyne schulerkapplin, alles wyss damastin.
87. Item ein casuckel, zwen levittenrogk mit allem irem zugehort, alles wyss damastin; disen ornat mit sampt der oberen capp hat gebenn die ersam frow Clara Yselerin.

In der dritten laden.

88. Item drig rot guldin kappenn, und an der cappittelcapp stand Munch und Grůnenberg schilt, und hand die kappenn all gesticket lysten von berlin.
89. Item ein wysser damastner furaltter, gehôrt hynuff, mit Unser frowen und Andlower schilt.
90. Item aber ein wysser sydener furaltter, durchwebenn mit gold.
91. Item aber ein schlechter wysser furaltter.
92. Item ein damastin casuckel, ist wyss, und zwen levitenrôgk, ouch wysz damast mit allem irem zugehort, heysset Vischers ornat.

In dem dritten teil
und ersten laden.

93. Item drú rotte sammatte kåpplin.
94. Item ein rot samet casuckel mit eynem gesticktenn krutz und vornen mit eyner lysten, alles von berlin gesticket.
95. Item zwen levittenrogk, auch rot sammet, mit irem zugehort.
96. Item drig grosz rot sammet kappen, und diser ornat wurt genempt rot Osterrich.

Inn der andern laden.

97. Item drig rot guldin kappen mit rotten geplumbten sammatten lysten.
98. Item ein guldin casuckel, ist rot mit guldinen adlern durchwebenn, so mann nempt sanct keyser Heinrichs mantel, mit stolen, handfan und anderm zugehôrt.
99. Item ein rotte casuckel, ist roter carmusin, mit sampt zweyen levittenrogken und irem zugehôrt, alles durchweben mit guldin blůmen von untz, und hat die casuckel ein kostlich gestickte glatte lysten, und diser ornat wurt genempt gut rott Ratperg.
100. Item drig alben mit guldinen Andreskrutzen.

In der dritten ladenn.

101. Item drú rotte damastine kepplin mit grunen lysten.
102. Item ein rotte geplumbte sammate casuckel mit eynem gestickten krutz von perlin.
103. Item drig grosz geplůmpt rot samatten kappen mit grunen geplumpten samatten lysten.
104. Item zwen levitenrogk, rot geplumpt sammat, und diser ornat wirt genempt Tzscheckenburlins ornat, und die stuck sind bezeichnet mit irem schilt. — Z: Cer. 45a ordo processionis... pro Leone papa X°..... cum rubea casula quam Scheckenbürlin dono dederunt.
105. Item ein casuckel, ist rot damast, mit ir zugehôrdt, brucht man zů dem altar inn diser sacrysty.

Inn dem vierden theil
inn der ersten laden.

106. Item zwo rot geplumpt sammat lysten mit iren syttenlysten unden und oben.

107. Item ein rotter gesprengter sammat mit untz gefuttert, mit eynem rotten schertter, gehort uff den cleynen schemel.
108. Item ein schwartzer zendel, vergult mit guldinen blumen, gehôrt ouch uff den cleynen schemel.

Disz sind die guldenen stuck fur den
alttar undenn und obenn.

109. Item zwen kôstlich gestickt furåltter unden und obenn mit Ôsterrich schiltten.
110. Item zwen guldin furaltter mit guldinen roseen gewebenn.
111. Item ein rot guldin altte hymeltz, brucht mann an dem hohen donstag, lyt inn dem langen trog by den alttenn.
112. Item zwen schwartz guldin furåltter, ligendt inn der vordern sacristy by dem schwartzen.
113. Item zwen blow guldin furaltter.
114. Item ein rot guldin tůch, hat geben herr Thiebolt Lupffrit mit vil Unser frowen bylden in der sunnen.
115. Item ein rot guldin tuch, hat Tzscheckenburlin geben, mit Unser frowen bilden inn der sunnen mit sinen schiltten.
116. Item ein rot guldin tuch, hat geben Synner, gefutteret mit blowen schertteren lysten an dem letzen ort.
117. Aber ein rot guldin tůch, hat geben der jung Tzscheckenburlin.
118. Item ein brun tuch mit guldinen lôwen, gab Ludwig Tzscheckenburlin.
119. Item ein brun tuch mit guldinen hirtzen, gab Tzscheckenburlin der jung.
120. Item ein rot guldin tuch, gab Hans Ber mit synen schiltten behefftet.

Inn der andern laden.

121. Item ein brune damastin kapp mit eyner schwartzen sametten lysten, gesticket mit guldinem loub.
122. Item drig brun sammat kappen mit grůnen samettenn lysten.
123. Item ein brune samatte casuckel mit zweyen levittenrogken unnd irem zugehordt, all mit sylberenn vergultten schyltten behefftet Berenfelsz und Mulinen, und diser ornat wirt genempt Berennfelsz.

Inn der drittenn ladenn.

124. Item zwo rot lystenn fur den alttar unden und obenn mit iren nebenlysten und ein rotte lyst uff den schemel vor den apposteln, alles von rottem damast gemacht unnd mit vasen, sind all behefftet mit Hallwyl unnd Runsegk schyltten.
125. Item zwey schwartze sendlini schulerkepplin.
126. Item zwen schwartz sammat furåltter unden und obenn und ein schwartz samat jarzittůch mit Hallwyl schilt.
127. Item ein schwartz sammatin casuckel mit eynem gestickten krutz von untz und berlin, und zwen schwartz sammat levittenrôgk mit guldinen strychen und irem zugehört, mit Hallwyl und Runszegk schiltten behefftet, und diser ornat wirt genempt Hallwyler ornat.

In dem oberstenn cleynen kensterlin
oder tåtlin inn dem grossenn conservackel
zwischen den laden gegenn dem spiegel.

128. Item ein gesticket byldecht stol und zwen handfan.
129. Item ein wysz geferbt tůchlin mit syden gesticket und mit grůnen kurtzen fasen umbneygt, und stelt mann uff Unsers herren fronlichnamstag das sacrament daruff.

130. Item ein gefiert nesseltuchlin, das leyt mann uff das obgemelt tůchlin, das es vornen herab hange.
131. Item zwo lang wysz syden zwehelen, die uff das gerâm gehoren uff den alttar, da das sacrament under stat.
132. Item ein cleyn wysz syden tůchlin mit syden gesticket unnd mit rotter syden umbneigt, und ein cleyn wysz syden zwehelin, ist an beden ortten gesticket mit syden und hat kurtze fâszlin, sind wysz, rot unnd gold, gehorent uff den tenackel an Unsers herren fronlichnamstag. — Z: Über Geräte, die beim Fronleichnamsfest gebraucht wurden, vgl. u. a.: M.F. I, 1471/72, S. 42: von dem gerem in summo altari per octavas Corporis Christi; ferner 1472/73, S. 48: von dem gerem... ze vergulden II lb.. Inv. 1477. 43. — Inv. 1478: daz gemalet hüselin über das sacrament in primo altari per octavas corporis Christi. — Über das „tenackel" vgl. Inv. 1511. 87: ein tenackel braucht man Corporis Christi; Inv. 1525. 133, 210, 241; ferner im Cer. 30b usw. verschiedenemal: cum tenaculo. Nach Ansicht von Herrn K. Hieronymus in Basel ist „tenackel" am besten mit „Halter" zu übersetzen. — Über Farbe und Ornat vgl. Inv. 1525. 236—249.
133. Item zwo tůchin zwechelen, darinn syden verwurckt, under deren eyne, leyt der so mesz hat, umb den hals, so er das sacrament treit.
134. Item ein gel lylachen und zwey wysse, sind neszlen oder syden, die man brucht zů dem grab und ein zweheln mit vil farben.
135. Item sust ettliche lylachen, sydene oder neszlen, die mann nit brucht.

In dem anderenn cleynen tâttlin.

136. Item ein grosser schoner kelch, gab der hochwirdig vatter herr Arnolt von Ratperg, bischoff ze Basel.
137. Item ein gantz guldiner kelch und paten, gabent die grafen von Tierstein, stat an dem fusz ir schilt.
138. Item ein kôstlich corporallad, gab herr Keppeller, darinn ein sydene zwehel mit vil strychen.
139. Item aber ein rot sammet corporallad, oben umbher mit eynem guldinen gewechs mit eychlen.
140. Item aber ein corporallad, gab herr Steffan von Utenheim, gesticket mit eynem Salvator und Maria Magdalena.
141. Item aber ein wysz damast corporallad, oben umbher mit vergulttenn sylberenn geschmidt, hat geben frow Clara Yselerin.
142. Item aber ein corporallad mit eynem engelschen grůsz.
143. Item ein gesprengt gremial.
144. Item aber zwey gremialia, ist eins gesprengt mit eynem gewechs und tieren, das ander mit grůnen und goldstrychen, gab herr Eckart Vol.
145. Item aber ein sydene zwehelen mit grůnen strychen.
146. Item aber zwo wysz neszlen zwechelen.
147. Item aber ein lang schwartz syden tuchlin mit wysz und anderen farben an den ortterenn, gab herr Hanns Wyler.

Inn dem drytten cleynen tâttlin.

148. Item etwen menig corporal on teschen, sind alle gewycht.
149. Item ein sylberin kann mit eynem sylberin becken, daran Veningen und Turckheim schilt, gab der von Veningen.
150. Item zwey sylberin meszkennlin.

151. Item ein sylberin ostienbuchsz.
152. Item zwey sylberin liechtstőcklin.
153. Item ein dalmatick, ein alben, ein umbler, ein wysser handfan und ein gurttel, darinn mann die prophecien inn den dryen messen zů wienechten lyset.

Der eychen trog vor dem spiegel, hat drig underschleg.

Inn dem ersten underschlag ist

154. Item ein blower taffet, ein wysser attlasz, ein rotter zenndel, all vergult mit guldinen blůmen, gehorendt uff den langen schemel uff den alttar, wenn das heiltumb als hervor ist.
155. Item ein schwartzer zendel mit sydenen strychen, usz bendlen gemacht von syden, gehoret ouch uff den langen schemel.
156. Item ettlich umbler und alt bősz alben.

Inn dem anderenn underschlag.

157. Item zwey rotte zendlin tůcher, hangt eins an eyner schnůr, gehőrt fur die appostel, das ander herab fur die bőcklin.
158. Item ein lang schwartz tůch mit strychen und guldinen sternen, gehort uff den schemel vor den apposteln.

Inn dem drytten underschlag.

159. Item zwey par schulerålblin.
160. Item allerley bletz von sammet und ettlich stuck von sammet, davon mann andere ding besseren mag, ouch ettliche stuck, so uberbelyben sind von dem gutten blowen guldinen ornat, sind zů nebenlysten gemacht.

Der lang nyder trog, hat vier underschleg.

161. Item uff demselben langen trog lit ein lang heidischwerchtůch mit thieren und Frowlers schiltten, gab frow Rőttin.

Inn dem ersten underschlag.

162. Item drig rot guldin furåltter, hat der ein der grafen von Tierstein schilt.
163. Item drig gesprengt furaltter, da wirt der ein genempt der sparrecht.
164. Item ein wysser furaltter mit rottenn voglenn.
165. Item ein rot guldin port.
166. Item ein grůn guldin port.
167. Item ein schwartz guldin port.
168. Item ein port mit Jesus Maria.
169. Item ein port mit Osterrich schilt, mit berlin gesticket zů beden sytten.
170. Item ein port mit kurtzenn feszlin.
171. Item zwo grosz blow lysten, gesticket mit berlechten zwyfelstricken.
172. Item zwo cleyn syttenlystenn.
173. Item ein schwartz zendlin tuch mit guldin lysten uff den schemel.

Inn dem anderen underschlag.

174. Item ein guldin plenarium mit gutten steynen durch sanct keyser Heinrich geben.
175. Item ein rot samattin kussin mit vier sylberenn vergulttenn knopffen und fasen an den orttenn, gab die Wirtzburgin.
176. Item das gůt grosz sylberin rouchfasz.
177. Item zwey cleyne sylberin rouchfeszlin.
178. Item ein sylberer steck dem tormentario.

179. Item ein blow gesticket meszgewandt mit vil bilden und schilttenn Múnch und Grůnenberg, unnd wirt genempt die casuckel mit den tuszlen.
180. Item drig gesprengt alben mit grossen gestickten bildechtenn stôssen und ouch an dem vorderenn teil der brusten drig umbler, zwen handfan und drig stolen.
181. Item ein kupfferin verguldet krutz.
182. Item ein grůner damastaner uberzug uber das levittenbuch, gab ouch die Wirtzburgerin.
183. Item ein wysz syden kussin.

Inn dem drytten underschlag, so man nempt der vasten.

184. Item ein heydischwercker furaltter mit der begrebnis des herrenn.
185. Item ein gestickter sydener füraltter mit bylden, so mann nempt der syben zytten.
186. Item ein gernener wysser furaltter mit eynem rotten schertteren underzug, gehôrt herab, hat sin eigenen lysten mit vasen.
187. Item ein schwartz gemalet lynin tůch mit der kronung, hengt mann inn der vasten zů firtåglichen tagen fur die appostel. — Z: Vgl. auch M.F.I 1478/79, S. 68: item pro imagine salvatoris videlicet coronationis ad summum altare in quod panno depicta xxx s.
188. Item ein schwartz guldin port.
189. Item zwey schwartze gemaltte lynin tůcher, hengt man fur, wenn mann den psaltter inn der karwuchen by dem grab singt.
190. Item ein brun sydin crutztůch mit eynem blowen underzug, gehôrt ůber das sontagcrutz inn der vasten.
191. Item ein kupfferin krutz mit eynem gelenn tůchlin.
192. Item ein schwartz plenarium mit eynem schwartzen sydenen kussin.
193. Item ein schwartz sammat corporalledlin mit vier berlinen knôpffen.
194. Item ein schwartz sydin kussinziech mit eynem blowen fůtter.
195. Item zwo geneigt sydin kussinziehen.
196. Item ein blow syden tůchlin, gehůrt uber das crutz mit eynem gelen futter, brucht man am karfritag.
197. Item ein wysz tuchlin mit rotten und schwartzenn geneigtten rosen.
198. Item zwo schůlerbischoffynfelen, zwey par hentschůch, zwen môschin ring und ein bischoffstab mit eynem sydenen tůchlin.
199. Item ein schwartz samet jarzittůch mit desz bischoff von Veningen schilt.

Inn dem vierden underschlag.

200. Item funf schertter núw unnd altt.
201. Item xiiii alttertůcher.
202. Item xi handtzwechlen bôsz und gůt.
203. Item fünff lylachenn.

Sunst inn derselben sacrysty.

204. Item ein gemaltter schryn, stat uff dem altar und darinn funff sylberin bild, namlich die bildtnis Unsers herrn am crutz, Marie der junckfrowen, sanct Johanns, sanct Michels und sanct Thoratheen.
205. Item ein cleyn liechtstôcklin mit drig spitzen.
206. Item zwen môschin liechtstôck.
207. Item zwen rotguldin fan mit zweyen kupfferin krutzen und vergultten stangen.
208. Item aber zwo vergult stangen zů den wyssen nuwen fanen.

209. Item vier lang vergult stangen zů der hymeltz.
210. Item ein tenackel, brucht man an Unsers herrn fronlychnamstag.
211. Item ein bischoffsessel.
212. Item Wylers tafel, so uff die byt gehǒrt.

Inn der vorderenn sacristy und desz grossen gehaltter vordern theil by dem spiegel oben uff.

213. Item ein blow sammet kussin.
214. Item ein rot sammet kussin.
215. Item ein schwartz syden sparrecht kussin.
216. Item ein alt syden kussin.
217. Item zwen mǒschin liechtstock.

Inn der erstenn laden.

218. Item ein wysse damastin casuckel, hat der Wyler geben mit irem zugehordt.
219. Item zwen alt wysz damastin levitenrogk, ouch mit irem zugehordt.
220. Item zwo grosz gesticket lystenn unnd ein gestickter schilt.
221. Item zwo cleyn gesticket lystenn.

Inn der anderenn laden.

222. Item drig kappenn zů der wynlutten kertzen, ist die eyne rot damast, die andere wysz attlasz und die dritte ein blower atlasz.
223. Item zwey wisse kepplin mit schwartzen munchen.
224. Item zwey wysse keplin mit strychen hinden hynab.
225. Item zwey grune sydene kepplin, gemengt mit gold, mit rottem schertter gefutteret.

Inn der dritten ladenn.

226. Item drig blow sammat cappenn mit gestickten lystenn.
227. Item vier rot gulden cappenn mit grůnen sammetten lystenn.
228. Item ein rot guldin kapp mit eyner schwartzen samettenn lystenn.

In der vierden ladenn.

229. Item zwen wysz damastin levitten rogk mit irem zugehordt.
230. Item ein wysse guldnne cappittelkapp mit einer rottenn geplumbten sametten lysten.
231. Item zwo wysz gulden kappenn mit rottenn zendlinen lystenn.
232. Item zwo schlecht wysz cappenn mit gestickten lystenn.

In der mitte desz vorbestimpten grossen behaltters und dem obern theil.

233. Item ein kǒstlich heydischwerch tůch, gewebenn, gehǒrt inn das gestůl, da min g. h. stat, mit Uttenheim wappenn.
234. Item aber ein kǒstlich heydischwerch tůch uff desz dechanns sytten, mit Hatstat wappen.
235. Item ein heydischwerch tůch mit Gilgenberg wappen, gehǒrt zů sinen jarzytten inn den fronfasten.

In der erstenn ladenn.

236. Item ein schwartze sammatte kapp mit eyner gestickten lystenn, gab ein welscher graff mit nammen Puntherley.
237. Item ein schwartz sammatin meszgewandt mit siner zugehǒrt.
238. Item aber ein schwartze sammatin casuckel mit Drybock schilt.

In der anderenn laden.

239. Item zwen grůn guldin fůraltter.
240. Item vier grůn guldin kappenn mit rotten samattenn lystenn.
241. Item ein grůne guldine kapp mit eyner gestickten lystenn, heysset Losers kapp, unnd gehŏrt zů dem tenackel corporis Christi.
242. Item ein grůne guldine casuckel mit levittenrŏgken und was darzů gehŏrt.

Inn der drittenn ladenn.

243. Item ein rotte guldine casuckel und zwen levitenrogk, mit sylberen vergultten knopffen unnd kettenlin uff den achszlenn mit irer zugehŏrt, all behefftet mit sylberenn vergultten schilttenn der Rychen, und wirt genempt der Rychen ornat.
244. Item ein rotte guldine casuckel, mit zweyen levittenrogken und mit irem zugehort, wirt Sybenthal genempt.

Inn den vierden laden.

245. Item zwen schwartz guldin furaltter.
246. Item drig schwartz guldin kappenn, do hat die cappitelkapp ein rotte samatte lysten mit untz gesprengt.
247. Item zwen schwartz alt sammet levittenrŏgk mit rotten zendlinen strychen und ein casuckel.
248. Item ein schwartzer dammast, ouch mit eynem rotten zendlinen krutz.
249. Item ein schwartze damastin casuckel mit eynem guldinen crutz und portten vorabher, alles von untz gemacht mit zweyen levitenrŏgken mit guldinen strychen, ouch von untz gemacht, alles mit allem irem zugehŏrt.

7. Inventar datiert 1585.

Das Original im Staatsarchiv Basel, Bauakten J. J. 3. Mit Schätzung und Gewichtsangabe. Abgedruckt: 1. I. H. Weiss, Verzeichnis sämtlicher Bischöfe Basels mit Erklärungen über den Kirchenschatz im Münster, Basel 1834. 2. Buxtorf-Falkeisen, Baslerische Stadt- und Landgeschichten aus dem 16. Jahrhundert, Basel 1868, III. Heft: Der Kirchenschatz, S. 140—145.

8. Inventar datiert 1735.

Das Original nebst verschiedenen Revisionen, so 1769, 1771, 1785, 1822, im Staatsarchiv Basel, Bauakten J. J. 3. Sie gehen alle auf das Inventar von 1585 zurück.

9. Inventar datiert 1827.

Das Original im Staatsarchiv Basel, Bauakten J. J. 3.

Am 21. Juni 1827 wurde das Gewölbe im Münster geöffnet, am 31. Juli früh 5 Uhr der Schatz herausgenommen, mit dem Inventar von 1735 verglichen und neu inventarisiert. Dieses Inventar vom 31. Juli 1827 befindet sich auch im Basler Staatsarchiv Bauakten, J. J. 3. Am 14. August wurde der Schatz ins Dreiergewölbe im Rathaus transportiert und neu aufgenommen.

Dieses hier folgende Inventar erschien im Druck: 1. im Basellandschaftlichen Amtsblatt 1835, S. 845 ff. 2. bei C. B. 1867, S. 16 ff. Der Kürze halber sind hier die darin angegebenen Höhen und die Namen der Ersteigerer nur bei den verschollenen Werken wieder abgedruckt worden. Bei den erhaltenen Stücken ist dafür auf die Nummer verwiesen, die sie in dieser Publikation führen. Die Höhe in Basler Schuh = 1,015 Schweizer Schuh = 0,304 m; die Preise in alten Schweizerfranken.

Die Ziffern I, II und III bezeichnen die drei Lose: Baselstadt erhielt Los III, Baselland Los I und II. Die hier wieder abgedruckten, zu dieser Verlosung notwendigen Gewichtsangaben (1 Silbermark = 232 g) und die Schätzung jeden Stücks wurde von drei Goldschmieden ausgeführt; dazu waren von Baselstadt HANDMANN, von Baselland SCHNYDER von Sursee und PFAFF von Liestal bestimmt worden. Z = Zusätze des Verfassers 1933.

1. Eine silberne Monstranz in gothischem Styl, deren Ornamente vergoldet und mit Rubinen, Saphiren und Perlen geziert sind. Höhe 3 Schuh, 11 Zoll, 6 Linien. Silber Mark 20, 7 Loth. Metallwerth pr. Loth 18½ Batzen, Façon per Loth 3½ Batzen. — I. 719 Franken 40 Rappen. (An der Gant zu Liestal, 23. Mai 1836, von Händler Oppenheim um 1799 Franken ersteigert.) — Z: Nr. 63. Verschollen.
2. Eine gleiche silberne Monstranz mit 4 Säulen und dem Hallwyler Wappen, mit Nro. 36 geschätzt. S. M. 18. Werth 18½ Batzen. Façon 3 Batz. — III. 601 Fr. 80 Rp. — Z: Nr. 41.
3. Eine silberne Monstranz in gothischem Styl von ganz vorzüglicher Arbeit, ist mit einem Diamanten und einem Rubin geziert und am Fusse mit der Mönchen Wappen. S. M. 16, 6 L. W. 18½ Btz. F. 3 Btz. — II. 550 Fr. 20 Rp. — Z: Nr. 40.
4. Eine ähnliche silberne Monstranz mit dem vergoldeten Bildnis der h. Jungfrau; über dem Fuss derselben ist folgende Inschrift: Conradus Hüglin, Capellanus hma. Kalae. donar. S. Mrk. 10, 4 L. Werth 18 Btz. Façon 3 Btz. — I. 344 Franken 40 Rp. — Z: Nr. 42.
5. Soll eine kleine Monstranz miz rothen Korallen sein, welche aber fehlt.
6. Eine silber-vergoldete gothische Monstranz mit geschmelzten Figuren und zwei bombirten Gläsern. Silb. Mrk. 16, 9 L. Werth 18 Batz. Façon 3 Batz. — I. 556 Fr. 50 Rp. — Z: Nr. 15.
7. Eine ähnliche Monstranz mit geschmelzten Figuren und dem Bildniss des Kaisers Heinrich und der Kunigunda. Silb. Mark 13. Werth 18 Batz. Façon 3 Batz. — II. 436 Frank. 80 Rp. — Z: Nr. 16.
8. Eine altgothische mit dem Osterlamm gezierte und mit vergoldeten Zierrathen und Steinen geschmückte Monstranz; die auf der Rückseite befindliche Inschrift zeigt an, dass solche im Jahr 1460 vom Papst Pius II. der Kirche zu Basel geschenkt worden. Silb. Mark. 9, 5 L. Werth 18 Batz. Façon 3 Batz. — I. 312 Fr. 90 Rp. — Z: Nr. 31.
9. Eine ähnliche Monstranz mit der Mutter Gottes und dem Kinde; unter den Steinen befinden sich 2 Cameen und auf der Rückseite das Offenburger

Wappen. Silb. Mark. 7, 3 Loth. Werth 18 Batz. Façon 3 Batz. — III. 241 Frank. 50 Rp. — Z: Nr. 26.

10. Ein mit vielen Steinen besetztes silber-vergoldetes Crucifix mit Reliquien, steht auf einem gemalten metallenen Fuss. Circa Mark 4. — III. 160 Franken. — Z: Nr. 3 und Nr. 36.

11. Ein ähnliches Crucifix wie Nro. 10, unter dessen Steinen sich 4 tief und ein erhaben geschnittener befindet, steht auf einem metall- aber vergoldeten Fuss. Circa 3 Unzen Goldmark im Ganzen. — II. 260 Fr. — Z: Nr. 2.

12. Ein mit vier Engeln und den Figuren des Johannes und der Maria geziertes silber-vergoldetes Crucifix auf gothischem emaillirtem Fussgestell. Silb. Mark 22, 3 Lth. zu 18 Btz. Façon 3 Btz. — I. 745 Fr. 50 Rp. — Z: Nr. 17.

13. Eine silber-vergoldete gothische Kirche, auf deren First ein ganz goldenes Crucifix und zu beiden Seiten desselben die Figuren des Johannes und der Maria, ebenfalls von Gold, stehen. Auf dem Kreuz sind 3 Diamanten und ein Rubin, und am Fuss desselben auf der Rückseite ein Saphir und auf der Vorderseite zwischen dem Hallwyler Wappen ein erhaben geschnittener Löwe angebracht. 17 Unzen Gold zu 50 Fr. 850 Fr. Silber 5 Mark 190 Fr. Loth zu 24 Batz. — III. 1040 Fr. — Z: Nr. 39.

14. Ein vergoldetes Crucifix. In der Brust des goldenen Christus befindet sich ein Rubin. 19½ Loth zu 18 Btz. Façon 6 Btz. — I. 46 Fr. 80 Rp. — Z: Nr. 37.

15. Ein kristallen Crucifix in silber-vergoldeter Einfassung, ist mit Steinen geziert, worunter zwei tief geschnittene sich befinden und hat ein metallenes Fussgestell. — III. 75 Fr. — Z: Nr. 4 und Nr. 33.

16. Zwei gleichförmige silberne Crucifixe mit vergoldeten Verzierungen. Zu 20 Lth. Silber zu 20 Btz. — I. und III., je zu 40 Fr. — Z: I = Nr. 66, verschollen; III = Nr. 35.

17. Ein silbernes mit Steinen und vergoldeten Zierrathen besetztes Crucifix. Höhe 1 Zoll. Mark 2, 10 Loth. zu 18 Btz. Façon 2 Btz. — II. 84 Fr. — Z: verloren.

18. Ein kleines silbernes Crucifix mit vergoldeten geschmelzten Zierrathen. Höhe 10 Zoll 9 Linien. Mark 1 zu 18 Batz. Façon 2 Batz. — II. 32 Fr. — Z: Nr. 65, Gegenstück zu Nr. 18.

19. Ein kristallenes Kreuzlein in vergoldetes Mosch gefasst, ist ohne Werth. I. 6 Fr. (Bei der Liestaler Gant durch Oppenheim um 46 Fr. gekauft.) — Z: verloren.

20. Ein silber-vergoldetes Weihrauchgefäss hat Gottfried von Eptingen zu Ehren der h. Jungfrau verehrt. 3 Mark 15 Lth. zu 18 Btz. Façon 3 Btz. — III. 132 Fr. 30 Rp. — Z: Nr. 8.

21. Ein silber-vergoldetes Crucifix mit Perlen geschmelzten Zierrathen und den Figuren des Johannes und der Maria. 5 Mark 1 Lth. zu 18 Btz. Façon 3 Btz. I. 170 Fr. 10 Rp. — Z: Nr. 32.

22. Ein silber-vergoldetes Haupt St. Pantali, des ersten Bischofs von Basel; ist mit Steinen geziert, dessen Fuss aber von Kupfer. 5 Mark 3 Lth. Werth zu 20 Batz. — III. 166 Fr. — Z: Nr. 9.

23. Ein silber-vergoldetes Haupt der h. Ursula, mit kupfernem Fuss, hat Diadem und Brust mit Steinen besetzt und eine silberne Kette um den Hals. 6 Mark, Wert per Loth 20 Batz. — II. 192 Fr. (An der Liestaler Gant durch Antiquar Oppenheim das Haupt um 261 Fr., die Kette um 331 Fr. erkauft; das Haupt soll später durch Antiquar Goldschmied in Frankfurt a. M. an Prinz Soltykoff gekommen sein; in dessen Versteigerungskatalog ist es nicht

mehr. Die Kette mit dem brandenburgischen Schwanenorden kam in Besitz des Königs Friedrich Wilhelm IV.) — Z: Nr. 12 und Nr. 62.

24. Ein silber-vergoldetes Haupt des h. Eustachius, ist mit vielen Steinen geziert und dessen hölzerner Fuss mit silber-vergoldeten Figuren überzogen. 2 Mrk. 3 Lth. zu 30 Btz. — I. 70 Fr. — Z: Nr. 5.

25. Ein silbervergoldet Weibshaupt mit kupfernem Fuss, hat ein Diadem und am Hals ein Wappen, circa 5 Mark, Lth. zu 20 Btz. — III. 160 Fr. — Z: Nr. 11.

26. Ein silberner St. Christophel, das Kind Jesus auf den Schultern haltend, misst 1 Schuh, 4 Zoll, 6 Linien. 5 Mark 13½ Lth. zu 18 Btz. Façon 3 Btz. — II. 196 Fr. 35 Rp. Z: Nr. 27.

27. Ein silberner St. Veltin's Arm, dessen vergoldete Hand mit Steinen geziert ist. H.: 1 Schuh, 11 Zoll, 3 Linien. 1 Mark 8 Lth. Werth pr. Lth. 18 Batz. — I. 43 Fr. 20 Rp. — Z: Nr. 6. Irrtümlich als Veltins- statt als Walpert-Arm bezeichnet.

28. Ein silberner St. Walpurgis Arm mit Corallen-Armband. 5 Mrk. 4 Lth. zu 18 Btz. — III. 151 Fr. 20 Rp. — Z: Nr. 23. Irrtümlich als Walpurgis- statt als Veltins-Arm bezeichnet.

29. Ein silberner St. Johannes der Täufer, das Lamm auf einem Buch haltend. 7 Mrk. 8 Lth. Werth 18 Btz. Façon 3 Btz. — II. 252 Fr. — Z: Nr. 24.

30. Ein silberner Fuss, reich mit Vergoldungen, Perlen und Steinen besetzt, unter den Letztern befinden sich 5 tiefgeschnittene. Obenauf ist die Darstellung Christi im Tempel in Perlmutter geschnitten und auf der Sohle befindet sich eine Inschrift, nach welcher dieser Fuss im Jahr 1470 von St. Columbanus gegeben und von Oswaldus verfertigt worden ist. — II. 80 Fr. — Z: Nr. 28.

31. Ein kleines silber-vergoldetes gothisches Monstränzchen, mit einem aus Elfenbein geschnittenen Marienbildchen, misst 9 Zoll, 3 Linien. 14 Loth. — II. 40 Fr. (An der Liestaler Gant durch Gisi aus Zürich um 301 Fr. erkauft, angeblich für den Bischof von Olmütz.) — Z: Nr. 64. Verschollen.

32. Ein silber-vergoldeter knorrichter Becher mit Deckel und dem Wappen derer zum Luft und Grünenzweig. 1 Mrk. 12 Lth. Werth 23 Btz. — II. 64 Fr. 40 Rp. — Z: Nr. 6.

33. Ein silberner Becher mit Deckel und vergoldeten Verzierungen, 3 Figuren bilden die Füsse. 1 Mrk. 15 Lth. Werth 18 Btz. Façon 2 Btz. — I. 62 Fr. — Z: Nr. 60.

34. Eine silber-vergoldete knorrichte Weihrauchbüchse, obenauf steht das Bild eines Apostels, misst 7 Zoll. 1 Mark. 6 Loth. Werth 18 Btaz. Façon 5 Batz. — II. 50 Fr. 60 Rp. (An der Liestaler Gant durch C. Lagel von Bamberg um 200 Fr. gekauft.) — Z: Nr. 68. Verschollen.

35. 3 silberne Stäbe, wovon einer mit einem Händchen versehen und zwei mit vergoldeten Knöpfen, welche zum Herumtragen von Crucifixen bestimmt sind. 2 Mark 8 Loth. Werth 20 Batz. — I. 26 Fr. 66 Rp. II. 26 Fr. 66 Rp., und 26 Fr. 68 Rp. — Z: Nr. 48 und 72. Verschollen.

36. In der Monstranz Nr. 2 steht ein aus Gold getriebenes Brustbild, den König David vorstellend. — Z: Nr. 19. Stand früher nicht darin.

37. Ein silbernes Marienbild: fehlt.

38. 2 silberne Rauchfass. 47½ Loth. Werth 18 Btz. Façon 2 Btz. II und III, je 47 Fr. 50 Rp. — Z: Nr. 7.

39. Eine silberne Platte mit dem Wappen der von Venningen. 46 Loth. Werth 18 Batz. Façon 2 Btz. — I. 92 Fr. (An der Liestaler Gant durch Sensal Gisler aus Basel um 123 Fr. gekauft.) — Z: Nr. 69. Verschollen.

40. Ein hölzernes Reliquienhäuschen mit Silber überzogen und mit vergoldeten Zierrathen. 2 Mark. Werth 20 Btz. — III. 64 Fr. — Z: Nr. 25.
41. Sechs silberne Messkännchen von verschiedener Grösse und Gestalt. 7 Mark. Werth 18 Btz. Façon 1 Btz. — II. 212 Fr. 80 Rp. — Z: Zwei durch Antiquar Oppenheim für Fr. 113 ersteigert. Die vier andern von einem Basler Goldschmied für Fr. 145 ersteigerten sind Nr. 21, 59 und 69.
42. 2 metallene Leuchter, in der Mitte mit Silber überzogen. H. 8 Zoll, 6 Linien. ½ Mark. — II. 18 Fr. (An der Liestaler Gant einer durch Simon von Allschwyl um 109 Fr., und einer durch Oppenheim um 16 Fr. gekauft.)
43. 2 mit Sammet und Goldstoff überzogene Schächtelchen mit Corallen und einem agathenen Rosenkranz. — III. 6 Fr. — Z: Nr. 57.
44. Ein ganz goldener Weihrauchkelch. Höhe 5 Zoll. 29¾ Loth. Werth 31 Fr. — II. 922 Fr. 25 Rp. (An der Liestaler Gant durch Gisler aus Basel um 956 Fr. gekauft.) — Z: Nr. 67. Verschollen.
45. Ein silber-vergoldeter Kelch mit verziertem, aber zerbrochenem Deckel; am Fuss befindet sich das Wappen des Bischofs Arnold von Rotberg. 3 Mark 8½ Loth. Werth 18 Batz. Façon 3 Btz. — I. 118 Fr. 65 Rp. — Z: Nr. 30.

Gegenstände, welche sich nicht im Verzeichnis des Inventars von 1785 befinden.

46. Ein Corporal mit weiss und rothem Damast überzogen und mit silbervergoldeten Zierrathen und Steinen besetzt. III. Ohne Werth. Darin befinden sich:
   a. Ein silbervergoldetes kreuzförmiges Medaillon mit Steinen. 16½ Lth. Silber. Werth 20 Btz. — II. 33 Fr. — Z: Nr. 70, verschollen.
   b. Ein rundes dito mit dem Schweisstuch von getriebener Arbeit und einer Kette. 6 Lth. Werth 20 Btz. — I. 12 Fr. — Z: Verloren.
   c. Ein rundes dito mit ovalem Kristall. 6 Lth. Werth 20 Btz. — I. 12 Fr. — Z: Verloren.
   d. Ein dito mit der Geburt Christi von getriebener Arbeit. $3^1/_4$ Lth. Werth 20 Btz. — III. 6 Fr. 50 Rp. — Z: Nr. 52.
   e. Ein dito kleineres mit dem Schweisstuch. 1½ Lth. S. Werth 20 Btz. — II. 3 Fr. — Z: verloren.
   f. Ein dito mit der h. Veronika und dem Osterlamm. $1^1/_4$ Lth. Werth 20 Btz. III. 2 Fr. 50 Rp. — Z: Nr. 53.
   g. Ein dito mit der Grablegung in Perlenmutter. — III. 5 Fr. — Z: Nr. 54.
   h. Ein zerbrochenes dito mit dem Marienbild. c. 1 Lth. Werth 20 Btz. — III. 2 Fr. — Z: Nr. 55.
   i. Ein kreuzförmiges mit einer silbernen Kette. 6½ Lth. Werth 20 Btz. — III. 13 Fr. — Z: Nr. 20.
   k. Zwei vergoldete Kreuze mit einer Kette. 6 Lth. Werth 20 Btz. — II. 12 Fr. (An der Liestaler Gant durch Arnold aus Berlin um 32 Fr. gekauft; von ihm an General von Rosenberg verkauft.) — Z: Verloren.
   l. Ein Kreuzlein mit Perlen an einem Kettchen. Werth 20 Btz. — III. 2 Fr. — Z: Nr. 50.
   m. Ein krystallener Reliquienbehälter in Silber gefasst. — III. 1 Fr. — Z: Nr. 56.
   n. Ein kleines Perlenmutterkreuzchen. — III. 50 Rp. — Z: Nr. 51.

o. Ein goldener Fingerring mit einem Rubin oder Granat, hing an der Monstranz Nr. 1. 1 Loth Gold. — I. 40 Fr. (An der Liestaler Gant durch Gisi aus Zürich um 205 Fr. gekauft, angeblich für den Bischof von Olmütz.) NB. Mehrere dieser Gegenstände hingen an den Kreuzen Nr. 10 u. 11. — Z: Vgl. Nr. 63, S. 332, Anm. 1.

47. Ein mit rothem Sammet überzogenes viereckiges Schächtelchen mit 5 von Goldstoff u. Perlen gemachten Quasten, darinnen sich Perlen, Bruchsilber, Fragmente von Goldstoff und ein gestickter seidener Seckel befindet. — III. Ohne Werth. — Z: Nr. 58.

48. Eine silbervergoldete Krone mit 4 mit Steinen besetzten Lilien, von der Kaiserin Anna. 1 Mark 4 Lth. Werth 18 Btz. Façon 2 Btz. — I. 40 Fr. — Z: Nr. 10.

49. 2 ganz gleiche silberne Monstranzen von gothischem Styl, auf der einen das Bild Kaiser Heinrichs II. und auf der andern das der Kunigunde. 13 Mark 12 Lth. Werth 18 Btz. Façon 3 Btz. — II und III, je 231 Fr. — Z: Nr. 43 und 44.

50. Eine goldene Rose mit 31 Blättern. Am Hauptstengel sind 5 Nebenzweige und mitten in der obersten Rose ist ein Saphir angebracht. Dieselbe ruht auf einem silber-vergoldeten Gestell, woran 3 Wappenschilde deren von Röteln hängen. Das Ganze wiegt 2 Mark 10 Lth., an Gold 26 Lth. à 23 Fr.: 598 Fr., an Silber 16 Lth. à 20 Btz.: 32 Fr. — III. 630 Fr. — Z: Nr. 13.

51. Ein grosses silbernes Rauchfass in gothischer Form. H. 10 Zoll, 6 Linien. 9 Mark. Werth 18 Btz., Façon 2 Btz. — I. 288 Fr. (An der Liestaler Gant durch Schaub von Basel, in Oberdorf, um 580 Fr. gekauft.) — Z: Nr. 71. Verschollen.

52. Ein kupfernes vergoldetes Crucifix, zerbrochen und ohne Werth. — II. 12 Fr. — Z: wohl Nr. 34.

53. Ein kupfer-vergoldetes Reliquienhäuschen. — I. 4 Fr. — Z: Nr. 38.

54. 2 krystallene Kännlein und ein Becher in silb. vergold. Fassung, äst. à 30 L. 21 Fr. — I. 63 Fr. — (An der Liestaler Gant durch Oppenheim um 204 Fr. gekauft.) — Z: Verloren.

55. Ein doppeltes silbernes Creysambüchschen mit vergoldeten Buchstaben. H. 1 Zoll, 9 Linien. 4½ Loth. — II. 9 Fr. — (An der Liestaler Gant durch Simon von Allschwil um 31 Fr. gekauft.) — Z: Verloren.

	I	II	III
Übertrag:	3813 Fr. 11 Rp.	3792 Fr. 24 Rp.	3781 Fr. 80 Rp.

56. Die grosse hölzerne, mit Dukatengold überzogene Tafel von Kaiser Heinrich II., etc. Im Jahr 1585 wurde ihr Werth auf 2000 Sonnenkronen oder 4500 Pfund geschätzt. — 7800 Fr. — Z: Nr. 1.

Z: Von Nr. 18 (Gegenstück), 21, 24, 26, 28, 29, 30, 32, 33, 41 (von vier der sechs angeführten Stücken), 46a dieses Inventars von 1827 besitzt das Historische Museum zu Basel seit 1894 von dem Ersteigerer in Liestal, Goldschmied J. Fr. Burckhardt-Huber, oder dessen Sohn, in Originalgrösse ausgeführte, kolorierte Federzeichnungen, die mir die Auffindung der meisten dieser schon vor 1862 verschollenen Stücke ermöglicht haben.

10. Gedruckte Verkaufsanzeige (vom 3. März 1836 in Plakatform) der dem Kanton Baselland zugefallenen Stücke des Schatzes,

die am 23. Mai 1836 in Liestal versteigert worden sind.

Zu vergleichen: 1. Schweiz. Republikaner, 5. April 1836, Nr. 28, S. 1333; 2. Th. v. Liebenau, Anzeiger für schweiz. Altertumskunde, 1889, S. 274. — Z = Zusätze des Verfassers 1933.

Verkaufs-Anzeige.

Eine Anzahl alter, merkwürdiger, goldener und silberner Kirchengeräthschaften, welche zur Zeit der Reformation in den Kirchen zu Basel gesammelt und bis zur Theilung des Staatsvermögens des vormaligen Gesammtkantons Basel (1834) auf dem Rathhause genannter Stadt aufbewahrt worden sind, werden Montags den 23. Mai dieses Jahres in Liestal an öffentlicher Steigerung einzeln aufgerufen und veräussert.

Die Sammlung enthält:

1. Ein Altarblatt, 3½ Schuh franz. Maass hoch und 5 Schuh breit, enthält ein aus Dukatengoldblech getriebener Arbeit, auf Eichenholz befestigt, in 4 grossen Feldern die Bilder des Heilandes, der drei Erzengel und das der heil. Benedicta, oben das Brustbildchen des Kaisers Heinrich und der Kunigunda seiner Gemahlin; der Rand ist mit Arabesken verziert und Alles in byzantinischem Style ausgeführt. Der Gegenstand rührt aus dem 11ten Jahrhundert her und wurde von Kaiser Heinrich ins Münster zu Basel geschenkt. — Z: Nr. 1.
2. Eine silberne Monstranz in gothischer Thurmform mit Kaiser Heinrichs Bild geziert und dem Wappenschild des altadelichen Geschlechte der „Mönche". Sie ist im schönsten deutsch-gothischen Style gearbeitet und wiegt 16 Mark 8 Loth. — Z: Die Münchmonstranz Nr. 40 behielt Baselland, versteigerte Nr. 63.
3. Eine Monstranz von ähnlicher Form und gleich zierlicher Arbeit in Silber; hat oben das Bild des heiligen Andreas, innen dasjenige der heiligen Jungfrau, und wiegt 7 Mark. Darin war als Reliquie der Finger Joh. des Täufers verwahrt. — Z: Nr. 42.
4. Eine silberne Monstranz von gleichem Gewichte und ähnlicher Arbeit wie die vorige, mit dem Bilde des Kaisers Theodosius, des Kaisers Heinrich und des heiligen Christophs; oben sind drei etwas kleinere Bildchen: Georg, der den Lindwurm ersticht, Christus zur Geisselung angebunden und die heilige Maria. — Z: Nr. 43.
5. Eine kleine 8″ hohe Monstranz von vergoldetem Silber, thurmförmig, in byzantisch-gothischem Style. Innen ist als Hauptfigur, niedlich aus Elfenbein geschnitzt, das Bild der heiligen Maria, weiter oben ein silberner Engel angebracht. Ein Cruzifix bildet die Spitze. — Z: Nr. 64.
6. Eine silberne vergoldete Monstranz, byzantinisch-gothisch, gegen 12 Mark schwer, mit den Bildnissen des heil. Kaiser Heinrich und seiner Gemahlin Kunigunda zu beiden Seiten. Am Fusse sind 8 Emailgemäldchen, jedes mit altgothischer Umschrift, angebracht. 1. Henricus caesar praesens templum reparavit. 2. Portavit crucem Cunigundis Caesaris uxor. 3. Regina radius solis sumpsit cyrothecam. 4. Ineptis maxilla fert ictus publica signa. 5. Arpen-

tes vomeres non reginae nomerunt. 6. Ducitur ad coelum Caesar mediantae Cathino. 7. Ut vidit post sexannos dux efficitur. 8. Calculus ad palmam regis datur a Benedicto. — Z: Behielt Baselland zurück. Nr. 15.

7. Ein silbernes Cruzifix mit goldenen Zierrathen und den halberhabenen vergoldeten Symbolen der 4 Evangelisten an den vier Enden. — Z: Wohl Nr. 66.
8. Ein kupfernes vergoldetes Cruzifix mit den Symbolen der vier Evangelisten in Silber. — Z: Wohl Nr. 34.
9. Ein silbernes grosses Rauchfass, einen rundlichen Thurm mit gothischen Fensterverzierungen vorstellend. — Nr. 71.
10. Ein kleineres ähnliches Rauchfass von Silber. — Z: Nr. 7.
11. Ein rundes Gehäng von Silber, mit getriebener Arbeit, das von zwei Engeln gehaltene Schweisstuch mit dem Bilde des Christushauptes vorstellend und der Rundschrift: facies dei salve fac, in gothischer Schrift. Z: Verloren.
12. Ein Scepter mit Silberblech überzogen, oben in getriebener Arbeit die Anbetung des auf den Armen der Maria gehaltenen Christuskindes vorstellend, auf einer Platte von vergoldetem Silberblech. — Z: Nr. 72.
13. Eine silberne Platte; wahrscheinlich eine Abendmahls-Platte. — Z: Wohl Nr. 69.
14. Eine alte byzantinisch-gothische Monstranz von vergoldetem Silber, in der Mitte scheibenförmig rund mit einem eingefassten Glas und emaillierten Aposteln und Heiligenbildern. — Z: Behielt Baselland zurück. Nr. 16.
15. Ein silbernes gegen 1½ Fuss hohes Bildniss des Apostel Johannes. — Z: Nr. 24.
16. Ein ähnliches Bild des heiligen Christophs, mit vergoldeten Gewändern, wie er mit dem Christuskinde durch das Meer watet. — Z: Nr. 27.
17. Eine scheibenförmige silberne Monstranz mit goldenem Laubwerk verziert. Vorne ein Agnus dei, hinten folgende Inschrift mit gothischen Buchstaben eingegraben: Maximus Antistes magnae pietate secundus. Hunc pius anguelluna dei magno celebris basilea decore. Mittit et ex veteri qua te sub corde benigno. Claudit amicicia venias super addidit ultro. Magnas ad edem sanota hanc qui crimine facto. Ames erat tristes exponens pectore culpas. Devine salvetur celi cum cabit in ortus. Donat tibi encas pins hes basilea secundus. MCCCCLV. — Z: Nr. 31.
18. Beinahe in Lebensgrösse das Haupt der heil. Ursula, aus Silberblech und vergoldet, auf einem kupfernen, vergoldeten, mit durchbrochenen gothischen Verzierungen versehenen Fusse stehend. — Z: Nr. 12.
19. Eine silberne vergoldete Krone. — Z: Nr. 10.
20. Eine stark vergoldete silberne Halskette mit 1 Zoll langen Gelenken, als Gehänge, das Bild der Maria und darunter dasjenige eines Schwanes tragend, von fleissiger Arbeit. — Z: Nr. 62.
21. Ein massiv goldener Fingerring mit rothem Stein. — Z: Verloren.

Alter Sage nach soll die Leiche der Kaiserin Anna, Gemahlin des Kaisers Rudolf von Habsburg, die drei letzten Gegenstände auf ihrem Paradebette getragen haben. Damals war im Münster zu Basel eine kaiserliche Gruft.

22. Drei kristallene Kännlein und Becher mit vergoldetem Silber eingefasst. — Z: Verloren.
23. Ein silberner Becher mit vergoldeten Zierrathen und wilden Männchen zu Füssen. — Z: Nr. 60.
24. St. Rupert's des Gläubigen Arm mit Silberblech überzogen. Z: Nr. 6.
25. Ein silbernes, vergoldetes Cruzifix mit dem Bilde der Maria und demjenigen des Joseph. — Z: Wohl Nr. 32.

26. Zwei kleine silberne, schwach vergoldete Kreuze an Ketten; das eine mit dem eingestochenen Cruzifix, das andere mit dem ebenfalls gravirten Bilde des Kaisers Theodosius. — Z: Verloren.
27. Eine kreuzförmige silberne Büchse, vergoldet. Auf der vordern Seite befindet sich ein Cruzifix, Maria und Johannes zu dessen Füssen, auf der Rückseite Gott auf dem Throne; beide Bilder halb erhaben. — Z: Nr. 70.
28. Eine vergoldete, silberne runde Büchse; einerseits eine convexe gläserne Scheibe, anderseits das eingestochene Bildniss einer Heiligen mit seltsamer Inschrift. — Z: Verloren.
29. Ein Cruzifix mit Engelsbildern zu beiden Seiten; deren Flügel sind emaillirt sowie mehrere Felder des in byzantinischem Style gearbeiteten Fussgestells. Auf der Kehrseite ist ein Agnus Dei halb erhaben angebracht. Das Ganze ist schwer und von stark vergoldetem Silber. — Z: Nr. 17.
30. Ein Becher, ganz von pomeranzenfarbigem, gutem, weichem Gold, einfach in früherm mittelalterthümlichem Geschmacke gearbeitet. — Z: Nr. 67.
31. Ein silbernes vergoldetes Kreuz mit den vergoldeten Symbolen der 4 Evangelisten, in der Mitte sind noch „zwei Partikul vom Kreuze Christi" verwahrt. — Z: Nicht zu identifizieren.
32. Ein silbernes Cruzifix, theilweise vergoldet und emaillirt. Z: Wohl Nr. 65.
33. Ein silbernes vergoldetes Gehäng, auf dessen einer Seite die betende Maria mit Gold auf Glas gemalt ist, während auf der Rückseite in getriebener Arbeit das Schweisstuch Christi mit dem heiligen Antlitz sich befindet. — Z: Verloren.
34. Ein Cruzifix von weissem Christall mit messingenen, vergoldeten Endbeschlägen. Z: Verloren.
35. Ein silbernes Büchschen mit vergoldeten Buchstaben. — Z: Verloren.
36. Ein vergoldetes kupfernes schliessbares Kästchen, in Gestalt eines Häuschens, mit durchbrochenen gothischen Verzierungen; das Dach bildet den Deckel desselben. — Z: Nr. 38.
37. Ein silberner, vergoldeter Becher mit Deckel, die Seitenrundung in runde, gewölbte Knoten oder Buckel ausgetrieben. Auf dem Deckel steht des heiligen Josephs Bild. — Z: Wohl Nr. 68.
38. Ein etwas grösserer, ebenfalls vergoldeter, silberner Becher, mit Wappen auf dem Deckel und rund herum ausgetriebenen Buckeln. — Z: Nr. 61.
39. Ein vergoldeter Menschenfuss aus Silberblech, mit Goldbeschläg-Verzierung, eine Sandalenbekleidung vorstellend, reichlich mit Perlen und Edelsteinen besät. Unter letzteren befinden sich mehrere mit antiker Gravierung. Der obere Abschnitt über den Knöcheln ist durch eine Scheibe von Perlenmutter gedeckt und darauf halberhaben die Darstellung des Christuskindes im Tempel ausgearbeitet. Die innere Höhlung des Fusses soll ehedem die Reliquie vom Fusse eines zu Bethlehem ermordeten Kindes enthalten haben. Auf der Sohle steht aussen die Inschrift: Integer pes de innocentibus Sanctus Columbanus dedit. Inwendig steht: Oswaldus fecit hoc opus de voluntate dey 1470 Iar. — Z: Nr. 28.
40. Das Haupt des heil. Eustachius, in Kindskopfgrösse, auf einem Gestelle von Holz. Ersteres ist von vergoldetem Silberblech, letzteres mit Silberblechverzierung in getriebener Arbeit in gothischem Geschmacke überzogen. — Z: Nr. 5.
41. Zwei silberne und 42. zwei eherne Kirchenleuchter. — Z: Verloren.
43. Zwei mit Silberblech beschlagene Stäbe zum aufstecken der Kreuze bei Prozessionen. — Z: Der eine Nr. 48, der andere verloren.

44. Sechs silberne, zum Theil vergoldete Kännchen. — Z: Nr. 21, Nr. 59 und 69; zwei verloren.
45. Ein silbernes vergoldetes Cruzifix. — Z: Nicht zu identifizieren.

Die Versteigerung beginnt an obenerwähntem Tage Vormittags um 10 Uhr. Die Bezahlung der Steigerungssummen geschieht in franz. Fünffranken-Thalern à 35 Btz., zu einem Viertel gleich baar und 3 Viertel beim Bezug der ersteigerten Gegenstände, an die Staatskassa, unter der weitern Bedingung, dass insofern die Käufer ihre ersteigerten Gegenstände vor Verfluss der nächsten, auf den Auctionstag folgenden 3 Monate nicht beziehen, der Kauf als aufgehoben betrachtet wird und erstere verpflichtet sind, den bereits bezahlten Viertel des Steigerungspreises als Entschädigung zurückzulassen. Die gewöhnlichen Steigerungsbedingnisse können am Tage der Steigerung selbst vernommen werden.

Liestal, den 3. März 1836.

Beauftragt durch E. E. Regierungsrath: Die Landeskanzlei.

Der zweite Landschreiber: B. Banga.

VERZEICHNISSE

ORTSVERZEICHNIS

Die den Seitenzahlen beigefügten Zahlen bedeuten *Anmerkungen.*

NAMENVERZEICHNIS

ohne Künstler und Handwerksmeister, die in einem besonderen Verzeichnis vereinigt sind, vgl. S. 390.

Die den Seitenzahlen beigefügten Zahlen bedeuten *Anmerkungen.*

VERZEICHNIS DER KÜNSTLER UND HANDWERKSMEISTER

Alphabetisch geordnet. Die den Seitenzahlen beigefügten Zahlen bedeuten *Anmerkungen.*

VERZEICHNIS DER AUFBEWAHRUNGSORTE
DER ABBILDUNGSVORLAGEN UND IHRER NEGATIVE

Zeichenerklärung: Z.A.E.G. = Zürich, Archiv der Schweizerischen Gesellschaft für Erhaltung historischer Kunstdenkmäler; B.H.M. = Basel, Historisches Museum; B.U.B. = Basel, Universitätsbibliothek; B.St.A. = Basel, Staatsarchiv.

Nr. der Abbildung	Aufbewahrungsort der Photographie	Aufbewahrungsort des Negativs oder Originals
1	Z.A.E.G.	B.U.B.
2	Z.A.E.G.	B.H.M.
3	Privatbesitz	B.St.A.
4, 5, 6	A.d.G.f.E.	B.St.A.
7	Privatbesitz	Paris, Bibl. Nationale
8	—	B.H.M.
9—3, 17	Z.A.E.G.	Kunstgeschichtliches Seminar Marburg, Photogr. Abteilung
15, 16	—	nach: Falke, Schmidt, Swarzensky, „Der Welfenschatz", Frankfurt a. M. 1930
8—20	B.H.M.	Berlin, Schlossmuseum
21	B.H.M.	B.H.M.
22	Z.A.E.G.	Karlsruhe i. B., Grossh. Familienarchiv
23	Z.A.E.G.	B.U.B.
24—28	Z.A.E.G.	B.H.M.
29—32	B.H.M.	London, Britisches Museum
33-37,42-44	Z.A.E.G.	Leningrad, Eremitage
39—41	Z.A.E.G.	Karlsruhe i. B., Bad. Landesmuseum, Denkmälerarchiv
45—49	Z.A.E.G.	B.H.M.
50—53	B.H.M.	B.H.M.
54—55	Z.A.E.G.	B.H.M.
56	B.H.M.	Berlin, Schlossmuseum
57-58,60-65	B.H.M.	Leningrad, Eremitage
59	—	Nach Theubet (1842),
66	—	Nach „Darcell", Nr. 155
67	Z.A.E.G.	B.U.B.
68	Z.A.E.G.	Paris, Cluny Museum
69—70	B.H.M.	Privatbesitz
71—73	Z.A.E.G.	B.St.A.
74—97	Z.A.E.G.	B.H.M.
98	Privatbesitz	—
99	Z.A.E.G.	B.H.M.
100	Privatbesitz	London, Victoria und Albert Museum
101	Z.A.E.G.	B.H.M.
102	B.H.M.	Leningrad, Eremitage
103—108	Z.A.E.G.	B.H.M.
109—110	Z.A.E.G.	Berlin, Schlossmuseum
111	B.H.M.	Berlin, Schlossmuseum
112	Privatbesitz	—
113—116	Z.A.E.G.	Berlin, Schlossmuseum
117—125	Z.A.E.G.	B.H.M.
126—127	B.H.M.	London, Victoria und Albert Museum
128—132	Z.A.E.G.	B.H.M.
133—136	B.H.M.	New York, Metropolitan Museum
137	Phot. Prof. Ganz, Basel	—
138—140	Z.A.E.G.	B.H.M.
141	B.H.M.	B.H.M.
142—154	Z.A.E.G.	B.H.M.
155	B.H.M.	B.H.M.
156—166	B.H.M.	Zürich, Schweizer. Landesmuseum
167	Z.A.E.G.	B.H.M.
168	Z.A.E.G.	B.H.M.
169	—	nach Kraus, Kunstdenkmäler Badens, Bd. V, Lörrach 1901
170—173	B.H.M.	Berlin, Schlossmuseum
174	Privatbesitz	B.St.A.
175—176	B.H.M.	London, Victoria und Albert Museum
177—179	Z.A.E.G.	B.H.M.
180	B.H.M.	B.H.M.
181—188	Z.A.E.G.	B.H.M.
189	B.H.M.	—
190	B.H.M.	B.H.M.
191—196	Z.A.E.G.	B.H.M.
197	Z.A.E.G.	Karlsruhe i. B., Badisches Denkmäler-Archiv, W. Kratt
198	Privatbesitz	B.H.M.
199	Z.A.E.G.	B.H.M.
200—206	B.H.M.	B.H.M.
207—213	Z.A.E.G.	B.H.M.
214	Privatbesitz	—

Nr. der Abbildung	Aufbewahrungsort der Photographie	Aufbewahrungsort des Negativs oder Originals
215—216	B.H.M.	B.H.M.
217—222	Z.A.E.G.	B.H.M.
223	B.H.M.	Berlin, Schlossmuseum
224—239	Z.A.E.G.	B.H.M.
240—245	B.H.M.	London, Victoria und Albert Museum
246—247	B.H.M.	Berlin, Hohenzollern Museum
248—249	Z.A.E.G.	B.H.M.
250, 253	—	Z.A.E.G.
251—252	—	Nach „Darcel“ 1891, Taf. 45
254	B.H.M.	B.H.M.
255	Z.A.E.G.	B.H.M.
256	—	nach Ch. Rohault de Fleury, La Messe 1889
257	Privatbesitz	Chantilly, Condé Museum
258—259	Privatbesitz	Paris, Cluny Museum
260	—	nach „Theubet“ 1842
261	—	nach Katalog der Sammlung Seillière
262	Privatbesitz	Berlin, Kaiser Friedrich Museum
263	—	Z.A.E.G.